Isidor Rosenthal

Allgemeine Physiologie der Muskeln und Nerven

Isidor Rosenthal

Allgemeine Physiologie der Muskeln und Nerven

ISBN/EAN: 9783742813381

Hergestellt in Europa, USA, Kanada, Australien, Japan

Cover: Foto ©Klaus-Uwe Gerhardt /pixelio.de

Manufactured and distributed by brebook publishing software (www.brebook.com)

Isidor Rosenthal

Allgemeine Physiologie der Muskeln und Nerven

INTERNATIONALE
WISSENSCHAFTLICHE BIBLIOTHEK.

XXVII. BAND.

INTERNATIONALE WISSENSCHAFTLICHE BIBLIOTHEK.

ALLGEMEINE PHYSIOLOGIE

DER

MUSKELN UND NERVEN.

VON

Dr. I. ROSENTHAL,

PROFESSOR DER PHYSIOLOGIE AN DER UNIVERSITÄT ZU ERLANGEN.

MIT 75 ABBILDUNGEN IN HOLZSCHNITT.

LEIPZIG:

F. A. BROCKHAUS.

1877.

SEINEM HOCHVEREHRTEN LEHRER

HERRN

EMIL DU BOIS-REYMOND

DER VERFASSER.

VORWORT.

———

Der vorliegende Versuch einer zusammenhängenden Darstellung der allgemeinen Muskel- und Nervenphysiologie ist meines Wissens der erste seiner Art. Die wesentlichen Grundlagen dieses Theiles der Wissenschaft wurden erst in den letzten dreissig Jahren gewonnen und auch heute ist vieles in ihm noch ungenügend erforscht und zweifelhaft. Unter diesen Umständen könnte es fraglich erscheinen, ob der Zeitpunkt zu einer solchen Darstellung überhaupt schon gekommen sei. Wer aber aus den vorhandenen Lehrbüchern der Physiologie ein Bild dieses Kapitels zu gewinnen sich bemüht, wird kaum zum Ziel gelangen. Und dennoch handelt es sich um einen Abschnitt, der nicht nur für den Fachmann, sondern auch für den Physiker, den Psychologen, ja jeden Gebildeten eine Fülle des Anziehenden enthält; und was die Lücken in unserer Kenntniss anlangt, so sind sie kaum grösser als in irgendeinem andern Kapitel der Lebenswissenschaft.

Bei dem Mangel aller Vorarbeiten war ich in Bezug auf Anordnung des Stoffs, Auswahl des als wichtig Hervorzuhebenden und Fortlassung des weniger Wesentlichen, Form der Darstellung ganz auf mich allein angewiesen. Gestützt auf eine in nunmehr funfzehnjähriger Lehrthätigkeit erprobte Erfahrung glaube ich selbst bei

der Behandlung schwieriger Aufgaben eine hinreichende
Klarheit erreicht zu haben, um bei aufmerksamem Studium selbst dem Nichtfachmann immer verständlich zu
sein. Dabei waren an einzelnen Stellen längere Auseinandersetzungen über physikalische, besonders elektrische Erscheinungen nicht zu vermeiden. Doch habe
ich diese auf das Allernothwendigste beschränkt und
muss diejenigen, welche Lücken finden, auf meine
„Elektricitätslehre für Mediciner" (Berlin, Hirschwald)
verweisen. Ebenso ist es bei einer Darstellung eines
Theils der Physiologie ganz unumgänglich, hier und da
den Zusammenhang mit andern Kapiteln anzudeuten,
ohne auf diese näher eingehen zu können. Denjenigen,
welche das Bedürfniss fühlen, diese Beziehungen weiter
zu verfolgen, empfehle ich das Studium der „Grundzüge
der Physiologie" von Thomas H. Huxley (Leipzig,
Voss). Einige Einzelheiten, welche den Gang der Darstellung gar zu sehr aufgehalten hätten, habe ich am
Schluss des Buchs in Anmerkungen und Zusätzen zu-
sammengestellt.

Der Bestimmung des Buchs entsprechend habe ich
gelehrte Nachweise, Citate u. dgl. unterlassen. Namen
von Forschern, auf welche die Entdeckungen zurückzuführen sind, wurden nur hier und da gelegentlich erwähnt. Ein festes Princip wurde dabei nicht befolgt,
doch schien es angemessen, das Verdienst der Haupt-
begründer dieses Wissenszweiges: Ed. Weber, E. du
Bois-Reymond und H. Helmholtz, an einigen Haupt-
punkten nicht unerwähnt zu lassen.

Erlangen, 15. April 1877.

ROSENTHAL.

INHALT.

Seite

Verzeichniss der Holzschnitte.

Berichtigung.

S. 127, Z. 3 v. o. statt: anelektrotonisohen, lies: elektrotonischen

ERSTES KAPITEL.

1. **D**em Forscher, welcher sich die Erkenntniss der Lebenserscheinungen als Gegenstand seiner Studien gewählt hat, tritt wol keine anziehendere, aber auch keine schwierigere Aufgabe entgegen als die Erklärung der Bewegung und Empfindung. Durch diese Erscheinungen vorzugsweise unterscheiden sich die lebenden Wesen von den unbelebten, die Thiere von den Pflanzen. Zwar zeigen auch todte Wesen Bewegung, ja alle Naturerscheinungen beruhen nach der heutigen Vorstellung auf Bewegungen, sei es ganzer Massen, sei es der kleinsten Theilchen einer Masse. Aber die Bewegungen der Thiere sind doch von anderer Art. Das Zucken eines Polypen infolge einer Berührung, die willkürliche Bewegung meines Armes stellen sich als Erscheinungen besonderer Art dar, welche unter ganz andern Umständen auftreten als das Fallen eines Steins oder die Anziehung und Abstossung zwischen magnetischen oder elektrischen Massen. Und vollends die Empfindung, welche wir an uns selbst durch das Bewusstsein wahrnehmen, von deren Dasein bei andern Menschen wir aus ihren Mittheilungen Kenntniss er-

halten oder auf welche wir bei Menschen und Thieren
aus ihrem Gebaren schliessen, scheint gar keine Analogie in der unbelebten Natur zu haben; es muss sogar
zweifelhaft erscheinen, ob sie den Pflanzen zukommt.
So schwierig nun auch dieser Gegenstand ist, die
physiologische Untersuchung hat einen grossen Theil
des Dunkels gelichtet und die bisjetzt errungenen Kenntnisse sollen den Gegenstand der folgenden Auseinandersetzungen bilden.

2. Obgleich auch bei Pflanzen Bewegungen vorkommen, welche denen ähnlich sind, die wir an Thieren
beobachten, scheint doch ein wesentlicher Unterschied
zwischen beiden zu bestehen. Bei der Mehrzahl der
Thiere finden wir nämlich besondere Organe ausgebildet,
welche vorzugsweise der Bewegung dienen. Es sind
das die Muskeln, welche im wesentlichen das ausmachen,
was im gewöhnlichen Leben gemeinhin als Fleisch bezeichnet wird. Derartige Organe sind bei Pflanzen
bisher noch nicht beobachtet worden. Aber nicht alle
Bewegungen im Thierkörper werden durch Muskeln
vermittelt, und manche Arten von Bewegung kommen
in ganz gleicher Weise dem pflanzlichen wie dem thierischen Organismus zu.

Am meisten in die Augen springend und am besten
untersucht sind diese Bewegungen an der Sinnpflanze
(*Mimosa pudica*). Vom Stamm der Sinnpflanze und
von ihren Aesten gehen Blattstiele aus, deren jeder
vier Blattstiele zweiter Ordnung tragen, an welchen
die Blättchen unpaarig gefiedert sitzen. Erschüttert
man die Pflanze, so knicken die Blattstiele plötzlich
ein und senken sich, während die Fiederblättchen
sich mit den obern Flächen aneinander legen, wie die
beiden Hälften eines zusammengefalteten Papierblatts.
Man kann diese Bewegung auch an einem einzelnen
Stiel hervorrufen, am leichtesten, wenn man ihn an
der Unterfläche seiner Verbindungsstelle mit dem Ast
berührt oder sanft reibt. An dieser Stelle sitzt der
Blattstiel mit einer kolbenförmigen Verdickung, dem

Gelenkwulst, an dem Ast auf; ähnliche Gelenkwülste
befinden sich an den Ursprüngen der Blattstiele zweiter
Ordnung und an den Stielen der Fiederblättchen. Durchschneidet man den Gelenkwulst, so findet man in der
Mitte ein Gefässbündel und um dasselbe eine Lage sehr
saftreicher Zellen, welche an der obern Seite mehr
dickwandig, an der untern Seite sehr dünnwandig sind.
Zwischen den Zellen finden sich mit Luft erfüllte Hohl-
räume. Es lässt sich nun nachweisen, dass die Bewegung oder das Einknicken dadurch zu Stande kommt,
dass ein Theil der Flüssigkeit aus den Zellen in die
Zwischenräume austritt, und dass das Zellgewebe infolge
dessen schlaffer wird und den Stiel nicht mehr zu tragen
vermag.

Eine solche Bewegung ist aber von der eigentlichen
thierischen Bewegung deswegen sehr verschieden, weil
bei dieser, wie wir später sehen werden, eine Zugwirkung auftritt, welche der Schwere entgegen Lasten zu
heben vermag, während bei der Mimose die Schwere
den Blattstiel nach abwärts führt, wenn die untere
Seite des Gelenkwulstes schlaff wird. Ehe wir jedoch
auf die Untersuchung dieser eigentlichen thierischen
Bewegung näher eingehen, wollen wir noch eine Reihe
von Bewegungserscheinungen besprechen, welche theils
im Pflanzen-, theils im Thierreiche vorkommen, welche
aber fast nur mit Hülfe des Mikroskops beobachtet
werden können, da die dabei wirksamen Kräfte zu gering
sind, um ausgiebige Bewegungen grösserer Massen-
theilchen zu bewirken.

3. Wir rechnen zu diesen Bewegungen nicht die sogenannte Molekularbewegung oder Brown'sche
Bewegung, auf welche der berühmte englische Bota-
niker Brown zuerst aufmerksam gemacht hat. Wenn
man pflanzliche oder thierische Theile bei einiger-
maassen starker Vergrösserung betrachtet, sieht man
kleine Körnchen oder dergleichen in einer eigenthümlichen zitternden Bewegung begriffen. Woher kommt
diese? Dass wir es nicht mit einer Lebenserscheinung

zu thun haben, geht schon daraus hervor, dass auch ganz leblose Körperchen, z. B. die Kohlentheilchen fein abgeriebener chinesischer Tusche, dieselbe Bewegung zeigen. In der That handelt es sich hier nur um Strömungen in der Flüssigkeit, durch welche die leichten in ihr schwimmenden Theilchen fortgerissen werden. Solche Strömungen entstehen aber leicht in jeder Flüssigkeit theils durch Ungleichheiten der Erwärmung, theils durch die Verdunstung, theils endlich durch die unvermeidlichen Erschütterungen des Mikroskops. So schwach diese Strömungen auch sein mögen, die von ihnen bewirkten Verschiebungen erscheinen bei der starken Vergrösserung erheblich und sind häufig schwer von Bewegungen zu unterscheiden, welche von der Lebensthätigkeit der Theile bedingt sind. Zuweilen sieht man diese Molekularbewegung auch im Innern lebender Theile, wenn in grössern oder kleinern Hohlräumen derselben kleine Körnchen in einer klaren Flüssigkeit schwimmen.

4. Bringt man einen Tropfen Wasser aus einem Weiher unter das Mikroskop, so bemerkt man darin meistens eine Anzahl lebender Wesen, die zum Theil mit grosser Geschwindigkeit hin- und herschiessen. Daneben fallen aber sehr kleine längliche oder stäbchenförmige Körperchen auf, die sich mit zitternder Bewegung schneller oder langsamer bewegen. Bei diesen ist es oft sehr schwer zu unterscheiden, ob man es mit selbstständiger oder mit Molekularbewegung zu thun habe. Man muss dann darauf achten, ob zwei nahe zusammenliegende Körperchen immer dieselben Wege zurücklegen oder ob ihre Bewegungen voneinander unabhängig erscheinen. Im letztern Falle können wir nicht behaupten, dass sie nur von Strömungen fortgerissen werden, und wir gelangen zur Ueberzeugung, dass diese einfachsten Organismen schon mit der Fähigkeit selbstständiger Bewegung begabt sind. Ueber die Natur dieser Fähigkeit wissen wir nichts Genaueres anzugeben. Die Organismen, von denen hier die Rede ist, stehen auf der niedersten

Stufe des Organischen. Sie sind lebende Wesen; denn
sie bewegen sich, wachsen und vermehren sich; sie
können getödtet werden, z. B. durch Siedhitze, und
dann hört ihre selbstständige Bewegung auf. Das ist
zunächst alles, was wir von ihnen wissen. Ihnen zunächst stehen Organismen, welche schon etwas zusammengesetzter in ihrem Bau sind. Sie stellen Klümpchen einer festweichen, körnigen Masse dar, welche
man mit dem Namen Protoplasma belegt hat.* Diese
festweiche, zwischen flüssigem und festem Zustande die
Mitte haltende Beschaffenheit ist die charakteristische
Eigenthümlichkeit alles organischen Stoffs. Sie kommt
zu Stande durch die Aufnahme von Wasser in die
Poren einer festen Masse, welche dadurch aufquillt und
mit dem Wasser ein inniges Gemenge darstellt, in
welchem Verschiebungen der Moleküle in ähnlicher,
wenn auch vielleicht nicht ganz so freier Weise stattfinden können, wie sonst nur in vollkommenen Flüssigkeiten. Eine dünne Leimgallerte mag am besten eine
Vorstellung von dem Aggregatzustande dieses Protoplasmas geben. Ein solches Klümpchen Protoplasma
kann für sich allein ein selbstständiges lebendes Wesen
vorstellen, welchem wir nach seinen Lebensäusserungen
die Bezeichnung „Thier" nicht vorenthalten können.
Es bewegt sich durch eigene Kraft, scheinbar willkürlich; es nimmt Stoffe aus der umgebenden Flüssigkeit
auf zu seiner Ernährung, es wächst, vermehrt sich und
stirbt. Die Bewegung, welche uns hier zunächst an-
geht, findet in doppelter Weise statt. Einmal sieht
man aus der Masse einzelne Fortsätze sich hervor-
strecken; diese Fortsätze nehmen nach und nach den
grössten Theil der körnigen Masse auf, sodass eine Verschiebung des ganzen Klümpchens eintritt, eine wahre
Ortsbewegung des Thieres; oder die Fortsätze werden

---

* Zuweilen, aber nicht immer, sieht man ausser jenen
feinen Körnchen im Innern des Klümpchens noch einen
grössern, bläschenartigen Körper, welchen man den Kern
nennt.

auch wieder eingezogen, an einer andern Stelle werden
ebensolche vorgeschoben, sodass die Bewegungsrichtung
geändert wird; mit einem Worte, das Thier kriecht
mit Hülfe der Fortsätze auf der Glasplatte, auf welcher
man es beobachtet, umher. Daneben aber sieht man
im Innern des Klümpchens Strömungen der Körnchen;
eine genauere Beobachtung aber lehrt, dass dieselben
nur passiv bewegt werden und dass es sich dabei um
eine wellenartig sich fortpflanzende Bewegungserschei-
nung des Protoplasmas handelt.

5. Ganz die gleichen Bewegungen, wie bei diesen
selbstständig lebenden Thieren, den Amoeben, kommen

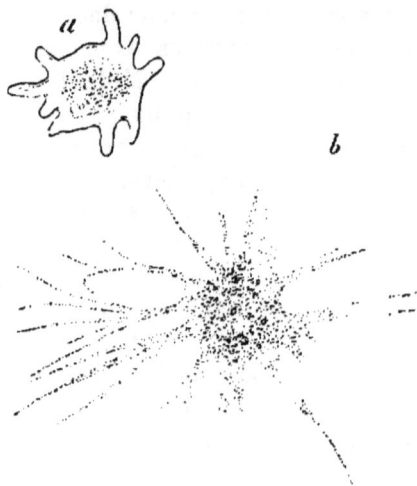

Fig. 1. Amoeben.
a. Amoeba verrucosa. *b.* Amoeba porrecta.

aber auch bei höher organisirten Wesen, Pflanzen sowol wie Thieren, vor. Alle lebenden Wesen sind im
Grunde genommen aus ebensolchen Protoplasmaklümpchen zusammengesetzt, wie wir sie bei der Amoebe sehen.

Aber freilich haben die meisten dieser Protoplasmaklümpchen ihr Aussehen und damit auch ihre Eigenschaften wesentlich geändert, sodass wir nur aus der
Entwickelung der Theile überhaupt wissen, dass sie aus
jenen entstanden sind. Dennoch finden sich auch im
ausgebildeten Organismus immer einzelne Theile, welche
in allen Stücken den freilebenden Protoplasmaklümpchen
der Amoeben gleichen und sich wie diese bewegen.
Bringt man einen Blutstropfen unter das Mikroskop,
so sieht man darin bekanntlich eine ungeheuere Zahl
rother Körperchen, welchen das Blut eben seine rothe
Farbe verdankt. Zwischen diesen rothen Blutkörperchen aber sieht man hier und da vereinzelt farblose oder
weisse Blutkörperchen, von runder oder zackiger Form,
mit körnigem Protoplasma und einem Kern. Hat man
das Blut auf einem erwärmten Glase aufgefangen und
beobachtet man es bei einer Temperatur von 35—40° C.,
so zeigen diese Blutkörperchen lebhafte Bewegungen,
welche denjenigen der Amoeben vollkommen gleichen und
die man daher amöboide Bewegungen genannt hat.

Fig. 2. Weisse Blutkörperchen vom Meerschweinchen.
a, b, c, verschiedene Formen, welche ein und dasselbe Körperchen annahm.

Sie senden Fortsätze aus und ziehen sie wieder ein,
kriechen auf dem Glase umher, kurz sie verhalten sich
ganz wie Amoeben, ja sie nehmen auch wie diese Stoffe
aus dem umgebenden Blutwasser, z. B. Farbstoffkörnchen,
welche man zugesetzt hat, in ihr Inneres auf („fressen
sie") und stossen sie nach einiger Zeit wieder aus. Auch
die andere Art der oben beschriebenen Bewegung, die
Protoplasmabewegung oder Körnchenströmung, wird
an Theilen zusammengesetzter Organismen beobachtet.

Bringt man die feinen Haare der Brennnessel unter das
Mikroskop, so sieht man, dass jedes Haar aus einem
geschlossenen Sack oder Schlauch besteht, an dessen
Innenwand das Protoplasma in einer dünnen Lage aus-
gebreitet ist. Wir haben es hier schon mit einer viel
weiter gehenden Umformung des ursprünglichen Proto-
plasmaklümpchens zu thun, aber das Protoplasma hat
doch noch seine Fähigkeit bewahrt, selbstständige Bewegungen zu bewirken. Wir sehen an der Protoplasma-
masse wellenförmige Bewegungen ablaufen, durch welche
die Körnchen in ein scheinbares Fliessen versetzt werden, ähnlich wie dies bei den Amoeben geschieht.
Die Bewegung geht eine Zeit lang in einer Richtung
fort, dann steht sie plötzlich still, beginnt wieder in
entgegengesetzter Richtung; zuweilen theilt sich ein
Strom, andere vereinigen sich u. s. w. Stirbt das
Protoplasma ab (was z. B. durch Erwärmen herbeigeführt werden kann), dann hört jede Bewegung auf.
Sie ist an die Lebenseigenschaften der Zelle gebunden.

6. Das freie Protoplasmaklümpchen, wie es die Amoebe
zeigt, ist eine der einfachsten Formen eines Organismus.
Solche Klümpchen können auch in Gruppen vorkommen
und stellen dann eine Colonie von Organismen vor,
deren jede aber noch ihre vollständige Selbstständigkeit
besitzt und die untereinander vollkommen gleichartig
sind. Zuweilen aber gehen dieselben Veränderungen
ein, und wenn die Veränderungen der einzelnen Glieder einer Colonie in ungleicher Weise verlaufen, so
entsteht daraus ein zusammengesetzter Organismus mit
verschieden geformten Theilen. Jeder Theil ist ursprünglich einem vollkommen selbstständigen Organismus gleichwerthig und man hat ihn daher sehr treffend
als Elementarorganismus bezeichnet.· Aber mit
der Veränderung der Form geht meistens auch eine
Aenderung der Fähigkeiten Hand in Hand. Von den
vielen Fähigkeiten, welche das Protoplasma in den ursprünglichen Formen besass, gehen einzelne verloren,
andere werden besonders ausgebildet. Eine Colonie

gleichartiger Elementarorganismen können wir einem
Gemeinwesen auf der niedersten Stufe der Cultur-
entwickelung vergleichen, wo jedes Glied noch alle
Verrichtungen, die zum Leben nothwendig sind, nebeneinander zu besorgen hat; einen zusammengesetzten
Organismus mit verschiedenartig entwickelten und veränderten Elementarorganismen aber können wir einem
modernen Staatswesen vergleichen, in dem die einzelnen Glieder die verschiedensten Thätigkeiten ausüben.
Solcher Art sind die höher entwickelten Pflanzen und
Thiere. Sie entstehen aus einem Haufen anfänglich.
ganz gleichartiger Elementarorganismen (oder Zellen,
wie sie auch genannt werden); aber diese entwickeln
sich in sehr verschiedener Weise, differenziren sich,
wie der Schulausdruck lautet, und haben nun sehr
verschiedenes Aussehen und sehr verschiedene Verrichtungen. In einigen wird die Fähigkeit, Bewegungen
zu vermitteln, welche ursprünglich allem Protoplasma
zukommt, besonders entwickelt, andere dienen der Empfindung, welche vielleicht oder wahrscheinlich auch
dem Protoplasma als solchem schon innewohnt. Von
diesen wird in den folgenden Kapiteln ausführlich gehandelt werden. Vorher aber wollen wir noch kurz
eine Form solcher veränderten Zellen besprechen, in
welchen die Fähigkeit zur Erzeugung von Bewegungen
schon zu einem beträchtlichen Grade entwickelt ist
und theils zu selbstständiger Bewegung des Zellkörpers
oder des Thieres, an welchem die Zelle vorkommt, theils
bei festsitzenden Gebilden zur Bewegung fremder Massen (z. B. zur Herbeiführung der Nahrung) dient.

7. Streut man auf die Gaumenhaut eines lebenden
oder eben getödteten Frosches ein leichtes Pulver, z. B.
fein gepulverte Kohle, so sieht man dasselbe mit ziem-
licher Geschwindigkeit in der Richtung nach dem Rachen
zu fortrücken. Die mikroskopische Untersuchung lehrt,
dass jene Haut mit einem dichten Belag cylindrischer
Zellen besetzt ist, welche palissadenartig nebeneinander-
stehen. Jede dieser Zellen ist an ihrer freien Fläche

mit einer grossen Zahl feiner Haare oder Wimpern
besetzt, welche fortwährend in einer bestimmten Weise
in Bewegung sind, sodass sie die an ihrer Oberfläche
haftende Flüssigkeit und mit ihr alle in ihr schweben-
den Körperchen stets in der nämlichen Richtung fort-
treiben. Man bezeichnet dies als Flimmerbewegung.

Fig. 3 a.
Wimperzellen unten spitz
zulaufend und mit andern
Zellen auf der Grundmem-
bran aufsitzend.

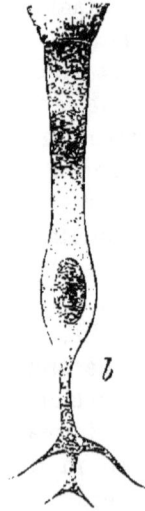

Fig. 3 b.
Eine einzelne Wim-
perzelle, stärker
vergrössert, von et-
was abweichender
Gestalt.

Sie kommt im thierischen Körper sehr oft vor, z. B.
in der Luftröhre und ihren Verzweigungen, wo die
Bewegung nach oben gerichtet ist und dazu dient, den
Schleim bis an den Kehlkopf zu befördern, von wo er
dann durch einen Hustenstoss ausgeworfen werden kann.
Bei manchen niedern, festsitzenden Thieren findet sich
ein Wimperkranz rund um die Mundöffnung; er erzeugt hier einen Strudel, welcher Wasser und die in
jenem schwimmenden Theilchen dem Thiere zur Ernährung zuführt. Andere im Wasser lebende Thierchen

sind an ihrer ganzen oder an einem Theil ihrer Oberfläche mit Wimpern besetzt und wirbeln sich damit in dem Wasser umher. Endlich findet man auch Körper, welche statt der feinen Wimperhaare nur eine längere und stärkere Geisel besitzen und durch schlängelnde Bewegungen derselben in der Flüssigkeit fortbewegt werden, wie ein Boot durch die „Wrickbewegung" eines Ruders bewegt werden kann, oder wie sich der Wassersalamander durch die schlängelnde Bewegung seines Schwanzes bewegt.

Alle diese Bewegungen kommen aber an Kraft und Ausgiebigkeit denjenigen nicht gleich, welche durch die Muskeln bewirkt werden. Die Muskeln der höhern Thiere kommen in zwei Formen vor, als glatte Muskelfasern und als quergestreifte Muskelfasern. Erstere sind lang ausgewachsene, spindelförmige Zellen mit einem stäbchenförmigen Kern und zuweilen korkzieherartig gewundenen, spitzen Enden. Letztere sind durch Zusammenwachsen oder Verschmelzung mehrerer Zellen, deren Inhalt eine bedeutende Umänderung erfahren hat, entstanden. Von diesen und ihren Eigenschaften soll in den folgenden Kapiteln ausführlich gehandelt werden.

ZWEITES KAPITEL.

1. Muskeln, ihre Form und Zusammensetzung; 2. Feinerer Bau der quergestreiften Muskelfasern; 3. Verbindung der Muskeln und Knochen; 4. Knochen und Gelenke; 5. Elasticitätsgesetz; 6. Elasticität der Muskeln.

1. Muskeln sind elastische Gebilde, welche die Fähigkeit besitzen, ihre Gestalt zu verändern, nämlich kürzer und dicker zu werden. In dem Körper der höher entwickelten Thiere bilden sie die Massen dessen, was gewöhnlich als Fleisch bezeichnet wird. Eine genauere Untersuchung des Fleisches zeigt, dass dasselbe aus Bündeln von Fasern besteht, welche an ihren Enden in weisse Stränge übergehen, die meistens an Knochen befestigt sind. Verkürzt sich ein solcher Muskel, so übt er mittels jener weissen Stränge einen Zug auf den Knochen aus, und da diese gegeneinander beweglich sind, werden sie durch die Muskelverkürzung in Bewegung gesetzt. Aber nicht alle Muskeln sind in dieser Weise angeordnet, einige bilden, ringförmig in sich selbst zurücklaufend, die Wand von Säcken oder Schläuchen, und durch deren Verkürzung wird der Binnenraum solcher Höhlen verengert und der Inhalt derselben fortgedrängt. Wie dem auch sei, jedenfalls dienen Muskeln dazu, Bewegungen hervorzubringen, entweder der Gliedmaassen gegeneinander oder auch des ganzen Thieres, oder der in den Höhlen enthaltenen Massen.

Wir wollen unsere Betrachtung zunächst nur auf die Muskeln beschränken, welche mit Knochen in Verbindung stehen und welche man deshalb Skeletmuskeln zu nennen pflegt. Solche Muskeln können verschiedene Gestalt darbieten. Zuweilen sind sie platte dünne Bänder, oder auch cylindrische Stränge, zum Theil von bedeutender Länge. Andere wieder sind in ihrer Mitte

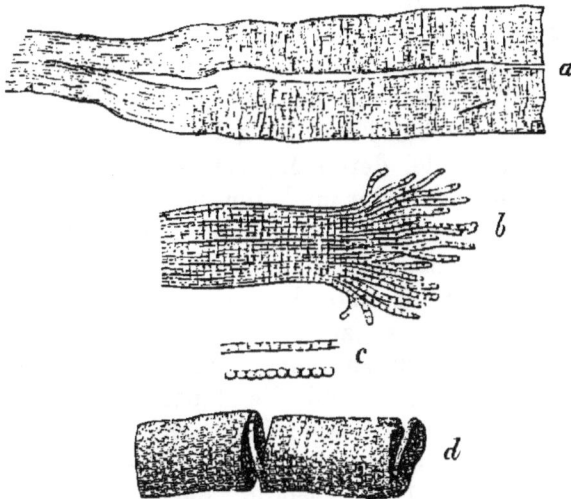

Fig. 4. Quergestreifte Muskelfasern.

a. Zwei Fasern in der Mitte durchschnitten, nach links sich in Sehnen fortsetzend. *b.* Eine einzelne Muskelfaser ihrer Scheibe beraubt und in Fibrillen zerfallend. *c.* Zwei einzelne Fibrillen. *d.* Eine Muskelfaser in Scheiben zerfallend.

dicker als an ihren Enden; man nennt dann die Mitte den Bauch, und die Enden Kopf und Schwanz des Muskels. Manche Muskeln haben zwei oder mehrere Köpfe, d. h. zwei oder mehrere Stränge, welche von verschiedenen Knochenpunkten entspringen, vereinigen sich zu einem gemeinschaftlichen Bauch. Stets jedoch besteht ein solcher Muskel, er mag äusserlich gestaltet sein wie auch immer, aus einzelnen Fasern, welche zu

Bündeln vereinigt, den ganzen Muskel zusammensetzen.
Eine solche Faser, wenn sie isolirt wird, ist ausserordentlich dünn, kaum mit blossem Auge sichtbar;
unter dem Mikroskop bei einer Vergrösserung von
250—300 betrachtet, stellt sie sich dar als ein Schlauch,
der aus einer festen derben Wand und einem Inhalt
besteht, und dieser Inhalt zeigt abwechselnd hellere
und dunklere Streifen, senkrecht auf die Längsrichtung
der Fasern. Aus diesem Grunde werden solche Muskelfasern zum Unterschiede von andern, die wir später
kennen lernen wollen, quergestreifte Muskelfasern
genannt. Wir können, um ein grobes Bild des Aussehens einer solchen Faser zu geben, sie uns vorstellen
wie eine Geldrolle, deren Münzen aber durchscheinend
und abwechselnd heller und dunkler sind. In der That
haben einige Forscher angenommen, dass die Muskelfaser wirklich aus solchen aneinandergereihten Scheiben
bestehe. Behandelt man Fasern mit gewissen chemischen Reagentien, so zerfallen sie in solche Scheiben,
die zum Theil noch zusammenhängend das Bild einer
auseinanderfallenden Geldrolle täuschend nachahmen.
Aber es gibt andere Reagentien, welche die Faser ihrer
Länge nach spalten, sodass sie in äusserst feine Fäserchen oder Fibrillen zerfällt, deren jede noch die
Abwechselung dunkler und heller Stellen, welche bei
der ganzen Faser die Querstreifung bewirken, erkennen
lässt. Zudem lässt sich nachweisen, dass eine frisch
aus dem lebenden Thiere entnommene Muskelfaser eigentlich eine flüssige oder wenigstens halbflüssige Beschaffenheit haben muss, sodass wir durchaus nicht sagen können,
dass die Scheiben- oder Fibrillenbildung schon in der
Muskelfaser vorhanden sei, sondern vielmehr annehmen
müssen, dass beide erst Wirkungen der zugesetzten
Reagentien sind, welche die ursprünglich flüssige Masse
zum Erstarren gebracht und die erstarrte Masse dann in
der Längs- oder Querrichtung zerklüftet hat.

    2. Welches eigentlich die wahre Beschaffenheit der
frischen oder, wie wir auch sagen können, der leben-

den Muskelfasern ist, lässt sich schwer bestimmen.
Neuere Untersuchungen mit Hülfe der so sehr verbes-
serten, stark vergrössernden Mikroskope haben noch
andere Unterschiede als die blosse Abwechselung heller
und dunkler Streifen kennen gelehrt. Für das Verständniss des Baues der Muskelfaser sind aber besonders die Untersuchungen von E. Brücke über die Erscheinungen, welche Muskelfasern im polarisirten Licht
darbieten, von Wichtigkeit. Das Licht beruht bekanntlich nach den Anschauungen der heutigen Physik auf
Schwingungen eines im ganzen Weltenraum verbreite-
ten, in sämmtlichen Körpern enthaltenen feinen Stoffs,
des Aethers. Diese Schwingungen gehen stets senkrecht auf die Fortpflanzungsrichtung der Bewegung
vor sich. Innerhalb dieser senkrecht auf dem Lichtstrahl gedachten Ebenen kann ein Aethertheilchen nach
den verschiedensten Richtungen hin schwingen. Unter
gewissen Umständen aber schwingen sie alle nur in
einer Ebene, und dann zeigt ein solcher Lichtstrahl
gewisse Eigenthümlichkeiten und wird polarisirt genannt.* Manche Krystalle haben die Eigenschaft, das
Licht, das durch sie hindurchdringt, zu polarisiren.
Einige zerlegen dabei einen jeden Lichtstrahl in zwei
Strahlen, welche gesondert aus dem Lichtstrahl austreten; sie werden deshalb doppelbrechende Körper
genannt, und der isländische Kalkspat, auch Doppelspat
genannt, bietet das bekannteste Beispiel eines solchen
doppelbrechenden Körpers. Brücke hat nun nachgewiesen, dass von den beiden Substanzen, welche die
abwechselnde Schichtung der quergestreiften Muskeln
bilden, die eine das Licht unverändert hindurchgehen
lässt, die andere dagegen doppelbrechende Eigenschaften besitzt. Nun ist aber, wie wir schon gesagt haben,
der Inhalt einer frischen Muskelfaser eigentlich nicht

---

* Ueber diesen Gegenstand findet man Genaueres in: Lom-
mel, Das Wesen des Lichts, („Internationale wissenschaftliche Bibliothek“, VII. Bd.).

als fest, sondern vielmehr als flüssig oder doch wenigstens als festweich anzusehen, und Beobachtungen an
frischen Muskelfasern zeigen, dass die Streifen durchaus nicht unveränderlich sind, sondern in ihrer Breite
und ihrer Entfernung voneinander Veränderungen darbieten können. Brücke hat deshalb die Hypothese
aufgestellt, dass die Muskelsubstanz an und für sich
homogen oder gleichartig sei, dass aber in dieser
kleine Körperchen eingelagert seien, welche doppelbrechend sind. Wo diese in grössern Mengen angehäuft und regelmässig angeordnet sind, brechen sie
das Licht doppelt, und so erscheint die betreffende
Stelle im ganzen doppelbrechend, während die da-
zwischenliegenden Stellen, welche gar keine oder wenige der betreffenden Körperchen enthalten, einfach-
brechend bleiben. Bei Beleuchtung mit gewöhnlichem
Licht aber, das nicht polarisirt ist, wo man über die
doppelbrechenden Eigenschaften keinen Aufschluss erhalten kann, erscheinen die letztern Stellen heller, die
erstern dunkler, und so entsteht das Bild der quergestreiften Muskelfaser.

3. An einer solchen Muskelfaser haben wir also den
Inhalt und den ihn einhüllenden Schlauch zu unterscheiden; letzterer wird Muskelfaserschlauch oder S a r -
k o l e m m a genannt. An ihm erkennt man besonders
nach Zusatz von Essigsäure, durch welche die ganze
Faser aufquillt und durchsichtiger wird, eine Reihe
von länglichspitzigen Kernen, und ebensolche kommen
auch im Innern der Muskelfaser hier und da vor. An
den Enden der Muskelfaser, welche abgerundet sind
und ganz gleichmässig von dem Schlauch eingehüllt
werden, welcher demnach als ein langer in sich geschlossener Sack anzusehen ist, lagern sich die oben
erwähnten weissen Stränge an, welche mit dem Sarkolemma fest verwachsen sind.

Sie bestehen aus starken, feinen Fäden vom Charakter
des sogenannten Bindegewebes. Während eine grössere
Zahl von Muskelfasern den Muskelbauch zusammen-

setzen, lagern sich auch diese Fäden zu Strängen aneinander, welche die Sehnen des Muskels genannt
werden. Sie sind zuweilen nur kurz, in andern Fällen
aber lang, je nach der Grösse der Muskel bald dünner,
bald stärker, und dienen zur festen Ver-
einigung der Muskeln mit den Knochen,
auf welche sie gleichsam wie Seile den
Zug des Muskels übertragen. Gewöhnlich
ist der eine der beiden Knochen, an welchem ein Muskel befestigt ist, weniger
beweglich als der andere, sodass bei der
Verkürzung des Muskels der letztere gegen
den erstern herangezogen wird. In diesem
Falle nennt man die Anheftung des Muskels an dem weniger beweglichen Knochen
seinen **Ursprung**, die Anheftung an den
beweglichen seinen Ansatz. So gibt es
z. B. einen Muskel, welcher vom Schulter-
blatt und Schlüsselbein entspringt und sich
an den Oberarmknochen ansetzt; wenn
dieser Muskel sich verkürzt, so hebt er
den Arm aus der lothrecht herabhängen-
den Lage in die wagerechte. Nicht immer
ist ein Muskel zwischen zwei benachbarten
Knochen ausgespannt. Zuweilen überspringt er einen Knochen, um sich erst
an den nächstfolgenden anzusetzen. Dieser Fall ist bei mehrern Muskeln ver-
wirklicht, welche von dem Beckenknochen
entspringen und über den Oberschenkel
hinziehen, um sich an den Unterschenkel anzusetzen. In solchen Fällen kann der
Muskel zwei verschiedene Bewegungen bewirken; entweder nämlich streckt er das
vorher gebeugte Knie, bis Ober- und Unter-

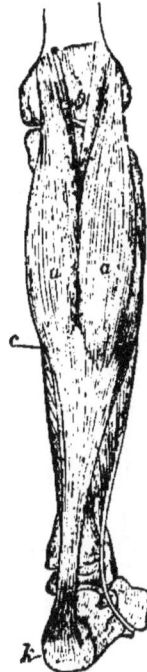

Fig. 5.
Der doppelkö-
pfige Waden-
muskel (*M. gas-
trocnemius*) mit
seiner Sehne.
a, a sind die bei-
den Köpfe; bei
c beginnt die
Sehne, welche
sich bei *k* an das
Fersenbein an-
heftet.

schenkel eine gerade Linie bilden, oder er hebt das
gestreckte Bein im ganzen noch weiter und nähert es
so dem Becken. Aber Ursprung und Ansatz der Muskeln

können auch ihre Rolle vertauschen. Wenn beide Beine
fest auf dem Boden aufstehen, so werden die genannten
Muskeln die Schenkel nicht zu heben vermögen; wenn
sie sich verkürzen, werden sie vielmehr das Becken, welches jetzt den beweglichern Punkt
vorstellt, nach abwärts ziehen und
damit den ganzen Oberkörper nach
vorn beugen. Wollen wir daher die
Wirkung der Skeletmuskeln verstehen, so müssen wir zuvor die einzelnen Knochen des Skelets und
ihre Verbindungen studiren.

4. Die Knochen werden je nach
ihrer Gestalt in platte, kurze und
lange Knochen eingetheilt. Die
platten Knochen sind, wie ihr
Name ausdrückt, hauptsächlich nach
zwei Richtungen ausgedehnt; sie
stellen dünne Tafeln dar. Bei den
kurzen Knochen sind alle drei Aus-
dehnungsrichtungen nahezu gleich
und gering. Bei den langen Knochen endlich überwiegt die Längen-
ausdehnung bedeutend über die beiden andern. Aus solchen langen
Knochen sind hauptsächlich die
Extremitäten, Arme und Beine, ge-

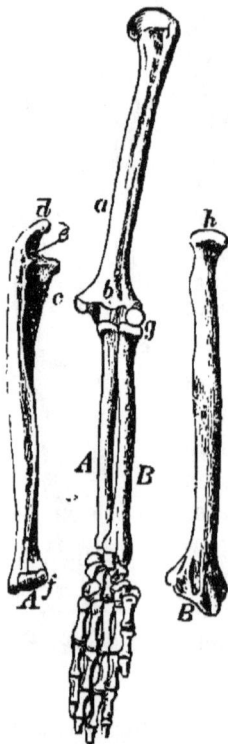

Fig. 6. Knochen des
Arms. a der Oberarm-
knochen, A Elnbogen-
bein, B Speiche, b, g
die Gelenkenden der
Knochen am Elnbogen-
gelenk.

bildet. Der Arm z. B. besteht aus
einem langen Knochen, dem Ober-
armbein; daran reihen sich zwei
lange Knochen, die den Vorderarm
bilden (man nennt sie das Elnbogen-
bein und die Speiche), endlich durch Vermittelung
mehrerer kurzer Knochen, welche die Handwurzel bilden, die Hand selbst; diese besteht aus den fünf Mittel-
handknochen und den fünf Fingern, von denen der
erste zwei, die vier andern je drei Abtheilungen haben.

An allen diesen Knochen bemerken wir (wenn wir von
den Handwurzelknochen absehen) einen langen mittlern
Theil, den Schaft, und zwei dickere Enden. Der
Schaft ist hohl, weshalb man solche Knochen auch
Röhrenknochen nennt. Die aufgetriebenen Enden
sind abgerundet und mit einem glatten, knorpeligen
Ueberzuge versehen. Die glatten Enden zweier an-
einanderstossender Knochen passen ineinander, sodass
die Knochen sich gegeneinander bewegen können, indem die Endflächen aufeinander gleiten. Eine solche
Verbindung zweier Knochen nennt man ein Gelenk
und die einander berührenden Endflächen der Knochen
die Gelenkflächen. Je nach der Gestalt dieser Gelenkflächen ist die Bewegung, welche die Knochen gegeneinander ausführen können, verschieden. Bildet die
Gelenkfläche einen Theil einer Kugelfläche, so ist die
Bewegung am freiesten und kann nach allen Richtungen hin geschehen. Solche Gelenke nennt man
Kugel- oder Nussgelenke. Ein Beispiel davon sehen
wir am obern Ende des Oberarmbeins, welches mit
einer Kugelfläche endigt, die an eine entsprechende
Gelenkfläche des Schulterblattes anstösst. In andern
Fällen kann die Bewegung nur in einer bestimmten
Richtung geschehen, wie z. B. in der Gelenkverbindung
zwischen Oberarm und Vorderarm. Solche Gelenke
nennt man Scharniergelenke. Sie gestatten den Winkel
zwischen beiden Theilen zu verkleinern oder zu vergrössern. Es würde zu weit führen, hier alle Gelenke
und die dadurch ermöglichten Bewegungen der Knochen
zu behandeln; wir wollten nur zeigen, wie die Wirkung der Muskeln durch die Knochen, zwischen welchen
sie ausgespannt sind, bedingt ist. Um aber über die
Fähigkeiten der Muskeln, sich zu verkürzen, Aufschluss
zu erhalten, können wir sie auch von dem Knochen
ablösen und für sich allein untersuchen.

Die Muskeln warmblütiger Thiere sind hierzu weniger geeignet, aber die Muskeln der Kaltblüter besitzen glücklicherweise die gleichen Eigenschaften und

behalten, was sie für die Untersuchung sehr werthvoll
macht, auch nach ihrer Entfernung aus dem Thiere
sehr lange Zeit die Fähigkeit sich zu verkürzen. Wir
benutzen zu diesen Versuchen hauptsächlich den Frosch,
wegen seines häufigen Vorkommens und seiner kräftigen
Muskeln. Köpft man einen Frosch und schneidet einen
Muskel des Ober- oder Unterschenkels, ohne ihn zu
verletzen, heraus, so kann man seine eine Sehne in
eine Zange einklemmen und seine andere Sehne mit
einem Hebel in Verbindung bringen, welcher gleichsam den Knochen ersetzt, durch dessen Bewegung die
Verkürzung des Muskels beobachtet werden kann.*
Wir können an diesen Hebel auch Gewichte hängen
und untersuchen, welche Lasten der Muskel zu heben
vermag. Aber wir bemerken dabei sofort, dass der
Muskel durch solche angehängte Gewichte gedehnt
wird und zwar um so mehr, je schwerer das angehängte Gewicht ist. Es ist dies eine Folge der elastischen Eigenschaften des Muskels, und ehe wir an die
Untersuchung der Muskelverkürzung gehen, wird es
nöthig sein, vorher die Elasticität derselben einer ge-
nauern Untersuchung zu unterwerfen.

5. Elastisch nennen wir solche Körper, welche
unter der Einwirkung äusserer Gewalt ihre Gestalt
verändern und beim Aufhören der äussern Einwirkung
dieselbe wieder annehmen. Je vollständiger dieses geschieht, desto grösser ist die Elasticität des Körpers.
Die äussere Gewalt kann bestehen in einem Zug, welcher den Körper in einer Richtung ausdehnt; oder in
einem Druck, welcher den Körper auf einen kleinern
Rauminhalt zusammenpresst, oder in einem Zug oder
Druck, der den Körper biegt. In unserm Falle haben

---

* Zu besserer Befestigung des Muskels ist es meist zweckmässig, an einem oder auch an beiden Muskelenden ein Stück
des Knochens in Verbindung mit der Sehne zu lassen und
dieses einzuklemmen.

wir es nur mit Zugkräften zu thun, welche in der
Längsrichtung des Körpers wirken und denselben dehnen; wir untersuchen die Zugelasticität des Muskels. Versuche über Zugelasticität sind von den Physi-
kern an den verschiedensten Körpern angestellt worden.
Man nimmt zu diesem Versuche am besten Körper von
regelmässiger Gestalt, Stäbe oder Drähte, deren Längen-
ausdehnung ihre Dicke bedeutend übertrifft.

Befestigt man einen solchen Körper, z. B. einen
Stahldraht, Glasfaden u. dgl. an seinem obern Ende
unverrückt an einem Balken der Zimmerdecke, misst
genau seine Länge und hängt dann Gewichte an das
untere Ende, so ergibt sich, dass die Dehnungen, welche
solche Gewichte hervorbringen, erstens um so grösser
sind, je schwerer das dehnende Gewicht oder die Belastung ist; zweitens je länger der gedehnte Körper
ist. Aber umgekehrt wird bei gleicher Länge und
gleicher Belastung die Dehnung um so geringer, je
dicker der Körper, d. h. je grösser sein Querschnitt
ist. Letzteres lässt sich leicht erklären, wenn man
annimmt, ein Stab oder Draht bestehe aus einem Bündel feiner Stäbchen oder Drähte, welche glatt nebeneinander liegen. Wählen wir z. B. zum Versuch einen
Stahlstab von genau einem Quadratcentimeter Querschnitt, so können wir uns vorstellen, dieser bestehe
aus 100 nebeneinander liegenden gleichlangen Stäbchen, deren jedes einen Quadratmillimeter Querschnitt
hat. Hängen wir also an einen derartigen Stab ein
Gewicht von 1 Kilogr. = 1000 Gr., so würde gleichsam jedes der 100 dünnen Stäbchen nur 10 Gr. zu
tragen haben. Vergleichen wir damit die Dehnung
eines andern Stahlstabes, welcher gleiche Länge, aber
doppelten Querschnitt hat, so können wir uns diesen
zweiten Stab aus 200 derartigen feinen Stäbchen zusammengesetzt denken, deren jedes einen Millimeter
Querschnitt hat. Es vertheilt sich also die Last jetzt
auf 200 derartige Stäbchen, und jedes derselben hat
nur 5 Gr. zu tragen. Es wird dadurch erklärlich,

warum ein doppelt so dicker Stab unter derselben Belastung nur halb so stark gedehnt wird. Dass die Dehnung der Länge des gedehnten Stabes proportional ist, kann man sich folgendermaassen klar machen. Jeder Körper besteht nach der Anschauung der jetzigen Physiker aus einer Anzahl kleiner Moleküle oder Theilchen, welche durch anziehende und abstossende Kräfte in bestimmten Entfernungen voneinander gehalten werden. Wird ein solcher Stab an seinem obern Ende befestigt, und an seinem untern Ende mit einem Gewichte belastet, so werden dadurch die Moleküle um eine geringe Grösse voneinander entfernt. Die Summe aller dieser kleinen Entfernungen ist die gesammte Dehnung, die wir am untern Ende messen. Je länger ein Körper ist, desto mehr solcher kleiner Theilchen befinden sich in seiner ganzen Länge nebeneinander, desto bedeutender muss also auch die gesammte Dehnung unter sonst gleichen Umständen sein.

Aus diesen Betrachtungen ergibt sich also für die elastische Dehnung das Gesetz, welches auch durch genaue Versuche vollkommen bestätigt worden ist, dass nämlich die Dehnung direct proportional ist der Länge des gedehnten Körpers und der Schwere des dehnenden Gewichts; dagegen umgekehrt proportional dem Querschnitt des gedehnten Körpers. Man bezeichnet dieses Gesetz als das Elasticitätsgesetz von Hook und S'Gravesande. Um aber für einen bestimmten Körper die Dehnung zu finden, bedarf es noch der Kenntniss eines Factors, welcher von der Natur des Körpers abhängt; denn unter sonst gleichen Umständen ist die wirklich im Versuch gefundene Dehnung bei Stahl eine andere als bei Glas, bei diesem wieder anders als bei Blei u. s. w. Um nun für jeden Körper die Dehnungen berechnen zu können, muss man die in den Versuchen gefundenen Dehnungen auf die Einheit der Länge und des Querschnitts des belasteten Körpers und auf die Einheit der Belastung zurückführen. Man erhält dann

eine Zahl, welche aussagt, um wie viel ein Körper von
bestimmter Beschaffenheit, welcher einen Meter lang
ist und einen Quadratcentimeter Querschnitt hat, bei
einer Belastung von einem Kilogramm gedehnt wird.
Diese Zahl, welche also für jede Substanz, Stahl, Glas
u. s. w. eine constante Grösse ist, nennt man den
Elasticitätscoëfficienten der Substanz.

6. Man hat diese Untersuchungen auch auf organi-
sche Körper, Kautschuk, Seide, Muskeln u. s. w. ausgedehnt und dabei einige Eigenthümlichkeiten beobachtet, welche uns natürlich besonders interessiren müssen.
Zunächst zeigen alle diese Körper, welche wir auch
als weiche im Gegensatz zu den starren bisher in
Betracht gezogenen bezeichnen können, eine viel grössere
Dehnbarkeit, d. h. bei gleicher Länge, gleichem Querschnitt und gleicher Belastung werden die weichen,
organischen Körper viel stärker gedehnt als die starren
anorganischen. Ausserdem aber zeigen sie noch etwas
besonderes. Wenn man an einen Stahldraht oder dergleichen ein Gewicht hängt, so wird er verlängert und behält
dann die neue Länge so lange, als die Belastung auf
ihn wirkt; nimmt man das Gewicht ab, so kehrt der
Körper zu seiner frühern Länge zurück. Anders die
organischen Körper. Hängen wir z. B. an einen Kautschukfaden ein Gewicht, so finden wir, dass er sofort
um eine gewisse Grösse gedehnt wird. Aber wenn das
Gewicht nicht entfernt wird, so sehen wir, dass der
Kautschukfaden noch weiter gedehnt wird, das Gewicht
sinkt immer mehr, freilich nur langsam und zwar mit
der Zeit immer langsamer; aber selbst nach 24 Stunden kann man immer noch eine geringe Zunahme in
der Dehnung des Fadens beobachten. Wird jetzt das
Gewicht entfernt, so verkürzt sich der Faden sofort
um eine beträchtliche Grösse, kehrt aber nicht ganz
zu seiner ursprünglichen Länge zurück, sondern erreicht diese nur allmählich im Laufe vieler Stunden.
Man bezeichnet diese Erscheinung als die nachträg-

liche Dehnung der organischen Körper. Sie zeigt
sich auch am Muskel in ausgesprochenem Maasse, und
erschwert natürlich Bestimmungen über
die Dehnbarkeit der Muskeln, da die
Messungen verschieden ausfallen je nach
dem Moment, in welchem die Ablesung
erfolgt. Am sichersten geht man, wenn
man nur den Betrag der augenblicklich eintretenden Dehnung berücksichtigt und die nachträgliche Dehnung
ganz vernachlässigt.

Man hat verschiedene Apparate angegeben, um die elastischen Dehnungen
des Muskels zu untersuchen. Am ge-
nauesten findet man sie mit dem von
du Bois-Reymond erfundenen Apparat,
der in Fig. 7 dargestellt ist. Der
Muskel wird an einen festen Träger
unverrückbar befestigt, indem seine
obere Sehne in eine Zange eingeklemmt
wird. An seine untere Sehne befestigt
man mit Hülfe eines Häkchens ein
leichtes Stäbchen, an welchem eine
feine Theilung angebracht ist. Unterhalb dieser Theilung gabelt sich das
Stäbchen in zwei Arme, die sich weiter unten wieder vereinigen, und in
dem so entstehenden Raum ist eine
Wagschale zum Auflegen der belasten-
den Gewichte angebracht. Das Stäbchen endigt schliesslich mit zwei verticalen senkrecht aufeinander stehenden

Fig. 7.
Apparat von du
Bois-Reymond zur
Untersuchung der
elastischen Deh-
nung der Muskeln.

dünnen Glimmerplatten, welche in ein
Gefäss mit Oel tauchen und verhindern,
dass das Ganze seitliche Schwankungen
mache, während sie der Auf- und Ab-
bewegung kein Hinderniss in den Weg
setzen. Um nun die Dehnung des Muskels zu bestimmen,

beobachtet man die an dem Muskel befestigte Scala
mit dem Fernrohr, merkt an, welcher Theilstrich der
Scala mit einem im Fernrohr horizontal ausgespannten
Faden zusammenfällt, legt dann Gewichte auf und beobachtet die Verlängerung, welche sich durch eine

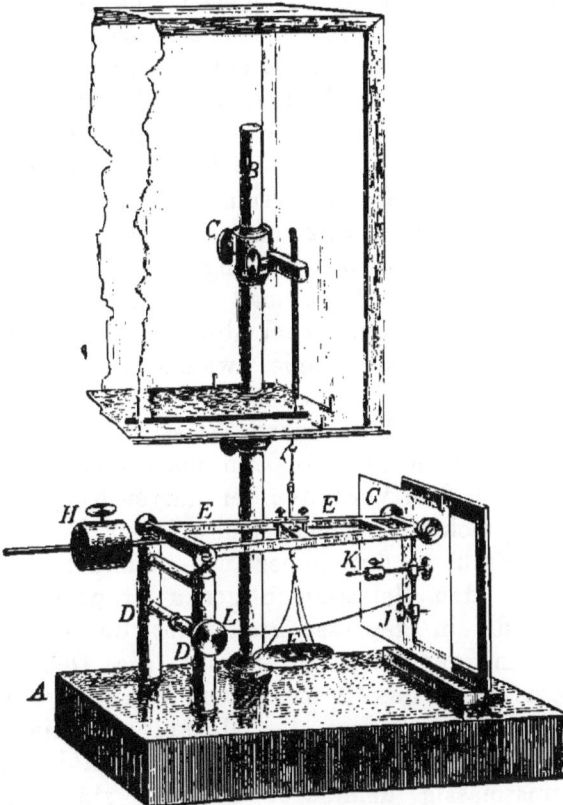

Fig. 8. Einfaches Myographion.

Verschiebung der Scala gegen den Faden bemerklich
macht. Natürlich muss man, um aus den gewonnenen
Zahlen die Dehnbarkeit zu berechnen, das Gewicht des
an den Muskel gehängten Apparates mit in Anschlag
bringen.

Man kann übrigens auch mit der oben schon kurz

erwähnten Vorrichtung Versuche über Muskelelasticität
machen, indem man die Dehnungen des Muskels an
den Ausschlägen des an ihm befestigten Hebels misst.
Am bequemsten geschieht dies, wenn an dem Hebel
eine Schreibvorrichtung angebracht wird, die an einer
davorgestellten berussten Glasplatte die Bewegung des
Hebels anzeichnet. Eine solche Vorrichtung nennt
man Myographion oder Muskelschreiber. Sie ist
in Fig. 8 in der von Pflüger angegebenen vereinfach-
ten Form dargestellt. Der auf seine Elasticität zu
untersuchende Körper ist in der Klemme C festgeklemmt
und mit dem Hebel EE verbunden, dessen Spitze an
der berussten Glasplatte anliegt. Das Gewicht des
Hebels wird durch das Gegengewicht H im Gleichgewicht gehalten. Legt man auf die Wagschale F
Gewichte, so geht der Hebel abwärts, und seine Spitze
zeichnet eine gerade Linie, welche den Betrag der
Dehnung zu messen gestattet.

Auf die eine oder andere Weise untersucht, zeigt
sich nun aber in den Muskeln noch eine andere Abweichung von dem Verhalten der starren Körper, welche
übrigens gleichfalls sämmtlichen weichen Körpern eigen
ist. Am Stahl u. dgl. haben wir gefunden, dass die
Dehnungen den Belastungen genau proportional sind,
d. h. wird ein gewisser Stahldraht durch 1 Kilogr.
um 1 mm. gedehnt, so beträgt die Dehnung bei
2 Kilogr. Belastung 2 mm., bei 3 Kilogr. Belastung
3 mm. u. s. f. Anders der Muskel und die übrigen
weichen Körper. Sie sind bei schwachen Belastungen
verhältnissmässig dehnbarer als bei stärkern. Ein
Muskel z. B. wird durch 10 Gr. Belastung um 5 mm.
gedehnt; durch 20 Gr. Belastung aber nicht um
10 mm., sondern vielleicht nur um 8 mm.; durch
30 Gr. Belastung nur um 10 mm. u. s. f. Die Dehnung wächst also bei steigender Belastung immer weniger und wird zuletzt unmerklich, bis man an die
Grenze gelangt, wo der Muskel durch das angehängte
Gewicht zerrissen wird. Wir müssen dieses Verhalten

betonen, weil die Elasticitätsverhältnisse bei der Wirkung der Muskeln eine wichtige Rolle spielen. Wenn ein Muskel sich verkürzt, vermag er ein Gewicht zu heben. Dasselbe Gewicht dehnt aber den Muskel und aus dem Gegeneinanderwirken der beiden Kräfte, dem Verkürzungsbestreben und der elastischen Dehnung, ergibt sich, wie wir sehen werden, die schliessliche Wirkung, auf welcher die Arbeitsleistung beruht.

DRITTES KAPITEL.

1. Wenn wir einen Froschmuskel aus dem Körper ausschneiden und in dem oben beschriebenen Myographion befestigen, so werden wir niemals beobachten, dass er sich von selbst verkürzt. Oder wenn er dies einmal thun sollte, so können wir sicher sein, dass irgendeine zufällige, von uns nur nicht wahrgenommene Ursache von aussen her auf ihn eingewirkt hat. Dagegen können wir jederzeit die Verkürzung des Muskels herbeiführen, wenn wir ihn mit einer Pincette kneipen oder mit einer starken Säure betupfen oder andere äussere Einwirkungen auf ihn wirken lassen, die wir noch kennen lernen werden. Der Muskel geräth also niemals von selbst in Verkürzung, er kann aber dazu veranlasst werden. Und diese Fähigkeit des Muskels setzt uns in den Stand, den Zustand der Verkürzung willkürlich herbeizuführen und die Art und Weise seines Zustandekommens wie die Erscheinungen, welche dabei auftreten, genauer zu erforschen.

Das Myographion, welches die Verkürzung des Muskels durch die mit letzterm verbundene Zeichenspitze auf der berussten Glasplatte aufzeichnet und damit zugleich die Grösse der Verkürzung zu messen gestattet,

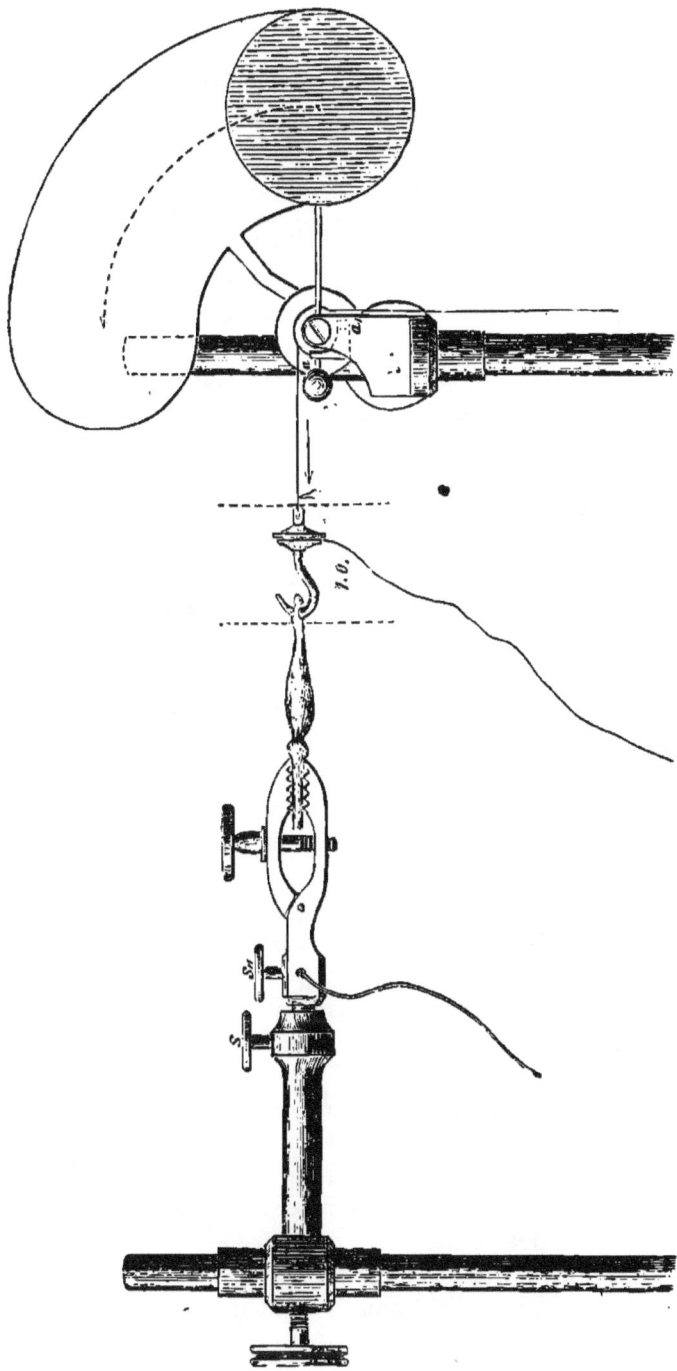

Fig. 9. Muskeltelegraph von E. du Bois-Reymond.

wird uns später noch wichtige Dienste leisten. Für
unsern jetzigen Zweck aber, nämlich zu erkennen, ob
unter gewissen Umständen eine Verkürzung auftritt
oder nicht, ist es nicht sehr bequem. Wir ersetzen
es daher durch einen andern Apparat, welchen E. du
Bois-Reymond namentlich für Vorlesungsversuche angegeben hat, und den er Muskeltelegraph nennt.
Der Muskel wird in einer Klemme befestigt; sein anderes Ende wird durch einen Haken mit einem Faden
verbunden, welcher über eine Rolle läuft. Die Rolle
trägt einen langen Zeiger und an diesem ist eine ge-
färbte Scheibe befestigt. Verkürzt sich der Muskel,
so dreht er die Rolle und hebt die Scheibe, was selbst
in grösserer Entfernung leicht sichtbar ist. Ein um
die Rolle geschlungener zweiter Faden trägt einen
Eimer von Messingblech, der mit Schrotkörnern gefüllt
werden kann, um den Muskel mehr oder weniger zu
belasten.

Solche Einwirkungen, welche den Muskel zur Verkürzung veranlassen, wie das Kneipen oder das Betupfen mit Säure, nennt man Reize und man sagt, der
Muskel sei reizbar, weil er eben durch Reize zur
Verkürzung veranlasst werden kann. Die oben an-
geführten Reize waren mechanische und chemische; sie
haben den Nachtheil, dass der Muskel, wenigstens an
der angegriffenen Stelle, zerstört oder doch so verändert wird, dass er aufhört reizbar zu sein. Es gibt
aber eine andere Art von Reiz, welche diesen Nachtheil nicht hat. Verbinden wir die Zange, welche das
obere Muskelende trägt, und den Haken, welcher an
seinem untern Ende befestigt ist, mit den beiden Be-
legungen einer geladenen Kleist'schen oder Leydener
Flasche, so geht in dem Moment, wo diese Verbindung
hergestellt wird, die Entladung vor sich und ein
elektrischer Schlag fährt durch den Muskel. In demselben Augenblick sehen wir den Muskel sich verkürzen
und mit einem plötzlichen Ruck die Scheibe in die
Höhe schleudern. Um den Versuch zu wiederholen,

müssten wir die Kleist'sche Flasche von neuem laden.
Wir können aber solche elektrische Schläge auf be-
quemere Weise erzeugen mit Hülfe der sogenannten
Induction. Nehmen wir zwei Rollen von übersponne-
nem Kupferdraht und verbinden die Enden der einen
mit dem Muskel. Durch die andere Rolle *A* leiten
wir einen elektrischen Strom von einer Batterie. Da
beide Rollen durchaus voneinander isolirt sind, kann
dieser Strom, welcher durch die Rolle *A* geht, durchaus nicht in die Rolle *B* und den mit dieser verbundenen Muskel eindringen. Wenn wir aber den elektrischen Strom in der Rolle *A* plötzlich unterbrechen,
so entsteht in der Rolle *B* ein plötzlicher elektrischer

Fig. 10. Inductionsrollen.

Die Rolle *A* ist mit Hülfe der Drähte *x* und *y* mit der Batterie verbunden;
die Rolle *B* mit Hülfe von Drähten, die in *p* und *q* eingeklemmt sind,
mit dem Muskel.

Schlag, ein sogenannter Inductionsschlag, und dieser geht durch den Muskel und reizt ihn, d. h. wir
sehen in dem Moment der Oeffnung des Stromes in der
Rolle *A* eine plötzliche Verkürzung des Muskels, welche
die mit ihm verbundene Scheibe in die Höhe schleudert.
Dasselbe geschieht, wenn wir den Strom in der Rolle
A wieder schliessen, und wir haben somit in dem elektrischen Reiz ein einfaches und bequemes Mittel, beliebig oft in dem Muskel eine solche plötzliche Verkürzung hervorzubringen. Wir wollen sie eine Zuckung
nennen und wir ersehen aus den bisher beschriebenen
Versuchen, dass ein einzelner elektrischer Schlag, wie ihn
die Entladung einer Kleist'schen Flasche bietet, oder der

ihm ähnliche Inductionsschlag das bequemste Mittel ist, eine solche Zuckung beliebig oft hervorzurufen.

Aber auch der elektrische Strom der Batterie selbst kann auf den Muskel als Reiz wirken. Verbinden wir die Pole der Batterie mit dem Muskel, so strömt ein constanter Strom durch denselben. Wir wollen den einen Verbindungsdraht aus zwei Stücken bestehen lassen und zwischen diesen durchschnittenen Enden ein kleines mit Quecksilber gefülltes Näpfchen einschalten. Das eine Ende des Drahtes lassen wir ein für allemal in das Quecksilber eintauchen; das andere Ende krümmen wir in die Gestalt eines Hakens, den wir bequem in das Quecksilber eintauchen und wieder herausnehmen können. So können wir mit Leichtigkeit den Strom im Muskel schliessen, und wenn es uns beliebt wieder unterbrechen. Was sehen wir in diesem Falle? In dem Moment der Schliessung des Stromes erfolgt eine Zuckung, ganz gleich derjenigen, welche durch einen elektrischen Schlag hervorgerufen wurde. Der Muskel verkürzt sich, die Scheibe wird emporgeschleudert und fällt wieder zurück. Aber sie kehrt nicht ganz in ihre frühere Lage zurück; sie bleibt etwas erhoben und zeigt uns so, dass der Muskel jetzt dauernd verkürzt ist, und diese Verkürzung hält an, solange der constante Strom durch den Muskel fliesst.

Unterbrechen wir den Strom, so sehen wir zuweilen, nicht immer, eine Zuckung, welche den Hebel in die Höhe schleudert, dann aber nimmt der Muskel seine natürliche Länge wieder an und bleibt in dieser, bis ein neuer Reiz ihn trifft.

2. Wir sehen aus diesen Versuchen, dass der Muskel zwei Arten der Verkürzung darbietet; nämlich die kurz dauernde Verkürzung, die wir Zuckung nannten, und eine länger dauernde, wie sie der constante elektrische Strom hervorbringt. Diese länger dauernde Verkürzung können wir aber noch besser erzeugen,

wenn wir einen Reiz, der an und für sich nur eine
einzelne Zuckung hervorbringen würde, schnell viel-
mals hintereinander auf den Muskel wirken lassen.
Am meisten eignet sich hierzu der Inductionsstrom,
welchen wir beliebig oft durch Schliessen und Oeffnen
eines andern Stromes erzeugen können. Nehmen wir
wieder die beiden Rollen A und B (Fig. 10 auf S. 31);
verbinden wir A mit einer Kette, B mit dem Muskel.
In den Kreis der Kette, welcher die Rolle A enthält,
schalten wir ausserdem eine Vorrichtung ein, welche
den Strom schnell hintereinander wiederholt zu schliessen
und zu öffnen gestattet.
Wir bedienen uns dazu
eines sogenannten Blitz-
rades. Das Rad z ist aus
einer leitenden Substanz,
z. B. Kupfer, gefertigt und
hat an seinem Umfange
Zähne eingeschnitten, ähnlich wie das Steigrad einer

Fig. 11. Blitzrad.

Uhr. An diesem Umfang schleift der federnde Kupferdraht b. Die Achse des Rades sowie der Draht b sind
vermittels der Klemmschrauben d und f mit den Lei-
tungsdrähten verbunden. Steht die Feder auf einem
Zahn des Radumfangs, so kann der Strom durch das
Rad und somit auch durch die Rolle A gehen; er ist
aber unterbrochen während der Zeit, wo die Feder
von einem Zahn zum andern überspringt. Indem wir
nun das Rad um seine Achse drehen, bekommen wir also
abwechselnde Schliessungen und Oeffnungen des Stromes in der Rolle A. In der danebenstehenden Rolle
B entstehen demnach fortwährend Inductionsströme,
welche in schneller Aufeinanderfolge den Muskel durch-
strömen. Jeder dieser Ströme reizt den Muskel; aber
da sie so schnell aufeinanderfolgen, hat der Muskel
nicht Zeit dazwischen zu erschlaffen, und bleibt dauernd
zusammengezogen. Eine solche dauernde Zusammen-

ziehung nennen wir zum Unterschied von einer einzelnen Zuckung einen Tetanus des Muskels.

Es gibt noch eine andere Art, die häufig wiederholte Schliessung und Oeffnung des Stromes zu bewirken, nämlich durch einen selbstthätigen Apparat,
welcher durch den Strom selbst in Bewegung gesetzt
wird. Wir nennen ihn den Wagner'schen Hammer.
Er ist in Fig. 12 abgebildet. Der Strom der Kette
wird durch die rechts gezeichnete Säule der platten
Neusilberfeder *oo* zugeleitet. Auf dieser ist ein kleines
Platinplättchen *c* aufgelöthet, welches durch die Federkraft gegen die darüber befindliche Spitze angedrückt
wird. Von dieser gelangt der Strom zu den Windungen
eines kleinen Elektro-
magneten und nachdem er
diese durchlaufen, durch
die links angebrachte
Klemme zur Kette zu-
rück. An der Feder *oo*
befestigt schwebt über
den Polen des Elektro-
magneten ein Anker von
weichem Eisen, *n*. Indem
dieser von dem Elektro-
magneten angezogen wird,
reisst er das Plättchen *c*

Fig. 12. Wagner'scher Hammer.

von der Spitze ab und unterbricht den Strom. Dadurch aber verliert der Elektromagnet seinen Magnetismus; er lässt den Anker los und das Plättchen wird
durch die Wirkung der Feder gegen die Spitze angedrückt. Indem dadurch der Strom wieder geschlossen
wird, erlangt der Elektromagnet von neuem seine Kraft,
zieht den Anker wieder an, unterbricht den Strom von
neuem, und so geht es fort, solange die Kette zwischen
der Säule rechts und der Klemme links eingeschaltet
bleibt. Will man diesen Hammer zur Erregung von
Inductionsströmen benutzen, so schaltet man die Rolle

A (des Apparats Fig. 10, S. 31) zwischen den beiden rechts gezeichneten Klemmen ein.*

Man kann den Wagner'schen Hammer in vereinfachter Form mit der Rolle A ein für allemal verbinden. Die zweite Rolle B setzt man dann am besten auf einen Schlitten, mit welchem sie auf einer Schlittenbahn der Rolle A mehr oder weniger genähert werden kann; hierdurch ist man im Stande, die Stärke der in ihr erzeugten Inductionsströme nach Belieben abzustu-

Fig. 13. Schlitteninductorium von du Bois-Reymond.

fen. Einen solchen Apparat stellt Fig. 13 vor. Die zweite Rolle, in welcher die Inductionsströme entstehen, ist hier mit i, die erste Rolle, durch welche die constanten Ströme fliessen, mit c bezeichnet; b ist der Elektromagnet; h der Anker des Hammers; f eine Schraube, an deren Berührungsstelle mit dem auf der obern Fläche der Neusilberfeder angebrachten Plättchen der Strom geschlossen und unterbrochen wird.

---

* Soll der Wagner'sche Hammer für sich allein in Gang gesetzt werden, so müssen diese Klemmen durch einen Draht verbunden sein, wodurch erst die Leitung von der Spitze zu den Windungen des Elektromagnets vervollständigt wird.

3 *

Einen solchen Apparat bezeichnet man als Schlitteninductorium. Wir haben nur nöthig, die Enden der
Rolle i mit dem Muskel zu verbinden, zwischen den Säulen
a und g die Kette einzuschalten. Dann wird sofort das
Spiel des Hammers beginnen; die in c erzeugten Inductionsströme werden durch den Muskel gehen und
der Muskel wird sich tetanisch zusammenziehen.

Statt die Rolle i unmittelbar mit dem Muskel zu
verbinden, führen wir besser die Drähte von der Rolle
zu den beiden Klemmen b und
c des in Fig. 14 abgebildeten
Apparats, welchen wir Schlüssel zum Tetanisiren oder
auch Vorreiberschlüssel
nennen. Von denselben Klemmen b und c gehen zwei andere Drähte zum Muskel weiter. Wenn nun das Induc-
torium arbeitet, so wird der
Muskel in Tetanus gerathen.
Sobald wir aber den Hebel d
herunterdrücken, sodass er b
und c miteinander verbindet,
kann der Strom der Rolle i
durch diesen Hebel gehen.
Da nun der Hebel d aus einem
kurzen dicken Messingstück
gebildet ist, welches dem
Strome fast gar keinen Widerstand bietet, während der

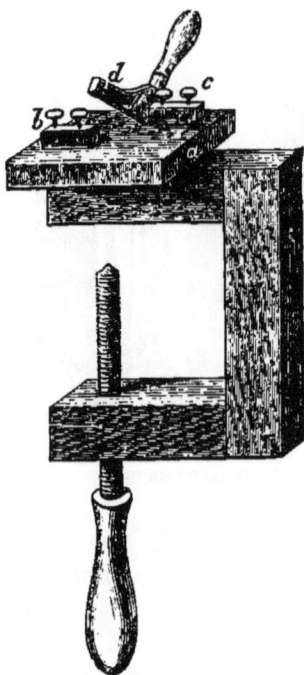

Fig. 14. Vorreiberschlüssel von
du Bois-Reymond.

Muskel einen grossen Widerstand hat, so geht fast nichts
von dem Strome durch den Muskel, sondern alles durch
den Hebel d. Der Muskel bleibt also in Ruhe. Sobald wir aber den Hebel d wieder heben, müssen die
Inductionsströme wieder durch den Muskel gehen. Ein
Druck auf den Griff des Hebels d genügt also, den
Tetanus nach Belieben hervorzurufen und wieder zu

beseitigen, und so sind wir in den Stand gesetzt, diesen Vorgang in dem Muskel genauer zu studiren. Wir haben jetzt den Muskel in zwei Zuständen kennen gelernt. In dem gewöhnlichen, in welchem er sich in der Regel im Körper und nach der Herausnahme aus demselben befindet, und in dem der Verkürzung, welche durch Reize hervorgerufen wird. Wir wollen den ersten Zustand den der Ruhe, den zweiten den der Thätigkeit des Muskels nennen. Die Thätigkeit des Muskels tritt in zwei Formen auf, als plötzliche, einmalige Verkürzung oder Zuckung und als dauernde Zusammenziehung oder Tetanus. Letzterer ist wegen seiner längern Dauer leichter zu untersuchen. Für viele Fragen ist es gleichgültig, ob wir sie am zuckenden oder am tetanisirten Muskel studiren. Wir werden daher in den folgenden Untersuchungen uns je nach den Umständen bald der einen, bald der andern Reizungsart bedienen.

3. Wenn wir an den Muskel ein Gewicht hängen, ihn belasten, so ist er im Stande diese Belastung zu heben, sobald er in Thätigkeit versetzt wird. Er hebt die Last auf eine bestimmte Höhe und leistet dabei eine Arbeit, welche nach den Principien der Mechanik in Zahlen ausgedrückt werden kann, indem wir das gehobene Gewicht mit der Höhe, auf welche es gehoben worden ist, multipliciren. Diese Höhe, bis zu welcher das Gewicht gehoben wird, die Hubhöhe des Muskels, können wir messen, wenn wir das schon beschriebene Myographion benutzen. Wenn an den Hebel des Myographions das Gewicht gehängt wird, so wird zunächst der Muskel gedehnt. Wir legen jetzt den Schreibstift an die Glasplatte des Myographions an, und lassen den Muskel sich zusammenziehen, indem wir durch Oeffnung des Schlüssels den Inductionsströmen den Zutritt zum Muskel gestatten. Der Muskel verkürzt sich und seine Hubhöhe wird auf der berussten Glasplatte durch einen verticalen Strich an-

gezeichnet. Stellen wir nun eine Reihe von Versuchen
mit demselben Muskel, aber verschiedenen Belastungen
an, so finden wir, dass der Muskel nicht jede Last auf
die gleiche Höhe zu heben im Stande ist. Bei geringen Belastungen ist die Hubhöhe gross. In dem
Maasse, wie die Belastung wächst, wird die Hubhöhe
geringer und zuletzt bei einer bestimmten Belastung
ganz unmerklich. Fig. 15 ist die Copie einer solchen
Versuchsreihe. Die unter jedem verticalen Strich
stehende Zahl gibt die Grösse der Belastung in Gram-
men an, welche gehoben wurde; die Höhe der Striche
ist das Doppelte der wahren Hubhöhe, da unser Apparat dieselben zweimal vergrössert darstellt. Zwischen
je zwei Versuchen wurde die Glasplatte um eine kleine

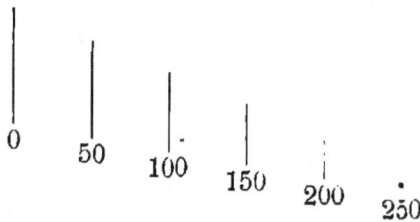

Fig. 15. Hubhöhe bei verschiedenen Belastungen.

Strecke verschoben, damit die einzelnen Hubhöhen
nebeneinander aufgezeichnet werden konnten. Die erste
dieser Hubhöhen mit 0 bezeichnet, wurde bei gar keiner Belastung ausgeführt. Das Gewicht des Schreib-
hebels selbst war durch ein Gegengewicht äquilibrirt.
Man sieht, dass hierbei die Hubhöhe am grössten ist.
Die folgenden Hubhöhen beginnen alle von etwas nie-
drigern Punkten, weil durch die Belastungen der Muskel gedehnt wurde. Aber sie erheben sich auch um
immer geringere Grössen und zuletzt bei einer Belastung von 250 Gr. ist die Hubhöhe Null.

Wir sehen also aus dieser Versuchsreihe, dass mit steigender Belastung die Hubhöhen immer kleiner werden.
Welche Folgerung ergibt sich daraus für die Arbeitsleistung des Muskels? Für die Belastung 0 ist die

Hubhöhe gross; da aber hier nichts gehoben wurde,
so ist auch die geleistete Arbeit = 0. Bei der grössten
Belastung von 250 Gr. ist die Hubhöhe 0; also wurde
auch hier keine Arbeit geleistet. Nur bei den zwischenliegenden Belastungen leistete der Muskel Arbeit und
zwar wuchs diese anfänglich bis zur Belastung von
150 Gr. und nahm dann wieder ab. Berechnen wir
nämlich die geleistete Arbeit für jede der aufgezeich-
neten Zuckungen, so erhalten wir folgende Werthe:

Belastung:	0	50	100	150	200	250 Gr.
Hubhöhe:	14	9	7	5	2	0 mm.
Geleistete Arbeit:	0	450	700	750	400	0 Gr. mm.

Dieselbe Erfahrung können wir nun mit jedem andern Muskel machen, und wir können ganz allgemein
den Satz aufstellen, dass es für jeden Muskel eine
bestimmte Belastung gebe, für welche seine Arbeitsleistung am grössten ist; für kleinere und grössere Belastungen wird die Arbeitsleistung geringer. Aber die
Werthe der Hubhöhen für eine und dieselbe Belastung
sind für verschiedene Muskeln nicht immer dieselben.
Vergleichen wir dünne und dicke Muskeln miteinander,
so sehen wir zunächst, dass dicke Muskeln bei steigender Belastung weniger gedehnt werden, dass aber auch
die Abnahme der Hubhöhe bei steigender Belastung
langsamer erfolgt, sodass dicke Muskeln viel grössere
Lasten zu heben im Stande sind als dünne. Auf der
andern Seite sehen wir, dass bei gleicher Dicke die
Hubhöhe um so grösser ausfällt, je länger die Muskelfasern sind. Die Hubhöhen wachsen bei gleicher Belastung mit der Länge der Muskelfasern. Sie nehmen
ab mit steigender Belastung, und zwar schneller bei
dünnen als bei dicken Muskeln.

4. Bei der Berechnung der Arbeitsleistung eines
Muskels kommt nur die Hebung des Gewichts in Betracht. Bei der gewöhnlichen Art, den Muskel zu
reizen, sinkt aber bei jeder Zuckung das gehobene

Gewicht wieder auf seine frühere Höhe zurück. Die bei der Zuckung geleistete Muskelarbeit geht also wieder verloren; sie wird wahrscheinlich in Wärme verwandelt. Man kann jedoch das Gewicht in der Höhe, auf welche es der Muskel gehoben hat, festhalten. A. Fick hat dies auf eine sinnreiche Weise erreicht, indem er den Muskel an einem leichten Hebel arbeiten liess, der bei jeder Hebung ein Rad mitnimmt, während er beim Wiederheruntersinken dasselbe unbewegt lässt. Um die Achse des Rades ist ein Faden geschlungen, an welcher das Gewicht hängt. Durch diese Anordnung wird bewirkt, dass der Muskel bei jeder Zuckung das Rad um eine geringe Grösse dreht und so das Gewicht langsam in die Höhe windet. Lässt man den Muskel mehrmals hintereinander zucken, so steigt das Gewicht bei jeder Zuckung etwas höher und man erhält zuletzt die Summe aller bei den einzelnen Zuckungen geleisteten Arbeiten. Fick hat deshalb den Apparat „Arbeitssammler‟ genannt. Wir haben in ihm ein Modell der Art, wie auch im Grossen die Arbeit einzelner Muskelleistungen summirt wird. Wenn Arbeiter eine Last mittels einer Haspel oder Winde aufwinden, so bringt man an der Achse ein Sperrrad und einen Sperrhaken an, welche die Drehung in der einen Richtung gestatten, die entgegengesetzte aber verhindern. Die einzelnen Muskelanstrengungen, welche das Gewicht heben, können sich dann summiren, ja die Arbeiter können längere Pausen eintreten lassen, ohne dass der Erfolg der einmal geleisteten Arbeit durch ein Zurücksinken des Gewichts wieder vernichtet würde.

Anders als bei der einzelnen Zuckung ist das Verhältniss beim Tetanus. Hier leistet der Muskel zunächst Arbeit, indem er das Gewicht hebt, dann aber verhindert er es durch eigene Anstrengung am Fallen. Wir können daher von der Hubhöhe noch die Traghöhe unterscheiden, d. h. diejenige Höhe, auf welcher das Gewicht dauernd getragen wird. Bei diesem Act leistet der Muskel eigentlich keine Arbeit im Sinne der

Mechanik, denn Arbeit besteht nur in Hebung eines
Gewichts. Wenn ich einen Stein bis zur Tischhöhe
hebe, so leiste ich damit eine bestimmte Arbeit; lege
ich ihn auf den Tisch, so drückt er vermöge seiner
Schwere auf denselben; der Tisch verhindert ihn am
Fallen, aber man kann nicht sagen, dass der Tisch dabei Arbeit leiste. Ebenso ist es mit dem Muskel.
Wenn ich ein Gewicht mittels meiner Armmuskeln bis
zur Schulterhöhe hebe und dann den Arm horizontal
halte, so verhindern die Armmuskeln das Gewicht am
Fallen; sie spielen dabei eine ähnliche Rolle wie der
Tisch; leisten also keine Arbeit im Sinne der Mechanik. Nichtsdestoweniger weiss jeder, wie schwer es
ist, ein Gewicht in dieser Weise längere Zeit zu halten,
und wir fühlen es an der bald eintretenden Ermüdung,
dass hierbei im physiologischen Sinne wol gearbeitet
wird. Wir können diese Arbeitsleistung als innere
Arbeit des Muskels im Gegensatz zur äussern, welche
er bei Hebung von Gewichten leistet, bezeichnen.

5. Worauf beruht nun die Arbeitsleistung des Muskels überhaupt? Wir sind berechtigt anzunehmen, dass
auch hier, wie in andern Fällen, die Arbeit nicht von
selbst entsteht, sondern auf Kosten einer Kraftleistung
zu Stande kommt. Untersuchen wir nun den Muskel
während des thätigen Zustandes, so finden wir, dass in
ihm chemische Processe vorgehen, welche zwar im
einzelnen noch nicht ganz bekannt sind, aber doch auf
einer Oxydation eines Theiles der Muskelsubstanz beruhen
müssen, da sie mit Wärmebildung und Entwickelung
von Kohlensäure verbunden sind. In dieser Beziehung
verhält sich also der Muskel ähnlich einer Dampfmaschine, in welcher gleichfalls unter Entwickelung von
Wärme und Bildung von Kohlensäure Arbeit geleistet
wird. Soviel ist klar: ein Theil der Stoffe, welche den
Muskel zusammensetzen, wird bei der Thätigkeit oxydirt, und die durch diesen chemischen Process frei
gewordene Energie ist die Quelle der geleisteten Muskel-

arbeit. Nun können wir zwar bei einer einzelnen
Muskelzuckung schon eine Wärmebildung im Muskel
nachweisen; beim Tetanus aber wird diese Wärmebildung viel beträchtlicher, und da Wärme nur eine
andere Form von Bewegung ist, so können wir daraus
schliessen, dass während des Tetanus die ganze durch
die chemischen Processe erzeugte Kraft in Wärme umgesetzt wird, während bei der Hebung eines Gewichts
im Beginn des Tetanus oder bei der einzelnen Zuckung
ein Theil derselben in Form mechanischer Arbeitsleistung auftritt.

Es gibt noch eine andere Thatsache, welche beweist, dass in dem tetanisch zusammengezogenen Muskel trotz der scheinbaren äussern Ruhe im Innern
Bewegungen stattfinden müssen. Ein solcher Muskel
gibt nämlich ein Geräusch oder einen Ton. Setzt man
auf einen Muskel, z. B. des Oberarms, ein Hörrohr auf
und lässt dann den Muskel sich zusammenziehen, so
hört man ein tiefes summendes Geräusch. Man kann
dasselbe auch sehr laut und deutlich wahrnehmen,
wenn man die äussern Gehörgänge mit Wachspfropfen
verstopft und dann die Muskeln des Gesichts zusammenzieht; oder wenn man den kleinen Finger fest in den
äussern Gehörgang stopft und dann die Muskeln des
Arms zur Zusammenziehung bringt. Im letztern Falle
leiten die Knochen des Arms den Muskelton dem Ohre
zu. Dieser Muskelton beweist offenbar, dass im Innern des Muskels Schwingungen vor sich gehen müssen,
so scheinbar stetig die Form desselben verändert ist.
Wir haben nun gefunden, dass ein solcher scheinbar
stetiger Tetanus durch einzelne schnell aufeinanderfolgende Reize hervorgebracht wird, und Helmholtz hat
nachgewiesen, dass jedem dieser Reize in der That eine
Schwingung entspricht; denn wenn man die Zahl der
einzelnen Reize verändert, so ändert sich auch der
Ton des Muskels, und die Höhe des Muskeltons entspricht stets genau der Zahl der ihn treffenden Reize.
Wenn wir dennoch an dem tetanischen Muskel gar

keine Gestaltveränderung bemerken, so kann dies nur
davon herrühren, dass im Innern des Muskels Bewegungen seiner Theilchen stattfinden, welche den Ton
verursachen, während die äussere Form ungeändert
bleibt. Etwas Aehnliches sehen wir an Stäben, die in
longitudinale Schwingungen versetzt werden und die
gleichfalls tönen, ohne dass äusserlich eine Formveränderung sichtbar wäre.

Es knüpft sich hieran gleich die Frage, wieviel solcher einzelnen Reize eigentlich nöthig sind, um den
Muskel zu einer stetigen Zusammenziehung zu bringen.
Mit Hülfe des eben beschriebenen Wagner'schen Hammers (Fig. 12) oder des Blitzrades (Fig. 11) sind wir
im Stande die Zahl der Reize abzustufen. Es zeigt
sich dabei, dass 16—18 einzelner Reize in der Secunde
hinreichend sind, um eine stetige Zusammenziehung des
Muskels hervorzubringen. Auch im lebenden Körper
bei der willkürlichen Zusammenziehung der Muskeln
scheint die tetanische Zusammenziehung durch ebenso
viel Reizungen hervorgebracht zu werden. Man hat nämlich gefunden, dass der Muskelton, welchen man bei willkürlicher Contraction der Muskeln hört, etwa die Höhe
des Tons c^1 oder d^1 hat, was einer Schwingungszahl von
32—36 in der Secunde entsprechen würde. Aber Helmholtz hat es wahrscheinlich zu machen gewusst, dass
dies nicht die wahre Schwingungszahl des Muskels sei,
sondern dass dieser nur halb soviel Schwingungen
macht. Weil aber so tiefe Töne für unser Ohr un-
hörbar bleiben, so hören wir statt dessen nur den
nächsten Oberton, der doppelt so vielen Schwingungen
entspricht.*

6. Wir haben bisher nur die Verkürzung des Mus-

---

* Nach Preyer können manche Menschen Töne von 15—
25 Schwingungen in der Secunde noch hören, und der Muskelton klingt nach ihm dem Ton von 18—20 Schwingungen
sehr ähnlich, was zu den Angaben von Helmholtz sehr gut
stimmt.

kels allein betrachtet. Diese ist ja auch für die Arbeitsleistung, die im Heben der Gewichte besteht, allein maassgebend. Betrachten wir aber einen zusammengezogenen Muskel, so sehen wir, dass derselbe nicht nur kürzer, sondern auch dicker geworden ist. Es fragt sich nun, ob der Muskel dabei seinen Rauminhalt gänzlich unverändert erhalten hat, oder ob seine Masse dabei verdichtet worden ist. Es ist nicht leicht, darüber genauen Aufschluss zu erhalten, denn die Volumenveränderung des Muskels kann jedenfalls nur eine sehr geringe sein. Uebereinstimmende Versuche von P. Erman, E. Weber u. a. haben ergeben, dass allerdings eine sehr geringe Verkleinerung des Muskels stattfindet. Bedenken wir aber, dass der Muskel aus feuchter Substanz besteht, und dass ungefähr drei Viertel seines ganzen Gewichts Wasser sind, so müsste selbst diese geringe Volumsabnahme schon die Folge eines sehr beträchtlichen Druckes sein, da die Flüssigkeiten nur ausserordentlich schwer compressibel sind, wenn nicht vielleicht ein Theil des Wassers durch die Poren des Sarcolemmaschlauchs nach aussen gepresst wird.

Wichtiger noch als diese Gestaltveränderung des ganzen Muskels ist die Formveränderung, welche jede Muskelfaser für sich erleidet. Wir können diese an platten dünnen Muskeln mit dem Mikroskop beobachten und finden dabei, dass auch jede Muskelfaser kürzer und zugleich dicker wird. Hat man, um dies zu beobachten, einen Muskel auf einer Glasplatte unter das Mikroskop gebracht, so sieht man, wenn die Reizung aufhört, dass der Muskel scheinbar in der verkürzten Gestalt verbleibt. Die einzelnen Muskelfasern nehmen aber, sobald die Reizung aufhört, ihre ursprüngliche Länge wieder an und sie legen sich deshalb zickzackförmig, solange sie nicht durch eine äussere Gewalt gestreckt werden. Ich führe diese Erscheinung hier nur an, weil sie ein historisches Interesse hat. Die ersten Forscher nämlich, welche diesen Gegenstand untersuchten, Prevost und Dumas, glaubten, dass die Verkürzung des Muskels durch diese Zickzackkrümmung der Muskelfasern zu Stande komme. Sie waren mit ihren damals noch unvollkommenen Apparaten nicht im Stande, eine dauernde Reizung des Muskels zu bewirken, und sie verwechselten daher den Zustand der Erschlaffung mit dem der Zusammenziehung.

VIERTES KAPITEL.

1. Elasticitätsänderung bei der Zusammenziehung; 2. Zeitlicher Verlauf der Zuckung, Myographion; 3. Elektrische Zeitbestimmung; 4. Anwendung derselben auf die Muskelzuckung; 5. Belastung und Ueberlastung—Muskelkraft; 6. Bestimmung der Muskelkraft beim Menschen; 7. Aenderung der Muskelkraft während der Verkürzung.

1. Wir kommen nun zu einer der merkwürdigsten Thatsachen in dem Gebiete der allgemeinen Muskelphysiologie, nämlich zu der Veränderung der Elasticität des Muskels während der Zusammenziehung. Schon E. Weber, welcher die Erscheinungen der Muskelzusammenziehung zuerst eingehender untersuchte, hat nachgewiesen, dass der thätige Muskel durch dasselbe Gewicht stärker gedehnt wird als der unthätige. Es ist um so auffälliger, als der Muskel ja während der Thätigkeit kürzer und dicker wird, also infolge dessen weniger gedehnt werden sollte; denn wir haben ja oben gesehen, dass die Dehnung durch ein bestimmtes Gewicht um so grösser ausfällt, je länger der gedehnte Körper, und um so kleiner, je dicker derselbe ist. Wenn dennoch ein thätiger Muskel durch ein und dasselbe Gewicht mehr gedehnt wird als ein unthätiger, so kann dies nur in einer Veränderung seiner Elasticität begründet sein. Auf welche Weise diese zu Stande kommt, ist sehr schwer zu sagen. Wir können aber die Erscheinungen der Zuzammenziehung auf die

Weise erklären, dass wir sagen, der Muskel habe zwei
natürliche Formen; die eine, welche ihm im ruhenden
Zustande zukommt, die andere, welche ihm während der
Thätigkeit angehört. Wenn der ruhende Muskel durch
Reizung in den thätigen Zustand übergeführt wird, so
befindet er sich in einer Form, die nicht mehr seine
natürliche ist, er strebt dieser letztern zu und verkürzt sich, bis er seine neue, ihm jetzt natürliche Form

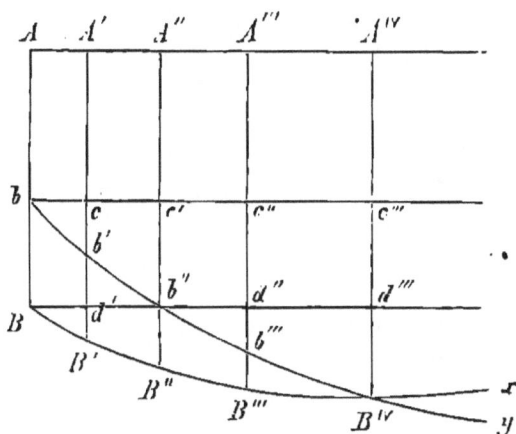

Fig. 16. Elasticitätsänderung bei der Zusammenziehung.

angenommen hat. Ist der Muskel durch ein Gewicht
gedehnt, und wird er dann gereizt, so zieht er sich
gleichfalls zusammen, aber nur bis zu der Länge, welche
der Dehnung, die seiner neuen Form zukommt, durch
das an ihm hängende Gewicht entspricht. Stellen wir
uns vor, AB (Fig. 16) wäre die Länge des ruhenden
unbelasteten Muskels, Ab die Länge des thätigen und
unbelasteten Muskels, so wird der Muskel, wenn er im
unbelasteten Zustande gereizt wird, sich um die Grösse
$AB - Ab = bB$ verkürzen; bB ist also die Hubhöhe des
unbelasteten Muskels. Ist der Muskel mit einem Gewicht p belastet, so wird er im unthätigen Zustande
um eine bestimmte Grösse $B'd'$ gedehnt, sodass seine

Länge jetzt $AB + B'd' = A'B'$ ist. Reizen wir ihn
jetzt, so zieht er sich zusammen und nimmt eine Länge
an, welche gleich $Ab + cb' = A'b'$ sein muss, worin
Ab die natürliche Länge des thätigen Muskels ohne
Belastung und cb' die Dehnung ist, welche der thätige
Muskel durch dasselbe Gewicht p erfährt. $A'B' - A'b'$
$= b'B'$ ist also die Hubhöhe des Muskels bei der Belastung p. Nun wissen wir aus frühern Versuchen,
dass die Hubhöhe mit steigender Belastung abnimmt.
Die Hubhöhe bB bei der Belastung 0 ist also grösser
als die Hubhöhe $b'B'$ bei der Belastung p. Daraus
folgt aber, dass die Dehnung cb' grösser sein muss als
die Dehnung $d'B'$, oder mit andern Worten: dasselbe
Gewicht p dehnt den thätigen Muskel stärker als den
unthätigen. Entwerfen wir nach diesem Princip die
Dehnungscurven für den thätigen wie für den unthätigen Muskel, so bekommen wir für den erstern
die Curve $bb'y$, für den zweiten die Curve $BB'x$,
welche sich allmählich immer mehr und mehr nähern
und endlich im Punkte B^{IV} schneiden. Dieser Punkt
B^{IV}, welcher der Belastung P entspricht, zeigt uns,
dass bei dieser Belastung die Länge des thätigen und
des unthätigen Muskels gleich sind. Wenn wir daher
bei der Belastung P den Muskel reizen, so bekommen
wir gar keine Hubhöhe. Der Muskel ist nicht im
Stande dieses Gewicht zu heben, eine Thatsache, welche
wir in unsern frühern Versuchen schon wahrgenommen
haben.*

Aber noch ein anderer Punkt von grossem Interesse
ergibt sich aus der Betrachtung dieser Elasticitäts-
veränderung. Bei einer gewissen Belastung k ist die
Dehnung des thätigen Muskels gleich $c'b''$, d. h. der
thätige Muskel nimmt bei dieser Belastung genau die
Länge ein, welche der unthätige Muskel bei gar keiner Belastung hat. Können wir den Versuch so ein-
richten, dass ein unthätiger Muskel durch das Gewicht

---

* S. Anmerkungen und Zusätze Nr. 1.

k nicht gedehnt wird, indem wir dasselbe an den
Muskel befestigen, aber es zugleich unterstützen, sodass es den Muskel nicht dehnt, und reizen wir dann
den Muskel, so kann derselbe dieses Gewicht offenbar
nicht von seiner Unterlage abheben. Indem wir nun
das Gewicht suchen, welches gerade ausreicht, diese
Wirkung hervorzubringen, finden wir offenbar einen
Ausdruck für die Grösse der Energie, mit welcher der
Muskel aus seinem natürlichen Zustande in die Verkürzung überzugehen strebt. Diese Energie nennen
wir die Kraft eines Muskels. Ein Verfahren, dieselbe
genau zu bestimmen, werden wir später kennen lernen.

2. Soweit man dies untersuchen kann, verhalten sich
die Muskeln bei der einzelnen Zuckung ganz ebenso
wie bei dem Tetanus. Was über Hubhöhe und die
davon abhängige Arbeitsleistung sowie über die Veränderung der Elasticität gesagt wurde, gilt ebenso für
die einzelne Zuckung wie für den Tetanus. Nur die
Gestaltveränderung lässt sich schwer beobachten bei
der ausserordentlich kurzen Zeit, welche eine solche
Zuckung dauert. Doch ist es gelungen, auch hierüber
sehr genaue Ermittelungen zu machen, besonders seitdem Helmholtz im Jahre 1852 zuerst den Gegenstand
in Angriff nahm.

Die experimentelle Forschung besitzt verschiedene
Methoden, um sehr kleine Zeiträume mit Genauigkeit
zu messen und Vorgänge, welche innerhalb kürzester
Zeit verlaufen, dennoch innerhalb dieser zu studiren.
Man hat nicht nur die Geschwindigkeit einer Kanonen-
kugel in den einzelnen Theilen ihrer Bahn von dem
Augenblick, wo sie den Lauf verlässt, bis zur Ankunft
an ihrem Ziele gemessen, sondern sogar die noch kürzere Zeit, welche zur Explosion des Schiesspulvers erforderlich ist. Nur die Dauer eines elektrischen Fun-
kens ist bisjetzt unmessbar gewesen. Man kann sie
deshalb als wirklich momentan ansehen, oder wenigstens
als kleiner als jede messbare Grösse. Manche Forscher

schätzen ihre Zeitdauer auf weniger als $\frac{1}{24000}$ Secunde.

Die Mittel zur Messung sehr kleiner Zeiten, deren man sich vorzugsweise bedient, sind die Aufzeichnung des zu messenden Vorganges auf einer schnell bewegten Fläche, oder die Benutzung eines elektrischen Stromes, dessen Wirkung auf einen Magneten von der Zeit seiner Dauer abhängt. Jede dieser Methoden ist auch für den Muskel angewendet worden.

Denken wir uns eine ebene Fläche, z. B. eine Glasplatte mit grosser Geschwindigkeit in ihrer eigenen Ebene verschoben, so wird ein senkrecht auf die Glasplatte gerichteter spitzer Draht eine gerade Linie auf der Platte vorzeichnen. Ist die Platte berusst, so können wir diese Linie sichtbar machen. Denken wir uns den Draht mit einer Feder verbunden, die wie eine Stimmgabel auf- und niederschwingt, so wird bei der Bewegung der Platte der Stift keine gerade sondern eine Wellenlinie aufzeichnen. Da man die Zahl der Schwingungen aus dem Tone, welchen die schwingende Feder hören lässt, erkennt, so weiss man, dass die Entfernung je zweier Wellenberge der gezeichneten Wellenlinien einem bestimmten Zeitabschnitt entspricht. Angenommen unsere Feder mache 250 Schwingungen in der Secunde, so hat sich offenbar die Platte um den Betrag des Abstandes je zweier Wellenberge in $\frac{1}{250}$ Secunde fortbewegt. Können wir nun auf derselben Platte eine Muskelzuckung aufzeichnen lassen, so können wir aus dem Abstand der einzelnen Theile dieser Zeichnung, verglichen mit den Wellen, welche die schwingende Feder gezeichnet hat, die Zeitdauer genau bestimmen. Auf diesem Princip beruht das Myographion von Helmholtz. In seiner ursprünglichen Form bestand es aus einem Cylinder von Glas, welcher schnell um seine Achse rotirte. Der Apparat ist seitdem vielfach abgeändert worden. Unsere Fig. 17 stellt es in der Form dar, welche ihm du Bois-Reymond hat geben lassen. Das in dem Kasten c eingeschlossene Uhr-

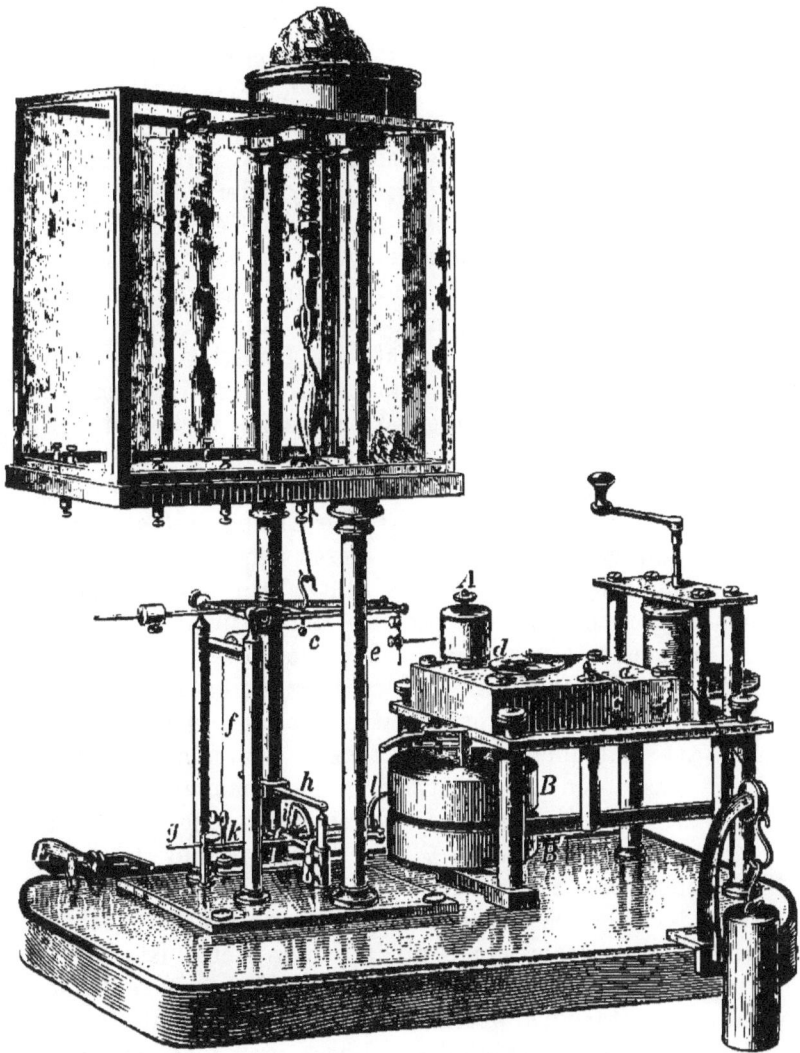

Fig. 17. Myographion von Helmholtz.
(¹⁄₄ nat. Grösse.)

werk setzt den Cylinder *A* in rotirende Bewegung.
Auf der Achse des Cylinders ist eine schwere Scheibe *B*

befestigt, die an ihrer untern Fläche vertical stehende
Flügel von Messing trägt, welche in Oel tauchen. Das
Oel ist in dem cylindrischen Gefäss B' enthalten. Durch
Heben und Senken dieses Gefässes kann man die Dre-
hungswiderstände abstufen. Durch diese und durch die
grosse Trägheit der schweren Platte B wird bewirkt,
dass die Drehgeschwindigkeit des Cylinders A nur sehr
langsam erwächst. Ist eine passende Geschwindigkeit
erreicht, so wird der Muskel gereizt, hebt bei seiner
Verkürzung den Hebel c, und die an diesem befestigte
Spitze c zeichnet auf dem Cylinder eine Curve.

Um den Versuch auszuführen, befestigt man den
Muskel an einer Klemme innerhalb des Glaskastens,
um ihn vor Vertrocknung zu schützen, verbindet ihn
mit dem Hebel c, überzieht den Cylinder A mit einer
Russschicht, befestigt ihn fest auf seiner Achse und
legt mit Hülfe des Fadens f die Zeichenspitze gegen
den Cylinder. Indem man diesen langsam mit der
Hand umdreht, zeichnet die Spitze auf dem Cylinder
eine wagerechte Linie, welche die natürliche Länge
des ruhenden Muskels angibt. Die Scheibe B trägt
an ihrem Umfang einen Vorsprung (eine sogenannte
„Nase"). Bei einer bestimmten Stellung der Scheibe
und des mit ihr fest verbundenen Cylinders berührt
diese Nase den bajonnetförmig gekrümmten Winkelhebel l. Wird dieser beiseitegedreht, so hebt er
mittels des Bogenstücks i den Hebel h und bewirkt
dadurch, dass zwischen diesem Hebel und der davor-
stehenden kleinen Säule ein Stromcontact unterbrochen
wird. Der Strom einer elektrischen Kette ist durch
diesen Contact und zugleich durch die primäre Rolle
eines Inductoriums geleitet. Die secundäre Rolle ist
mit dem Muskel verbunden. Dreht man also den Hebel l beiseite, so wird der Muskel gereizt. Er zuckt
und hebt den Zeichenstift, welcher auf dem Cylinder
A einen verticalen Strich zeichnet, dessen Höhe der
Hubhöhe des Muskels entspricht. Durch einen Finger-
druck auf g kann man das bajonnetförmige Ende l

etwas heben und zugleich die Zeichenspitze c von der
Oberfläche des Cylinders etwas entfernen. Man lässt
nun das Uhrwerk gehen, der Cylinder dreht sich erst
langsam, allmählich immer schneller, aber der Muskel
bleibt in Ruhe und die Spitze kann nicht zeichnen.
Sobald der Cylinder die gewünschte Geschwindigkeit
erlangt hat, nimmt man den Finger fort. l senkt sich,
wird bald darauf von der „Nase" gefasst und beiseite-
geschoben, der Muskel wird gereizt und zuckt, und
diese Zuckung wird auf den Cylinder während seiner
Rotation aufgezeichnet.

Da der Apparat die Reizung des Muskels selbst bewirkt hat, so ist diese bei einer bestimmten Stellung
des rotirenden Cylinders erfolgt, nämlich bei der, in
welcher die „Nase" das Hebelende l eben berührt hat.
Diese Stellung ist offenbar dieselbe, in welcher wir
zuerst bei stillstehendem Cylinder den Muskel einmal
zucken liessen. Die damals gezeichnete verticale Linie
gibt also genau die Stellung des Cylinders an, bei welcher die Reizung erfolgt. Wo diese verticale Linie
von der zuerst gezeichneten horizontalen abgeht, das
war der Punkt, an welchem der Zeichenstift sich befand, als die Reizung des Muskels erfolgte. Von diesem Punkte aus müssen wir die Abstände messen, aus
denen die Zeiten zu berechnen sind.

Um diese Berechnung auszuführen, ist es nöthig, die
Umdrehungsgeschwindigkeit des Cylinders genau zu
kennen, da eine gleichzeitige Aufzeichnung von Stimm-
gabelschwingungen bei diesem Apparate nicht erfolgt.
Wie wir schon gesehen haben, ist die Umdrehung des
Cylinders keine gleichförmige, sondern eine beschleu-
nigte; aber die Beschleunigung ist wegen der Schwere
der Scheibe B und der Hemmung im Oel eine sehr
geringe, und bei einer bestimmten Geschwindigkeit ist
der Widerstand im Oel ein so grosser, dass keine Beschleunigung mehr stattfindet, sondern die Geschwindigkeit constant wird. Mittels des Zählwerks d kann man
diese Geschwindigkeit vorher bestimmen, und es ge-

lingt leicht, durch passende Einstellung des Oelbehälters
den Apparat so einzurichten, dass der Cylinder in einer
Secunde gerade eine Umdrehung macht.

Ist dies erreicht, so brauchen wir nur den Umfang
des Cylinders zu kennen, um das, was auf dem Cylinder gezeichnet ist, in Zeitwerthe umzurechnen. Um
die Messung der einzelnen Curventheile bequem ausführen zu können, nehmen wir den Cylinder vorsichtig
von seiner Achse ab, spannen ihn in eine passende
Gabel (dieselbe ist in unserer Fig. 17 links unten angedeutet und mit E bezeichnet) und rollen ihn über
ein Stück angefeuchtetes Gelatinepapier. Die ganze
Russschicht haftet an der kleberigen Gelatine, man befestigt dieselbe mit der berussten Seite auf einem weissen
Grunde und sieht nun die gezeichnete Curve weiss auf
schwarzem Grunde und kann sie bequem ausmessen.

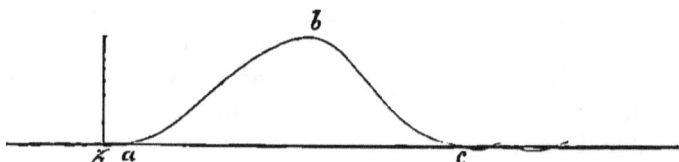

Fig. 18. Zuckungscurve eines Muskels.

Unsere Fig. 18 ist die getreue Copie einer so von
dem Wadenmuskel eines Frosches gezeichneten Curve.
Der Punkt, bei welchem die Reizung stattfand, ist mit
z bezeichnet. Was uns sofort auffällt, ist, dass die
Erhebung des Zeichenstiftes nicht im Punkte z, sondern
erst in einer gewissen Entfernung davon, bei a beginnt.
Hieraus müssen wir schliessen, dass der Beginn der
Muskelverkürzung nicht im Moment der Reizung stattfand; denn der Myographioncylinder hatte offenbar
Zeit sich um die Grösse z, a zu drehen, ehe durch die
Verkürzung des Muskels der Zeichenstift gehoben
wurde. Es vergeht also eine gewisse Zeit, ehe die
durch die Reizung bewirkte Veränderung in dem Muskel zu einer Verkürzung führt. Die Länge dieser

Zeit, welche durch die Länge der zwischen z und a
enthaltenen Strecke genau bestimmt werden kann, beträgt ziemlich genau $^1/_{100}$ Secunde. Man nennt diese
Zeit das Stadium der latenten Reizung; denn
die Reizung ist während dieser Zeit in dem Muskel
noch nicht zur Wirksamkeit gekommen. Von dem
Punkte a an sehen wir den Muskel sich verkürzen,
was durch die Erhebung des Zeichenstiftes vom Punkte
a bis zum Punkte b, dem Gipfel der gezeichneten
Curve, angezeigt wird; von da ab verlängert sich der
Muskel wieder, bis er im Punkte c seine ursprüngliche
Länge wieder erreichte. Die Zeit, welche vom Beginn
der Verkürzung bis zum Maximum derselben verstreicht,
heisst das Stadium der steigenden Energie; die Zeit
von dem Maximum bis zur Wiederausdehnung des
Muskels das der sinkenden Energie. Die ganze Dauer
der Muskelzuckung von dem Beginn der Verkürzung
bei a bis zur vollständigen Wiederausdehnung bei c
beträgt etwa $^1/_{10}$ bis $^1/_6$ Secunde.

3. Auf ähnliche Weise kann man auch mit Hülfe der
elektrischen Ströme die einzelnen Zeiten, aus denen
sich die Muskelzuckung zusammensetzt, messen. Um
dieses Verfahren kennen zu lernen, denken wir uns, ein
schweres Pendel würde von einem plötzlichen Stoss getroffen. Das Pendel wird dann aus seiner verticalen
Ruhelage abgelenkt und der Winkel, um den es abgelenkt wird, hängt ab von der Stärke des Stosses,
welcher auf das Pendel wirkte. Solche schwere Pendel, ballistische Pendel genannt, werden zur Messung
der Geschwindigkeit von Geschossen benutzt. Auch
eine Magnetnadel, welche an einem Faden aufgehängt,
in der Richtung von Norden nach Süden sich einstellt,
können wir als ein Pendel betrachten, bei welchem
statt der Schwerkraft die magnetische Richtkraft der
Erde die Einstellung in eine bestimmte Lage verursacht. Wird ein solches Pendel von einem plötzlichen
Stoss getroffen, so können wir gleichfalls aus dem Grade

der Ablenkung die Stärke des Stosses berechnen. Leitet man an einer solchen Magnetnadel einen dauernden elektrischen Strom parallel mit der Nadel vorüber, so wird dieselbe abgelenkt und stellt sich in einem Winkel zum Strom ein, dessen Grösse von der Stärke des Stromes abhängt. Die Magnetnadel nimmt eine neue Stellung ein, bei welcher die ablenkende Kraft des Stromes und die Richtkraft des Erdmagnetismus einander im Gleichgewicht halten. Wenn aber der Strom nicht dauernd einwirkt, sondern nur für kurze Zeit, so bekommt die Magnetnadel nur einen kurzdauernden Stoss, sie macht nur eine Schwingung und kehrt dann in ihre Ruhelage zurück. Aber die Grösse des Ausschlags muss in diesem Falle der Stärke des Stromes und der kurzen Zeit seiner Dauer proportional sein. Wenn also die Stärke des Stromes bekannt ist und constant bleibt, so kann man aus der Grösse des Ausschlags die Zeit, welche derselbe gedauert hat, bestimmen. In der Regel werden diese Ausschläge nur sehr klein sein. Um sie dennoch mit Sicherheit zu messen, bedient man sich eines Verfahrens,

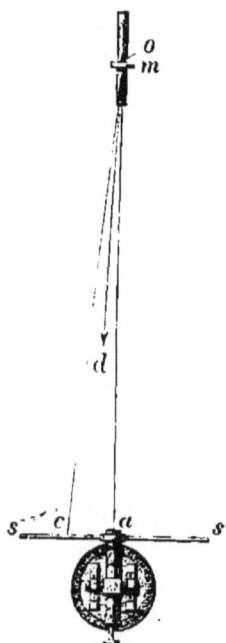

Fig. 19. Messung kleiner Winkeldrehungen mit Spiegel und Fernrohr.

welches zuerst von dem berühmten Mathematiker Gauss angewandt worden ist. Man verbindet mit dem Magneten m einen kleinen Spiegel o und beobachtet mittels eines Fernrohrs das Bild einer Scala ss in diesem Spiegel. Wenn die Scala bei der Ruhelage des Magneten dem Spiegel parallel aufgestellt ist und das Fernrohr senkrecht auf die Richtung des Spiegels und der Scala gerichtet wird, so sieht man offenbar in dem Spiegel genau den Punkt a der Scala, welcher über

der Mitte des Fernrohrs liegt, gespiegelt. Dreht sich
nun der Magnet und mit ihm der Spiegel, so wird jetzt
ein anderer Punkt c der feststehenden Scala sein
Spiegelbild in das Fernrohr werfen, und ein Beobachter, welcher durch das Fernrohr nach dem Spiegel
blickt, wird scheinbar die Scala in derselben Richtung
sich verschieben sehen, wie der Spiegel mit dem Magneten sich gedreht hat. Aus dem Grade dieser Verschiebung kann man den Winkel, um welchen der
Magnet sich gedreht hat, direct ablesen.

4. Es kommt jetzt darauf an, diese Methode, durch
welche die Dauer elektrischer Ströme mit der grössten
Schärfe gemessen werden kann, auf unsere Aufgabe
anzuwenden, die Dauer der Muskelzuckung zu studiren.
Zu diesem Zwecke ist es nöthig, eine Einrichtung zu
treffen, wodurch in dem Augenblick, wo der Muskel
gereizt wird, ein elektrischer Strom geschlossen wird,
und diesen Strom zu unterbrechen, wenn der Muskel
seine Zuckung beginnt.

Auch diese Untersuchung ist zuerst von Helmholtz
ausgeführt worden. Der dazu angewandte Apparat in
der abgeänderten Form, welche ihm du Bois-Reymond
gegeben hat, ist in Fig. 20 dargestellt. Auf einer
festen Tischplatte erhebt sich eine Säule, an welcher
eine starke Klemme zum Einspannen des einen Muskel-
endes verschiebbar angebracht ist. Das untere Muskelende ist durch ein Zwischenstück ih an einem Hebel
befestigt, welcher um die horizontale Achse aa' dreh-
bar ist. Nach unten verlängert sich der Hebel in eine
kurze Stange, welche durch ein Loch in der Tischplatte
geht und unten eine Wagschale zur Belastung des
Muskels trägt. Der Hebel trägt an seinem vordern
Ende zwei Schrauben p und q, von denen die erstere
unten in eine Platinspitze endigt und mit dieser auf
einer Platinplatte aufruht, während letztere in eine
amalgamirte Kupferspitze ausläuft und mit dieser in
ein Quecksilbernäpfchen eintaucht. Platinplatte und

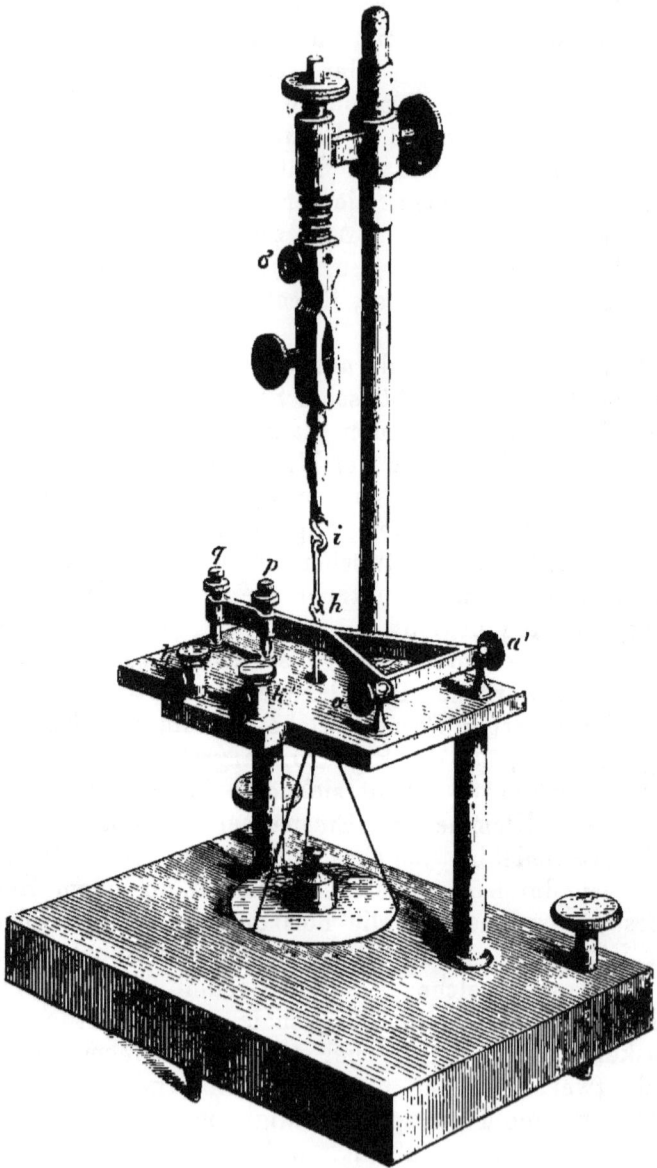

Fig. 20. Apparat zur Zeitmessung bei der Muskelzusammenziehung.

Quecksilbernäpfchen sind von der Tischplatte und voneinander isolirt, und letzteres mit der Klemme k, erstere mit der Klemme k' in leitende Verbindung gebracht.

Schaltet man zwischen k und k' den Strom ein, welcher auf den schwingenden Magneten einwirken soll, so geht der Strom so lange durch das Quecksilbernäpfchen, das zwischen p und q enthaltene Hebelstück, die Platinplatte u. s. w., als der Muskel sich nicht zusammenzieht. Sobald aber der Muskel sich verkürzt, unterbricht er den Strom zwischen p und der Platin-

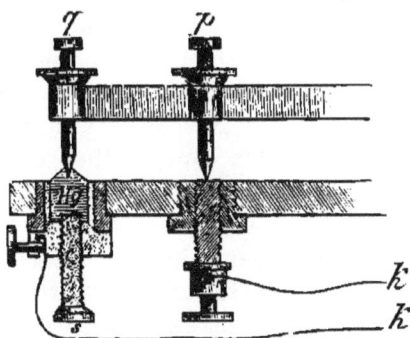

Fig. 21. Ende des Hebels des zeitmessenden Apparats mit dem Quecksilbernäpfchen.

platte. Trifft man nun eine solche Anordnung, dass der Strom in dem Augenblick geschlossen wird, wo irgendein Reiz den Muskel trifft, so wird dieser Strom solange circuliren, bis der Muskel durch seine Verkürzung den Strom wieder unterbricht. Diese Zeit kann man nach der im vorigen Paragraphen angegebenen Methode messen, und diese Zeit entspricht also genau der, welche verfliesst von dem Augenblick, wo der Reiz den Muskel trifft, bis zu demjenigen, wo die Verkürzung beginnt.

Noch ein Umstand ist jedoch zu berücksichtigen, um wirkliche Messungen möglich zu machen. Wenn der Muskel gereizt wird, so verkürzt er sich. Aber diese Verkürzung dauert nur wenige Bruchtheile einer Se-

cunde; dann nimmt der Muskel seine frühere Länge
wieder an. Bei dem eben geschilderten Versuche würde
also der durch die Muskelverkürzung unterbrochene
Strom bald wieder geschlossen werden, und der Magnet
würde eine neue Ablenkung erfahren, noch ehe die
erste Schwingung vollendet wäre. Um dies zu vermeiden, hat Helmholtz einen Kunstgriff angewandt,
dessen Sinn aus Fig. 21 ersichtlich wird. Diese Figur
stellt, wie man sieht, das Ende des Hebels aus dem
vorherbeschriebenen Apparat mit den beiden Schrauben
p und q, der Platinplatte und dem Quecksilbernäpfchen
dar; k sind die Drähte zur Verbindung der letztern
mit den Klemmen. Das Quecksilber im Näpfchen Hg
kann mittels der Schraube s gehoben und gesenkt werden. Hebt man nun das Niveau des Quecksilbers, sodass die Spitze q in das Quecksilber eintaucht, und
senkt es dann wieder, so bleibt dasselbe vermöge der
Adhäsion an der amalgamirten Spitze hängen, und
zieht sich daher zu einem dünnen Faden aus, durch
welchen die Leitung des Stromes vermittelt wird. Verkürzt sich nun aber der Muskel, so wird der Quecksilber-
faden zerrissen, das Quecksilber nimmt wieder seine
gewöhnliche convexe Oberfläche an, und wenn bei der
Verlängerung des Muskels der Hebel wieder sinkt, so
berührt zwar die Spitze p wieder die Platinplatte, die
Spitze q aber bleibt durch eine Luftschicht vom Quecksilber getrennt und der Strom bleibt dauernd unterbrochen.

Es bleibt uns jetzt noch zu erörtern, auf welche
Weise die Reizung des Muskels und die Schliessung
des zeitmessenden Stromes genau in dem Moment der
Reizung bewerkstelligt wird. Es wird dies aus der
Betrachtung der Fig. 22 klar werden, in welcher die
Anordnung des ganzen Versuchs schematisch dargestellt
ist. Man sieht hier den Muskel und den in Fig. 20
dargestellten Apparat nochmals angedeutet. Der Muskel ist mit der secundären Rolle des Inductoriums J'
verbunden. In der primären Rolle J kreist ein Strom,

welcher von der Kette K geliefert wird. Dieser Strom
geht durch die Platinplatte a und die Platinspitze a'.
a' ist auf einem Hebel von hartem Holz $a'b'$ befestigt, und wird durch eine Feder gegen die Platinplatte a angedrückt. Am andern Ende dieses Hebels

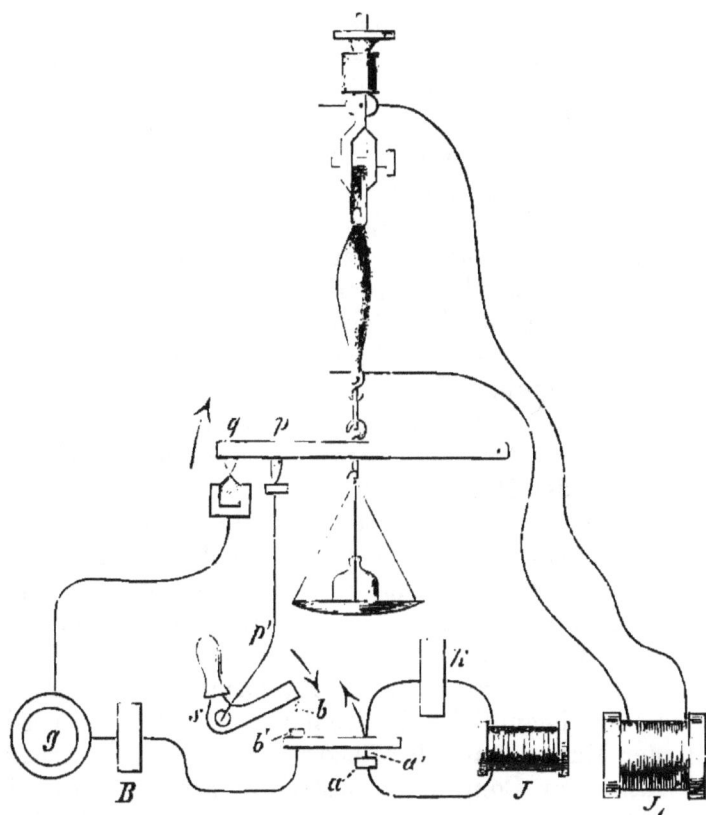

Fig. 22. Anordnung des Versuchs zur elektrischen Zeitmessung.

befindet sich die Platinplatte b', welche mit der Batterie B verbunden ist. Der andere Pol der Batterie
steht mit dem Galvanometer g und dieses mit dem
Quecksilbernäpfchen des in Fig. 20 dargestellten Apparates in Verbindung. Ueber der Platinplatte b', aber

ohne sie zu berühren, steht die Platinspitze b und diese
ist durch die leitende Substanz des Schlüssels s und
den Draht k' mit der Platinplatte desselben Apparats
verbunden. Drückt man nun den Schlüssel s vermöge
des Handgriffs nieder, so kommt die Platinspitze b
mit der Platinplatte b' in Berührung und der zeitmessende Strom wird geschlossen. Zugleich aber wird das
Ende a' des Hebels $a'b'$ gehoben, und der Strom der
Kette K unterbrochen. Diese Unterbrechung erzeugt
in der Rolle J' einen Inductionsstrom, welcher den
Muskel reizt. Hierdurch ist also bewirkt, dass die
Reizung genau in dem Moment erfolgt, in welchem der
zeitmessende Strom geschlossen wird.

Sobald der Muskel sich zusammenzieht, unterbricht
er den zeitmessenden Strom. Dieser dauert also genau vom Moment der Reizung bis zum Beginn der
Zuckung. Wir messen also hiermit dasjenige, was wir
früher das Stadium der latenten Reizung genannt haben. Wenn wir aber auf die Wagschale unsers Apparates (Fig. 20) Gewichte legen, so erhalten wir andere
Ausschläge der Magnetnadel und zwar um so grössere,
je schwerer die aufgesetzten Gewichte sind. Da der
mit dem Muskel verbundene Hebel auf der unter ihm
befindlichen Platte aufruht und durch dieselbe gestüzt
wird, so können die auf die Wagschale aufgesetzten
Gewichte den Muskel nicht dehnen; sie vermehren nur
den Druck, mit welchem die Platinspitze p gegen die
unter ihr befindliche Platinplatte angedrückt wird.
Soll der Muskel nach der Reizung sich zusammenziehen,
so muss sein Contractionsbestreben grösser sein als
dieser Druck oder als der Zug, welcher durch das Gewicht von unten her auf den Hebel wirkt. Indem der
Muskel den Hebel nach oben zu ziehen versucht, das
Gewicht dagegen ihn nach unten zieht, erlangt diejenige Kraft die Oberhand, welche grösser ist. Aus
dem oben Gesagten geht also hervor, dass der Muskel
die Kraft, mit welcher er sich zu verkürzen strebt,
nicht plötzlich erlangt, sondern ganz allmählich. In

dem Augenblicke, wo diese Contractionskraft um ein
Geringes grösser ist als die Schwere des aufgesetzten
Gewichts, vermag er den Hebel zu heben und damit
den zeitmessenden Strom zu unterbrechen. Indem wir
in einer Reihe aufeinanderfolgender Versuche immer
schwerere Gewichte auf die Wagschale unsers Apparats setzen, und die dabei erfolgenden Ausschläge der
Magnetnadel messen, bestimmen wir die Zeiten, in
welchen der Muskel die den Gewichten entsprechenden
Werthe seines Contractionsbestrebens erlangt. Wir wollen diese Werthe die Energien des Muskels nennen.
Solange der Muskel sich gar nicht zusammenzieht, also
während der ganzen Dauer der latenten Reizung, bleibt
seine Energie $= 0$. Aus den Zeiten, welche wir bei
steigenden Gewichten erhalten, ergibt sich, dass die
Energie zuerst schnell, dann langsamer ansteigt, sodass
sie etwa nach $1/10$ Secunde ihr Maximum erreicht hat.
Ist dieses Maximum erreicht, so kann der Muskel sich
nicht weiter zusammenziehen. Die Energie nimmt
wieder ab und verschwindet zuletzt, sodass der Muskel wieder in seinen natürlichen Zustand zurückkehrt.

5. In den eben beschriebenen Versuchen haben wir
Gewichte mit dem Muskel in Verbindung gebracht,
welche derselbe zu heben gezwungen war, sobald er
sich verkürzen wollte. Aber diese Gewichte wirkten
nicht auf ihn, solange er in Ruhe verharrte. Er war
daher nicht in dem Sinne belastet, wie wir dies früher
beschrieben haben; denn die angehängten Gewichte ver-
mochten den Muskel nicht zu dehnen. Nur das verhältnissmässig geringe Gewicht des Hebels wirkte deh-
nend auf den Muskel und ist als Belastung im gewöhnlichen Sinne des Wortes anzusehen. Um nun die andern
Gewichte, welche erst in Betracht kommen, wenn der
Muskel sich zu verkürzen strebt, von der Belastung
im gewöhnlichen Sinne zu unterscheiden, wollen wir sie
mit dem Ausdruck Ueberlastung bezeichnen. Die
Belastung eines Muskels kann gross oder klein sein;

in unserm eben beschriebenem Versuch war sie gleich
der Schwere des Hebels. Wir können sie grösser wählen, wenn wir auf die Wagschale ein Gewicht setzen
und dann den Muskel mittels der an dem Apparate
oben befindlichen Schraube heben, solange bis die
Platinspitze p die Platinplatte eben noch berührt. Der
Muskel ist dann durch die angewandte Belastung gedehnt. Fügen wir zu dem schon auf der Wagschale
befindlichen Gewicht noch ein neues hinzu, so wirkt
das erste als Belastung, das zweite als Ueberlastung.
Wenn der Muskel sich jetzt contrahirt, so muss er
beide Gewichte heben. Kehren wir zu unserer ersten
Versuchsanordnung zurück, wo die Belastung = 0 oder
doch wenigstens sehr gering war. Wenn wir jetzt allmählich immer grössere Ueberlastungen anbringen, so
wird offenbar ein Punkt kommen, bei welchem der
Muskel das Gewicht nicht mehr zu heben vermag.
Wir können diesen Punkt sehr genau bestimmen, wenn
wir zwischen die Klemmen k und k' eine Kette und
einen Elektromagneten einschalten. Der elektrische Strom
geht dann durch die Platinspitze, das entsprechende
Hebelstück, das Quecksilbernäpfchen, die Windungen
des Elektromagneten, dieser wird magnetisch und zieht
einen Anker an. Sobald aber der Strom durch eine
Verkürzung des Muskels unterbrochen wird, lässt der
Elektromagnet seinen Anker los, und dieser schlägt
gegen eine Glocke und gibt so ein Signal, an welchem
wir erkennen, dass der Muskel sich verkürzt hat. Wir
sind so im Stande, selbst ausserordentlich geringe Ver-
kürzungen des Muskels noch zu erkennen. Wenn wir
nun die Gewichte, die als Ueberlastungen wirken und
dem Contractionsbestreben des Muskels entgegenwirken,
nach und nach vergrössern, so kommen wir an eine
Grenze, wo trotz der Reizung des Muskels der Strom
im Elektromagneten nicht mehr unterbrochen wird.
Der Muskel ist zwar gereizt worden, und es hat sich
in ihm ein Contractionsbestreben entwickelt; dieses war
aber nicht gross genug, die Schwere des Gewichts zu

überwinden, und darum blieb der Muskel unverkürzt. Auf diese Weise lernen wir die Grenze kennen, bis zu welcher das Contractionsbestreben des Muskels oder seine Energie, wie wir es genannt haben, anzuwachsen vermag. Diese äusserste Grenze der Energie nennt man die Kraft des Muskels. Es ist das dieselbe Grösse, welche wir schon oben in §. 1 theoretisch aus der Elasticitätsänderung des Muskels bei der Zusammenziehung abgeleitet haben. Ein jeder Muskel hat eine bestimmte Kraft, welche von seinem Ernährungszustande und seiner Form abhängt. Vergleicht man Muskeln desselben Thieres miteinander, so zeigt sich, dass die Kraft ganz unabhängig ist von der Länge der Muskelfasern, dagegen abhängt von der Zahl der Muskelfasern oder dem Querschnitte des Muskels, und zwar wächst sie in geradem Verhältniss mit dem Querschnitt des Muskels, sodass also ein Muskel von doppelter Dicke auch die doppelte Kraft hat. Man pflegt deswegen die Kraft, indem man sie mit dem Querschnitt des Muskels dividirt, auf die Einheit des Querschnitts zurückzuführen und berechnet so die Kraft, die ein Muskel von einem Quadratcentimeter Querschnitt haben würde.* Für Froschmuskeln ist die Kraft für einen Quadratcentimeter Querschnitt gleich 2,8 bis 3 Kilogr. gefunden worden, d. h. ein Muskel von einem Quadratcentimeter Querschnitt kann ein Maximum von Contractionsbestreben erlangen, welches zu verhindern ein Gewicht von 3 Kilogr. erfordert. Diesen auf die Querschnittseinheit reducirten Werth der Kraft bezeichnet man als die absolute Kraft des Muskels.

---

* Um den Querschnitt zu bestimmen, verfährt man nach Ed. Weber folgendermaassen. Man bestimmt das Gewicht des Muskels mittels der Wage. Multiplicirt man dies mit dem specifischen Gewicht der Muskelsubstanz, so hat man das Volum des Muskels. Man misst dann die Länge des Muskels, dividirt das Volum durch die Länge, dann hat man den Querschnitt.

6. Man hat auch beim Menschen die absolute Muskelkraft zu bestimmen gesucht. Zuerst hat dies Eduard
Weber durch ein sinnreiches Verfahren gethan. Er
wählte dazu die Wadenmuskeln. Zieht man diese zusammen, während man aufrecht steht, so hebt man die
Fersen vom Boden und damit den ganzen Körper.
Die Turner nennen das „Wippen". Die Kraft der ge-
sammten Wadenmuskeln beider Beine ist also grösser
als das Körpergewicht. Beschwert man nun den Körper mit Gewichten, so wird man zu einer Grenze kommen, wo man nicht mehr wippen kann. Die Summe
des Körpergewichts und der zugefügten Gewichte misst
dann die Kraft der Wadenmuskeln, doch muss man bei
der Berechnung darauf Rücksicht nehmen, dass die
Kraft und die Last in diesem Falle nicht an demselben
Hebelarm angreifen, und dass die Kraft (der Zug der
Wadenmuskeln) schief an dem Hebel wirkt. Die Bestimmung des Querschnitts kann
natürlich nicht am lebenden
Menschen geschehen, sie muss
an den Muskeln einer Leiche
erfolgen, welche etwa dieselbe Statur hat, wie die
Versuchsperson.

In neuerer Zeit hat Henke
gleichfalls den Werth der absoluten Kraft menschlicher
Muskeln ermittelt. Henke benutzte für seine Bestimmungen
die Beuger des Vorderarms.
(Vgl. Fig. 23.) Hierin seien

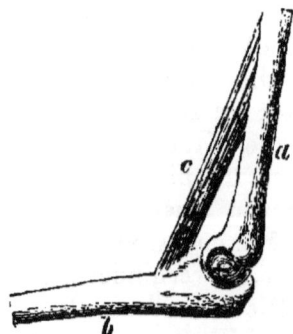

Fig. 23. Schematische Darstellung der Vorderarmbeuger.

a der Oberarm, b der Vorderarm, ersterer in verti-
caler, letzterer in horizontaler Stellung, c die Muskeln, welche den Vorderam zu heben oder zu beugen
vermögen. (In Wirklichkeit sind es zwei Muskeln, der
zweiköpfige Muskel, *Musculus biceps*, und der innere
Armmuskel, *Musculus brachialis internus.)* Denken wir
uns nun die Muskeln angespannt und Gewichte auf die

Hand gesetzt, bis die Muskeln nicht mehr im Stande
sind die Hand zu heben, so haben wir ganz ähnlich
wie in unsern Versuchen mit den Froschmuskeln, Gleichgewicht zwischen dem Contractionsbestreben der Muskeln und der Schwere der Gewichte. Wir müssen nur
noch berücksichtigen, dass die Muskeln an einem kurzen, die Gewichte an einem langen Hebelarme wirken,
und ausserdem das Gewicht des Vorderarms selbst in
Rechnung ziehen. Mit Berücksichtigung aller dieser
Umstände und des Querschnitts der in Wirksamkeit gezogenen Muskel berechnete Henke eine absolute Kraft
von 6 — 8 Kilogr. für die menschlichen Muskeln. Aehn-
liche Versuche stellte er auch am Fusse an und fand dort
etwas kleinere Werthe. Weber war bei seinen Bestimmungen an den Wadenmus-
keln zu viel kleinern
Werthen gelangt. Aber
hierbei waren offenbar
Rechenfehler vorgefallen,
welche die Abweichung
erklären.

Um die Kraft der Vor-
derarmmuskeln, welche
die Finger beugen, zu

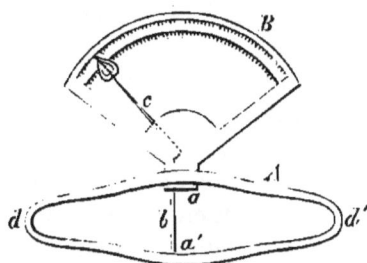

Fig. 24. Dynamometer.

bestimmen, kann man sich auch eines Dynamometers
bedienen, wie es Fig. 24 darstellt. Man fast den starken, federnden Stahlbügel A mit beiden Händen und
drückt ihn so stark als möglich zusammen. Die Ver-
biegung, welche er an den Punkten d und d' erleidet,
wird durch den Winkelhebel aba' auf den Zeiger c
übertragen, der auf der Theilung B die ausgeübte
Kraft in Kilogrammen anzeigt. Um aus dieser Kraft
die absolute Kraft der dabei in Thätigkeit gewesenen
Muskeln zu berechnen, bedürfte es einer ziemlich um-
ständlichen Rechnung. Kennt man aber die Kraft,
welche Menschen in der Regel mit ihren Händen aus-
zuüben vermögen, so kann man diesen bequemen Apparat benutzen, um auffällige Abweichungen zu erkennen,

wie sie z. B. bei beginnenden Lähmungen oder andern
Erkrankungen der Bewegungsapparate auftreten. Das
Dynamometer ist daher ein wichtiges Hülfsmittel bei
der Untersuchung der Kranken geworden.

7. Wir haben oben gesehen, dass der Muskel während einer einzelnen Zuckung seine volle Kraft nicht
auf einmal, sondern allmählich erlangt, und haben erfahren, wie man mit Hülfe der elektrischen Zeitmessungs-
methode die Zeiten bestimmen kann, die zur Erlangung
der einzelnen Werthe der Energie nöthig sind. Wenn
der Muskel sich frei, ohne oder mit geringer Lastung
verkürzt, so gibt er diese Energien in jedem Augenblicke in Form der Beschleunigung aus, welche er seinem untern Ende und dem geringen mit diesem verbundenen Gewichte ertheilt. Wir können nun die
Frage aufwerfen: wenn der Muskel einen Theil, z. B.
die Hälfte der Verkürzung schon zurückgelegt hat, wie
gross ist dann die Kraft, die er noch zu entwickeln
vermag. Schwann, welcher die Frage zuerst aufwarf,
befestigte einen Muskel an dem einen Ende eines Wage-
balkens, brachte am andern Ende Gewichte an, stützte
aber dann dieses Ende, sodass der Muskel nicht gedehnt wurde. Er konnte also die Kraft des Muskels
ebenso bestimmen, wie wir es oben mit dem Apparat
(Fig. 20) beschrieben haben, der ganz auf demselben
Princip beruht. L. Hermann hat auch die Schwann'-
schen Versuche mit diesem, zu dem in Rede stehenden
Zweck bequemern Apparat wiederholt. Nachdem man
den unbelasteten oder doch nur sehr gering belasteten
Muskel im Apparat möglichst genau eingestellt hat,
sodass die Platinspitze p eben auf der Platte aufruht,
bestimmt man in der oben S. 63 — 65 angegebenen
Weise die Muskelkraft. Man senkt dann die Klemme,
welche den Muskel trägt, um eine bestimmte Grösse,
z. B. einen Millimeter. Wenn jetzt der Muskel gereizt wird, kann er um einen Millimeter kürzer werden,
ehe er an dem Hebel h zieht; will er noch kürzer

werden, so muss er den Hebel und das an ihm hängende
Gewicht heben. Man findet so also das Gewicht, welches er noch zu heben vermag, wenn er sich schon
um einen Millimeter verkürzt hat. Nun senkt man die
Muskelklemme, wieder u. s. f. Man erhält so eine
Reihe von Gewichtswerthen, welche den Kräften des
Muskels in den verschiedenen Graden seiner Verkürzung
entsprechen. Der Versuch ergibt, dass die Kraft des
Muskels im Anfange der Verkürzung langsam, dann
aber sehr schnell abnimmt. Wenn der Muskel sich so
weit verkürzt hat, als er dies ganz ohne Belastung zu
thun vermag, so kann er natürlich gar kein Gewicht
mehr heben, seine ganze Energie ist erschöpft.

Das Interesse, welches sich an diese Versuche knüpft,
ist, dass sie uns auf einem andern Wege dasselbe lehren, was wir oben im §. 1 über die Aenderung der
Elasticität bei der Zusammenziehung gesagt haben.
Wir bestimmen nämlich in diesen Versuchen die Gewichte, welche zu jeder Länge des thätigen Muskels
gehören, können also daraus auch die Dehnungscurve
des thätigen Muskels, welche wir bisher nur theoretisch
construirt hatten, unmittelbar ableiten. Die Uebereinstimmung dieser Ableitung mit der oben auf anderm
Wege gefundenen ist nun aber eine wichtige Bestätigung
für die Richtigkeit der früher entwickelten Anschauung
von der Bedeutung der Elasticitätsverhältnisse für die
Leistungen des Muskels.

FÜNFTES KAPITEL.

1. Chemische Vorgänge im Muskel; 2. Wärmebildung bei der Zusammenziehung; 3. Ermüdung und Erholung; 4. Quelle der Muskelkraft; 5. Absterben des Muskels; 6. Todtenstarre.

1. Die eben besprochenen Beziehungen zwischen Elasticität und Leistung des Muskels haben uns zu der Anschauung geführt, dass der Muskel gleichsam zwei natürliche Formen hat, eine dem Ruhezustand zukommende, und eine kürzere, welche seinem thätigen Zustande entspricht. Durch die Reizung wird der Muskel veranlasst, aus der einen in die andere Form überzugehen, und deshalb verkürzt er sich. Aber dies ist offenbar weniger eine Erklärung als eine Beschreibung der Thatsache der Verkürzung. Da der Muskel bei der Verkürzung im Stande ist, Gewichte zu heben und somit Arbeit zu leisten, so fragt es sich, wodurch diese Arbeitsleistung erzeugt wird. Nach dem Gesetze der Erhaltung der Energie kann diese Arbeitsleistung nur auf Kosten einer andern Energie zu Stande kommen. Es lässt sich nun nachweisen, dass bei der Muskelverkürzung chemische Processe im Muskel vorgehen und solche, welche schon im ruhenden Muskel vor sich gehen, verstärkt werden. Es muss also auf Kosten dieser chemischen Processe die mechanische Arbeit geleistet werden, und es wäre nachzuweisen, dass der Betrag der geleisteten Arbeit den chemischen Umsetzungen genau entspricht.

Dass chemische Processe im Muskel stattfinden, ist
nun leicht nachzuweisen; schwieriger aber ist es sie
quantitativ zu bestimmen, und deshalb sind wir von
der Lösung der eben aufgestellten Aufgabe noch weit
entfernt. Schon vor längerer Zeit hat Helmholtz nachgewiesen, dass bei der Contraction der Muskeln die
in Wasser löslichen Bestandtheile des Muskels abnehmen, die in Alkohol löslichen dagegen zunehmen. Du
Bois-Reymond hat gezeigt, dass bei der Thätigkeit der
Muskeln in ihnen eine Säure entsteht; wahrscheinlich
die sogenannte Fleischmilchsäure. Ruhende Muskeln
enthalten ferner eine gewisse Menge eines stärkeartigen
Stoffes, Glycogen genannt, und wie Nasse und Weiss
gezeigt haben, wird bei der Thätigkeit der Muskeln
das Glycogen zum Theil verbraucht und in Zucker und
Milchsäure verwandelt. Endlich lässt sich beweisen,
dass im Muskel bei der Contraction Kohlensäure gebildet wird. Alle diese chemischen Umwandlungen sind
im Stande, Wärme und Arbeit zu produciren. Für
die Bestimmung, ob der ganze Betrag der geleisteten
Arbeit auf diese Quelle zurückgeführt werden kann,
entsteht aber noch eine besondere Schwierigkeit daraus,
dass ähnlich wie bei andern Maschinen neben der mechanischen Arbeit stets auch Wärme producirt wird.
In der That erwärmt sich ein Muskel, wenn er sich
contrahirt, wie Béclard und genauer noch Helmholtz
nachgewiesen haben. Mit empfindlichen Werkzeugen
ist man sogar im Stande, schon bei einer einzelnen
Muskelcontraction ein Wärmerwerden des Muskels nachzuweisen.

Die Kenntniss der chemischen Zusammensetzung der
Muskeln ist noch eine sehr unvollkommene. Abgesehen
davon, dass die Chemie gerade den Hauptbestandtheilen
der Muskeln, den Eiweisskörpern, noch ohne genügende
Hülfsmittel der Untersuchung gegenübersteht, ergibt
sich noch eine besondere Schwierigkeit aus der leichten Veränderlichkeit der den lebenden Muskel zusammensetzenden Stoffe. Die gewöhnlich in der Chemie

angewandten Methoden der Trennung und Isolirung
verschiedener Stoffe lassen uns hier im Stich, weil sie
den Muskel in seinem Bestand wesentlich verändern.
So müssen wir uns genügen lassen, nur so viel als fest-
stehend anzunehmen, dass im Muskel verschiedene Eiweisskörper vorkommen, von welchen der eine dem
Muskel eigenthümlich zu sein scheint und den Namen
Myosin führt, ausserdem die stickstofflosen Körper
Glycogen und Inosit und etwas Fett und eine Reihe
von Salzen, unter welchen die Kalisalze überwiegen.
Ob die im Muskel stets, wenn auch nur in geringer
Menge vorkommende Fleischmilchsäure als normaler
Bestandtheil der Muskelsubstanz anzusehen sei oder
vielmehr als Zersetzungsproduct, kann zweifelhaft erscheinen. Dasselbe gilt von der gasförmigen Kohlensäure, welche ebenso wie die Milchsäure wahrscheinlich
erst bei der Thätigkeit des Muskels gebildet wird, ferner
von den in geringen Mengen im Muskel vorkommenden
stickstoffreichen Körpern, namentlich Kreatin, welche
auch wol nur als Zersetzungsproducte der Eiweisskörper anzusehen sind.

2. Aus allen diesen dürftigen Kenntnissen geht mit
Sicherheit nur soviel hervor, dass bei der Muskelthätigkeit ein Theil der Muskelsubstanz sich mit Sauerstoff
verbindet und theils Kohlensäure, theils weniger hoch
oxydirte Producte bildet. Dass bei diesen Oxydations-
vorgängen Wärme gebildet wird, wie schon oben angeführt wurde, kann uns nicht wundernehmen. Um
diese Wärmebildung nachzuweisen, bediente sich Helmholtz der thermo-elektrischen Methode. In einem aus
zwei verschiedenen Metallen, z. B. Kupfer und Eisen,
gebildeten Kreise entsteht ein elektrischer Strom, sobald die beiden Berührungsstellen, an denen die Metalle zusammenstossen oder zusammengelöthet sind,
ungleiche Temperaturen haben. Die Stärke dieses Stromes ist dem Unterschied der Temperaturen proportional,
und dadurch ist es möglich, aus der Stärke des Stromes

die Temperatur der einen Löthstelle zu bestimmen,
wenn die der andern bekannt ist. In unserm Falle,
wo es sich nicht darum handelt, absolute Temperaturen zu bestimmen, sondern nur eine vorhandene Erwärmung nachzuweisen, vereinfacht sich die Methode.
Man hat nur nöthig, dafür zu sorgen, dass zuerst die
beiden Löthstellen gleiche Temperatur haben, was man
aus der Abwesenheit jedes Stromes erkennt, und kann
dann unmittelbar aus der Stärke des später auftretenden Stromes den Grad der Erwärmung berechnen.

Um dies auszuführen brachte Helmholtz die beiden
Schenkel eines eben getödteten Frosches in einen geschlossenen Kasten, nachdem die zur Wärmebestimmung
dienenden Metalle so angeordnet waren, dass die eine
Löthstelle in die Musculatur des einen, die andere
Löthstelle in die Musculatur des andern Schenkels eingeführt worden war. Er wartete nun ab, bis die Temperaturen beider Schenkel gleich geworden waren, sodass bei Verbindung der Metalle mit einem empfindlichen
Multiplicator kein Strom nachweisbar war. Sodann wurden die Muskeln des einen Schenkels durch passend
zugeleitete Inductionsströme in starken Tetanus versetzt, während die Muskeln des andern Schenkels in
Ruhe verblieben. Die zusammengezogenen Muskeln erwärmten sich nun und theilten ihre Wärme der in
ihnen befindlichen Löthstelle mit; es entstand ein elektrischer Strom, dessen Stärke gemessen wurde. Die
dadurch berechnete Erwärmung der Muskeln beträgt
etwa 0,15 Grad. Diese Wärme könnte für gering erachtet werden, ist es aber nicht, wenn man bedenkt,
dass wir es doch nur mit einer kleinen Muskelmasse
zu thun haben, die einen erheblichen Theil der in ihr
erzeugten Wärme durch Strahlung und Leitung an die
Umgebung verlieren muss.

Um sich von der Grösse der hier erzeugten Wärme
eine Vorstellung zu machen, wollen wir annehmen, die
specifische Wärme des Muskels sei gleich der des Wassers. Da der Muskel zum grössten Theil aus Wasser

besteht, kann diese Annahme nicht erheblich von der
Wahrheit abweichen.* Unter specifischer Wärme einer
Substanz verstehen wir bekanntlich diejenige Wärme-
menge, welche nöthig ist, um ein Gramm der Substanz
gerade um einen Grad zu erwärmen, die für Wasser
nöthige Menge als Einheit betrachtet. Unter unserer
Voraussetzung ist also zum Erwärmen von einem Gramm
Muskelsubstanz um einen Grad ungefähr eine Wärmeeinheit erforderlich. Folglich sind in jedem Gramm Muskelsubstanz mindestens 0,15 Wärmeeinheiten erzeugt worden. Nun wissen wir, dass jede Wärmeeinheit 424
Arbeitseinheiten äquivalent ist, d. h. wenn die Wärme
zu mechanischer Arbeit verwerthet wird, können von
einer Wärmeeinheit 424 Gr. einen Meter hoch gehoben
werden. Würde also im Muskel während des Tetanus
keine Wärme frei, sondern würde diese in Arbeit verwandelt, so könnte ein jedes Gramm Muskelsubstanz
0,15 . 424 = 63,6 Gr. einen Meter hoch heben. Dieser
Werth stellt also das Minimum dessen dar, was beim
Tetanus im Muskel als „innere Arbeit" geleistet wird.

Indem man Stäbchen oder Streifen zweier Metalle
abwechselnd so aneinander löthet, dass alle Löthstellen
in zwei Flächen angeordnet sind, kann man noch viel
feinere Temperaturunterschiede messen als beim Tetanus auftreten. Eine solche Anordnung nennt man eine
Thermosäule. Heidenhain liess eine solche Thermosäule von Antimon- und Wismuthstäbchen fertigen, be-
deckte je eine der Endflächen mit einem Wadenmuskel
eines Frosches und wartete, bis beide gleiche Temperatur angenommen hatten. Dann reizte er den einen
Muskel zur Thätigkeit, und bei der Empfindlichkeit
der Vorrichtung konnte er nicht nur die bei einer einzelnen Zuckung auftretende Erwärmung noch bestimmen,

---

* Nach einer neuern Angabe von Dr. Adamkiewicz soll
die specifische Wärme des Muskels sogar grösser sein als die
des Wassers, während bisher angenommen wurde, das Wasser habe die grösste specifische Wärme aller bekannten
Substanzen mit Ausnahme des Wasserstoffgases.

sondern sogar Unterschiede in derselben je nach den Umständen, unter denen die Zuckung geschah (Belastung u. s. w.) nachweisen.

Nach dem Gesetz von der Erhaltung der Energie wäre zu erwarten, dass in solchen Fällen, wo der Muskel grössere mechanische Arbeit leistet, die Wärmebildung geringer werde und umgekehrt. Bei der Belastung des Muskels mit Gewichten nimmt, wie wir gesehen haben, mit steigenden Gewichten die Arbeitsleistung bis zu einer gewissen Grenze zu. Es sollte also die Wärmebildung in diesem Falle abnehmen. Dies hat sich aber in den Versuchen, welche Heidenhain anstellte, nicht bewährt. Wir müssen daher, da man nicht annehmen kann, dass das sonst in der Natur allgemein gültige Gesetz von der Erhaltung der Energie* für den Muskel ungültig sei, schliessen, dass nicht bei jeder Muskelzuckung gleichviel chemische Umsetzungen stattfinden, sondern dass bei grössern Belastungen eine grössere Menge von Stoffen im Muskel verbrannt wird, sodass sowol die Wärmebildung als auch die geleistete Arbeit selbst bei gleichbleibendem Reiz je nach der Spannung des Muskels verschieden ausfallen kann. Dagegen ist es ganz im Einklang mit dem Gesetz von der Erhaltung der Energie, dass der Muskel beim Tetanus, bei welchem gar keine äussere Arbeit geleistet wird, die grösste Menge von Wärme bildet. Die innere Arbeit des Muskels wird hierbei ganz in Wärme verwandelt, welche die Muskelsubstanz erwärmt und deren Betrag, wie wir gesehen haben, wenigstens annähernd gemessen und berechnet werden kann.

3. Eine Folge der chemischen Umsetzungen, welche im Muskel bei seiner Thätigkeit stattfinden, ist natürlich, dass die den Muskel zusammensetzenden Stoffe zum Theil verbraucht und an ihrer Stelle andere ab-

---

* Ueber dieses Gesetz ist das vortreffliche Werkchen von Balfour Stewart („Internationale wissenschaftliche Bibliothek", IX. Bd.), zu vergleichen.

gelagert werden. Solange der Muskel sich noch unversehrt im Körper des Thieres befindet, wird ein
Theil dieser gebildeten Stoffe fortgeschwemmt, und an
ihre Stelle neues Ernährungsmaterial zugeführt zum
Ersatz der verbrauchten Stoffe. Wir können deswegen
die bei der Muskelthätigkeit entstehenden Zersetzungsproducte in dem Blute der Thiere nachweisen und aus
dem Blute werden sie in besondern Ausscheidungs-
organen aus dem Körper entfernt. Dem entsprechend
finden wir, dass durch Muskelarbeit der Betrag der
ausgeschiedenen Kohlensäure beträchtlich erhöht wird,
und die übrigen Zersetzungsproducte des Muskels, wie
Kreatin und der aus diesem entstehende Harnstoff,
Milchsäure u. s. w. finden sich im Harne wieder. Je
reichlicher der Blutstrom durch die Muskeln fliesst,
desto schneller wird diese Fortschaffung der Zersetzungsproducte aus dem Muskel stattfinden. Bei dem ausgeschnittenen Muskel ist dies natürlich nur in sehr
untergeordnetem Maasse möglich. Es erklärt sich hierdurch, weshalb ein ausgeschnittener Muskel nur ganz
kurze Zeit thätig zu sein vermag. Tetanisiren wir
z. B. einen solchen Muskel anhaltend, so sehen wir,
dass die anfangs sehr bedeutende Verkürzung sehr bald
geringer wird und schliesslich ganz aufhört. Wir sagen dann, der Muskel sei ermüdet. Gönnen wir ihm
Ruhe, so erholt er sich wieder und kann von neuem
zur Verkürzung veranlasst werden. Diese Erholung
ist aber stets eine unvollkommene; sie wird bei Wieder-
holung der Versuche immer mangelhafter, die Pausen,
welche dazu nöthig sind, werden immer grösser, und
schliesslich bleibt der Muskel unfähig sich ferner zu
verkürzen. Wird der Muskel nicht tetanisirt, sondern
nur durch einzelne Reize zu einzelnen Zuckungen veranlasst, so kann er ausserordentlich lange thätig sein.
Wir können daraus schliessen, dass vielleicht ein Theil
der Zersetzungsproducte sich wieder zurückbildet; oder
wir müssen annehmen, dass der Muskel einen grossen
Vorrath von zersetzbarem Material enthält, welches

aber nur nach und nach zersetzt werden kann. Solange das Blut noch durch den Muskel strömt, werden
die Zersetzungsproducte, wie wir gesehen haben, bald
fortgeschwemmt; aber, da auch hier Ermüdung eintritt,
so kommen wir zu demselben Schluss, dass das vorhandene zersetzbare Material nur nach und nach der Zersetzung unterworfen werden kann, und dass daher auch
in diesem Falle Pausen zwischen den einzelnen Thätigkeiten nöthig werden. Der im unversehrten Organismus enthaltene Muskel unterscheidet sich aber von dem
ausgeschnittenen wesentlich dadurch, dass für das verbrauchte Material voller Ersatz stattfinden kann. Demgemäss ist er nicht nur im Stande nach Ablauf der
Ruhepause wieder von neuem thätig zu werden, sondern wenn das zugeführte Material das verbrauchte
übertrifft, ist er sogar später im Stande mehr Arbeit
zu leisten als beim ersten mal. Hierauf beruht es,
dass die Muskel durch eine passende Abwechselung von
Ruhe und Thätigkeit kräftiger werden.

4. Es entsteht nun die Frage, welche Stoffe in dem
Muskel bei der Thätigkeit verbraucht werden. Da der
Muskel vorzugsweise aus eiweissartigen Körpern besteht,
so hat man angenommen, dass auch diese durch ihre
Zersetzung die Arbeit leisten. Wir haben aber gesehen,
dass im Muskel auch stickstofflose Körper, Glycogen
und Muskelzucker enthalten sind, und dass bei der
Thätigkeit Milchsäure entsteht, welche aus diesen letztern entstanden sein muss. Wenn man nun auch nicht
im Stande ist, die Producte der Umsetzung in einem
einzigen Muskel zu bestimmen, so kann man dies doch
für die Muskeln des ganzen Körpers bei länger andauernder Thätigkeit thun; denn die Producte der
Umsetzung gehen schliesslich in die Ausscheidungen über,
und der ganze Betrag, um welchen die Ausscheidungen
vermehrt werden, kann offenbar als ein Maassstab für
die Umsetzung in den arbeitenden Muskeln angesehen
werden. Die stickstoffhaltigen Bestandtheile des Mus-

kels werden schliesslich fast ausnahmslos in Gestalt von
Harnstoff mit dem Harne ausgeschieden. Wenigstens
ist der Stickstoffgehalt der übrigen Ausscheidungs-
producte ein so ausserordentlich geringer, dass wir
ihn ohne Fehler vernachlässigen können. Wir sind nun
im Stande, den Gehalt des Harnes an Harnstoff sehr
genau zu bestimmen. Selbst bei vollständiger Ruhe
des Körpers, wobei freilich durch die Bewegung des
Herzens, der Athemmuskeln u. s. w. immer noch eine
beträchtliche Arbeit im Körper geleistet wird, ist die
Harnstoffausscheidung nur allein von der Stickstoffmenge,
welche in der Nahrung eingeführt wird, abhängig. Nehmen wir vollkommen stickstofffreie Kost, so sinkt die
Harnstoffausscheidung auf ein bestimmtes Maass herab,
auf welchem sie sich dann längere Zeit constant erhält. Wenn nun eine grössere Arbeit geleistet wird,
so pflegt in der That eine geringe Vermehrung der
Harnstoffausscheidung einzutreten. Wir können die
Menge von eiweissartigen Stoffen berechnen, welche im
Körper umgesetzt werden mussten, um diesen Mehr-
betrag von ausgeschiedenem Harnstoff zu liefern. Nun
kennen wir auch das Wärmeäquivalent der Eiweisskörper, d. h. wir wissen, wie viel Wärme durch Verbrennung eines gegebenen Gewichts von Eiweisskörpern
producirt wird, und da wir das mechanische Aequivalent
der Wärme kennen, so lässt sich ferner berechnen, wieviel Arbeit im günstigsten Falle durch jene Eiweisskörper erzeugt werden konnte. Vergleichen wir diesen
Arbeitswerth mit dem Betrag der wirklich geleisteten
Arbeit, so bekommen wir stets eine viel zu kleine
Ziffer. Daraus geht also mit Bestimmtheit hervor, dass
die im Körper verbrannten Eisweissstoffe nicht im Stande
sind, die geleistete Arbeit zu liefern, wir müssen vielmehr annehmen, dass ausser ihnen noch andere Stoffe
verbrannt wurden, welche zur Arbeitsleistung beigetra-
gen haben, ja sogar den grössten Betrag derselben
geliefert haben. Vergleichen wir andererseits die von
einem Menschen ausgeschiedene Kohlensäure während

der Ruhe und während grösserer Arbeitsleistung, so
finden wir eine ausserordentlich erhebliche Steigerung
derselben und bei Berechnung der Arbeitsleistung,
welche durch Verbrennung einer entsprechenden Menge
Kohle zu Stande kommen kann, finden wir Werthe, die
der wirklich geleisteten Arbeit ziemlich nahe kommen.
Durch diese Erfahrung ist es also erwiesen, dass die
Muskeln ihre Arbeit weniger auf Kosten von eiweissartigen Körpern als vielmehr durch Verbrennung stickstoffloser Stoffe erzeugen. Dem entsprechend muss daher auch der Ersatz sein, dessen der Körper bedarf,
wenn er im leistungsfähigen Zustande bleiben soll.
Es ergibt sich also die für die Ernährungsfrage ausserordentlich wichtige Folgerung, dass Menschen, welche
grosse Arbeit zu leisten haben, einer an Kohlenstoff
reichen Nahrung bedürfen. Man hat früher das Gegen-
theil angenommen, und sich dabei darauf berufen, dass
die englischen Arbeiter, welche im Durchschnitt mehr
zu arbeiten im Stande sind als die französischen, sich
mehr von Fleisch, also einer stickstoffreichen Substanz
nähren. Man hat auch auf die grossen Raubthiere hingewiesen, welche sich ausschliesslich von Fleisch er-
nähren, und die sich durch ihre bedeutende Muskelkraft auszeichnen. Beide Beispiele beweisen nicht, was
man aus ihnen folgern wollte. Was zunächst die englischen Arbeiter anbelangt, so ergibt eine genaue Betrachtung der von ihnen gewöhnlich genossenen Kost,
dass sie neben dem Fleische auch sehr erhebliche
Mengen kohlenstoffreicher Nahrung: Brot, Kartoffeln,
Reis u. s. w. zu sich nehmen. Was die Raubthiere
anlangt, so lässt sich nicht leugnen, dass sie sehr erheblicher Arbeitsleistungen fähig sind; doch lehrt auch
hier eine eingehendere Betrachtung, dass die Summe
der von ihnen geleisteten Arbeit im Vergleich zu der
stetigen Arbeit eines Zugpferdes oder Ochsen jedenfalls sehr gering ist. Wir müssen uns das Verhältniss
der Nahrung zu der Arbeitsleistung an dem Muskel
offenbar ähnlich vorstellen, wie das Verhältniss des

Heizmaterials eines Dampfkessels zu der Arbeitsleistung
der Dampfmaschine. Jedermann weiss, dass es unter
dem Kessel verbrannte Kohle ist, welche schliesslich
durch den Mechanismus der Maschine in Arbeit verwandelt wird. Es wäre möglich dieselbe Arbeitsleistung
auch durch Verbrennen stickstoffhaltiger Substanzen
zu erzeugen; aber wir müssten dazu beträchtlich grössere
Mengen verwenden. Nun können wir die Maschine,
die wir Muskel nennen, nicht mit reiner Kohle be-
schicken; unter den Bedingungen, welche im Organismus vorhanden sind, kann reine Kohle nicht zur Arbeitsleistung verwendet werden, weil sie nicht verdaut
und bei der niedern Temperatur des Körpers auch
nicht oxydirt werden kann. Aber die kohlenstoffreichen
Verbindungen, welche wir in den Kohlehydraten (Stärke,
Zucker u. s. w.) und in den Fetten besitzen, sind dazu
geeignet, und sie liefern bei gleichem Gewicht viel
beträchtlichere Arbeitsmengen als die stickstoffhaltigen
Eiweisskörper. Wenn also der Muskel überhaupt im
Stande ist, durch Verbrennung der in ihm vorhandenen
stickstofffreien Körper Arbeit zu leisten, so ist dies
offenbar ein ähnliches Verhältniss wie bei der Dampfmaschine, bei welcher die Arbeit durch Verbrennung
von Kohle geleistet wird. Man hat dagegen eingewandt,
dass der Betrag der stickstofflosen Substanz im Muskel
ein sehr geringer sei; aber dieser Einwand ist kaum
stichhaltig. Wenn wir uns vorstellen, dass wir eine
ganze Dampfmaschine mitsammt dem Kessel und der auf
dem Roste befindlichen Kohle einer chemischen Analyse
unterwerfen könnten, so würde der Procentgehalt dieser
ganzen Masse an Kohle offenbar auch ausserordentlich
gering ausfallen. Es ist aber nicht die in jedem Augenblicke vorhandene Kohlenmenge, welche die Arbeit der
Maschine leistet, sondern die ganze Menge, welche im
Laufe der Zeit immer von neuem durch den Heizer
zugeführt wird. Nun spielt dem Muskel gegenüber
das Blut die Rolle des Heizers. Es führt dem Muskel
fortwährend Stoffe zu, und die durch die Arbeit er-

zeugten Verbrennungsproducte entweichen aus dem
Muskel wie die Kohlensäure aus dem Schornstein des
Dampfkessels. Wir könnten offenbar die Menge der
von einer Dampfmaschine verbrauchten Kohle genau
bestimmen, wenn wir die durch den Schornstein entweichende Kohlensäure auffingen und analysirten. Ganz
ebenso verfahren wir mit dem Muskel. Der Schornstein des Muskels wird durch die Lungen gebildet; die
dort entweichende Kohlensäure fangen wir auf und
berechnen aus ihr, wieviel Kohle verbrannt sein muss.
Was nicht in Gasform bei der Verbrennung der Kohle
entweicht, bleibt als Asche zurück. Dieser Asche der
Dampfkesselfeuerung entspricht der Harnstoff und was
sonst aus dem Muskel in den Harn übergeht. Die
Summe beider muss genau dem Betrage der in dem
Muskel erzeugten Verbrennungsproducte entsprechen.

Wenn nun auch die geringe Menge der im Muskel
vorhandenen stickstofffreien Substanzen keineswegs ein
Hinderniss ist, in ihnen die hauptsächlichste Quelle der
Muskelarbeit zu sehen, so unterscheidet sich doch in
einem Punkte die Maschine, welche wir Muskel nennen,
von der Dampfmaschine, der sie sonst so auffallend
ähnlich ist. Wir haben gesehen, dass die Ausscheidung
des Harnstoffs bei vermehrter Muskelthätigkeit eine,
wenngleich nicht sehr erhebliche Zunahme erfährt. Es
muss also offenbar auch eine beträchtlichere Zerstörung
des Hauptbestandtheils der Muskelsubstanz stattfinden,
des Gewebes, aus dem der Muskel vorzugsweise auf-
gebaut ist, und welches wir mit den metallischen Theilen der Dampfmaschine vergleichen können. Nun findet
ja auch bei dieser eine Abnutzung der Metalltheile
statt; aber sie ist eine verhältnissmässig ausserordentlich geringe. Die Muskelmaschine ist nicht aus so
dauerhaftem Material construirt; sie nutzt sich deshalb
bei jeder Thätigkeit verhältnissmässig erheblich ab.
Da diese Stoffe den Körper in einer höher oxydirten
Form verlassen, als sie im Muskel vorhanden waren,
so muss bei dieser theilweisen Verbrennung des Ma-

schinenmaterials selbst auch Wärme und Arbeit frei
werden. Die Muskelmaschine arbeitet also zum Theil
auf Kosten ihrer eigenen Formelemente und wenn sie
dauernd arbeiten soll, so muss nicht nur das haupt-
sächliche Heizmaterial, sondern auch das Material zum
Wiederersatz der Formelemente fortwährend zugeführt
werden. Je genauer die zugeführte Nahrung in ihrer
Zusammensetzung den verbrauchten Stoffen entspricht,
desto vollständiger wird die Wiederherstellung sein
können. Wie wir gesehen haben, ist der Verbrauch
von stickstoffloser Substanz verhältnissmässig gross, und
deswegen wäre es ganz falsch, wenn wir den Ersatz
nur durch stickstoffhaltige Stoffe leisten wollten. Dem
entsprechen auch vollkommen die Erfahrungen, welche
man bei der Ernährung arbeitender Menschen und
Thiere gesammelt hat. Die Zufuhr von stickstoffhaltiger
Substanz ist nothwendig, um die Muskeln in gutem
Stande zu erhalten; aber eine reichliche Zufuhr kohlenstoffreicher Verbindungen, wie sie in den stickstofflosen
Nahrungsstoffen gegeben sind, ist erforderlich, um den
nöthigen Betrag des hauptsächlichsten Arbeitsmaterials
zu liefern. Die ausserordentlich kräftigen sehr schwer
arbeitenden tiroler Holzarbeiter nehmen deshalb auch
neben einer gewissen Summe stickstoffhaltiger Substanz
enorme Mengen von kohlenstoffreicher Nahrung zu sich.
Sie leben fast ausschliesslich von Mehl und Butter.
Nur einmal in der Woche, Sonntags, geniessen sie
Fleisch und trinken Bier. Sechs Tage lang sind sie
auf das angewiesen, was sie in den Wald mit hinaus-
nehmen. Man kann daher bei ihnen sehr genau die
Art der Ernährung controliren. Der grosse Fettgehalt
ihrer täglichen Nahrung ist es hauptsächlich, dem sie
die Möglichkeit zu so anstrengender Arbeit verdanken.
Gemsenjäger und Bergbewohner überhaupt nehmen bei
anstrengenden Partien hauptsächlich Speck und Zucker
als Proviant mit. Sie sind durch die Erfahrung belehrt, dass diese kohlenstoffreichen Verbindungen vorzugsweise im Stande sind, sie zur Leistung grosser

Arbeiten zu befähigen. Der Zucker ist zu diesem Zwecke um so geeigneter, weil er bei seiner leichten Löslichkeit sehr schnell ins Blut übergeht und deswegen vorzugsweise zu schnellem Ersatz der verbrauchten Kräfte dienen kann. Für längere Zeit als ausschliessliches oder auch nur hauptsächlichstes Nahrungsmittel ist er nicht geeignet, weil bei grösserer Zufuhr von Zucker derselbe im Magen in Milchsäure übergeht, und dadurch die Verdauung schädigt.

5. Wenn ausgeschnittene Muskeln einige Zeit nach der Abtrennung vom Körper gelegen haben, findet in ihnen eine Umwandlung statt, wobei sie die Fähigkeit, sich auf Reize zu verkürzen, einbüssen. Noch schneller erfolgt diese Umwandlung, wenn sie durch häufig wiederholte Reize zur Thätigkeit veranlasst wurden. Die Zeit, während welcher diese Veränderung sich einstellt, ist eine sehr wechselnde und hängt hauptsächlich von der Natur des Thieres und von der Temperatur ab. Säugethiermuskeln verlieren die Fähigkeit sich zu verkürzen bei mittlerer Zimmertemperatur schon nach etwa 20 — 30 Minuten, Froschmuskeln erst nach mehrern Stunden, man hat sogar den Wadenmuskel des Frosches 48 Stunden lang bei gewöhnlicher Zimmertemperatur zucken sehen. Bei einer Temperatur von 0° bis 1° C. kann derselbe Muskel selbst acht Tage lang seine Fähigkeit, sich zu verkürzen, behalten. Bei Temperaturen von 45° und darüber geht diese Fähigkeit dagegen in wenigen Minuten verloren. Ganz dasselbe findet nun auch statt, wenn die Muskeln im Körper des Thieres bleiben, wenn aber der Strom des Blutes durch dieselben unterbrochen wird, sei es durch den allgemeinen Tod des Thieres, sei es durch örtliche Unterbindung der Gefässe. Man bezeichnet diesen Verlust der Zusammenziehungsfähigkeit als den Tod des Muskels. Der Muskeltod fällt also nicht zeitlich mit dem Tode des ganzen Thieres zusammen, sondern

folgt dem allgemeinen Tode in einer Zeit von etwa
einer halben bis zu mehrern Stunden nach.

6. Betrachtet man einen abgestorbenen Froschmuskel,
so bemerkt man, dass er im Aussehen sich wesentlich
von einem frischen unterscheidet. Er sieht nicht so
durchscheinend aus wie dieser, ist vielmehr trübe und
weisslich; zugleich fühlt er sich härter an, ist teigig,
weniger elastisch, aber dehnbarer, endlich mürbe und
zerreissbar, um so mehr, je weiter die Veränderung vor-
geschritten ist. Ganz ähnliche Veränderungen erfahren
auch die Muskeln in einer Leiche. Man bezeichnet
dieselben als Todtenstarre. Du Bois-Reymond hat
nachgewiesen, dass bei dieser Todtenstarre die ursprünglich alkalische oder neutrale Reaction in eine saure
übergeht. Es kommt dies wahrscheinlich durch eine
Umwandlung des neutralen Glycogens und Inosits in
Milchsäure zu Stande, welche mit den vorhandenen
Alkalien sauer reagirende Salze bildet. Auf dieser
Umwandlung beruht auch das allmähliche Mürbe-
werden des Schlachtfleisches, welches, wenn man es
unmittelbar nach dem Tode kocht, bekanntlich hart
und zähe bleibt. Bleibt dagegen das Fleisch längere
Zeit nach dem Tode liegen, so löst sich die Todten-
-starre wieder, die einzelnen Bündel haften nicht mehr
so fest aneinander, und in diesem Zustande ist es für
die Zubereitung als Speise geeigneter, da es dann
mürbe und leicht zerkaubar ist und den Verdauungs-
säften leichter zugänglich wird.

Die Todtenstarre hat also in chemischer Beziehung
eine gewisse Aehnlichkeit mit den Umwandlungen, welche
bei der Thätigkeit des Muskels auftreten. Auch bei
dieser wird eine Säure gebildet, welche aber durch
das alkalische Blut wieder ausgeglichen und fortgeschwemmt wird. Bei der Todtenstarre kann dieser
Ausgleich nicht eintreten, weil die Blutcirculation nicht
mehr besteht. Aus diesem Grunde tritt die Todtenstarre viel schneller bei solchen Muskeln ein, welche

vor dem Tode stark gereizt wurden, z. B. bei gehetztem Wilde. Während aber die Säurebildung bei dem thätigen Muskel immer nur eine sehr geringe sein kann, häuft sie sich in dem todtenstarren Muskel in beträchtlichen Mengen an, und wirkt daher auflockernd auf das Bindegewebe, welches die Fasern zusammenhält, sodass diese leichter zerfallen. Zugleich geht aber noch im Innern der Muskelfaser eine deutliche Veränderung vor sich. Betrachtet man eine frische, lebende und eine todtenstarre Muskelfaser unter dem Mikroskop, so zeigt sich letztere trüb, undurchsichtig; die Querstreifen sind schmaler und näher aneinander gerückt, und der Inhalt ist nicht wie bei der lebenden Faser beweglich und flüssig, sondern fest und brüchig. Wenn die Muskeln, ohne gedehnt zu sein, der Todtenstarre verfallen, so pflegen sie sich etwas zu verkürzen und dicker zu werden. An den beweglichen Gesichtsmuskeln einer Leiche hat dies zur Folge, dass die unmittelbar nach dem Tode schlaff gewordenen Züge wieder einen gewissen Ausdruck erlangen. An den Gliedmaassen der Leichen entsteht durch die Todtenstarre der Muskeln eine gewisse Steifigkeit, sodass die Theile in der Lage, in der sie sich zufällig beim Tode befinden, festgehalten werden, wovon der Name Todtenstarre hauptsächlich herrührt. Diese Veränderung tritt übrigens in den Muskeln einer Leiche nicht in allen Theilen gleichzeitig auf; gewöhnlich beginnt sie in den Gesichts- und Nackenmuskeln und steigt allmählich hinab, sodass die Beinmuskeln zuletzt befallen werden. In derselben Reihenfolge folgt dann auch wieder die Lösung der Todtenstarre.

Wegen der Verkürzung, welche die Muskeln bei der Todtenstarre erfahren, hat man früher geglaubt, dieselbe für eine wahre Zusammenziehung ansehen zu müssen, gleichsam für eine letzte Kraftäusserung der Muskeln, mit welcher diese von ihrer eigenthümlichen Fähigkeit Abschied nehmen. Es ist aber durch nichts bewiesen, dass diese Verkürzung bei der Todtenstarre,

welche übrigens selbst durch schwache Belastungen
schon verhindert wird, irgendwie mit der wahren Thätigkeit übereinstimme. Alle Erscheinungen der Muskel-
starre erklären sich vielmehr vollkommen, wenn man
annimmt, dass ein Bestandttheil des Muskels, welcher
im lebenden Muskel flüssig ist, fest wird oder gerinnt.
Die Todtenstarre wäre demnach ein ähnlicher Vorgang
wie die Gerinnung des Blutes, welches gleichfalls nach
dem Tode oder nach dem Ausfliessen aus den Blutgefässen fest wird, indem einer seiner Bestandtheile,
der Blutfaserstoff oder Fibrin sich in fester Form aus-
scheidet. Diese Ansicht von der Todtenstarre ist schon
von E. Brücke ausgesprochen und später von Kühne
bestätigt worden. Wenn man Froschmuskeln durch
Ausspritzen mit einer unschädlichen Flüssigkeit, z. B.
verdünnter Kochsalzlösung, von allem Blute befreit
und dann auspresst, so gewinnt man einen Saft, welcher
einen Theil des flüssigen Inhalts der Muskelfasern darstellt. Lässt man diese Flüssigkeit bei gewöhnlicher
Zimmertemperatur einige Stunden stehen, so bildet sich
in ihr ein flockiges Gerinsel, und zwar zu derselben
Zeit, zu welcher andere Muskeln desselben Thieres
todtenstarr werden. Die ausgepresste Muskelflüssigkeit ist ursprünglich ganz neutral, wird aber, während
das Gerinsel sich bildet, nach und nach sauer. Die
Aehnlichkeit der Vorgänge in dieser Muskelflüssigkeit
und in dem Muskel selbst ist daher der Art, dass wir
wohl berechtigt sind anzunehmen, dass auch im Muskel selbst zu jener Zeit eine Gerinnung unter gleich-
zeitiger Bildung einer Säure stattfindet, und dass diese
Gerinnung den eigentlichen Act der Todtenstarre darstellt.

Wie wir gesehen haben tritt die Todtenstarre um
so früher ein, je höher die Temperatur ist. Ganz
ebenso verhält sich der ausgepresste Muskelsaft. Erwärmt man ihn auf 45° C., so gerinnt er innerhalb
weniger Minuten und wird zugleich sauer. Auch Muskeln, welche auf 45° erwärmt werden, verfallen inner-

halb weniger Minuten der Todtenstarre. Erwärmt man
sie noch weiter bis auf 73° und darüber, so ziehen sie
sich zu unförmlichen Klumpen zusammen, werden ganz
hart und weiss und stellen ein festes derbes Gewebe
ähnlich gekochtem Eiweiss dar. Wir können daraus
schliessen, dass ausser dem bei der Todtenstarre gerin-
nenden Stoffe noch andere lösliche Eiweisskörper im
Muskel vorhanden sind, die sich dem gewöhnlichen
Eiweiss ähnlich verhalten, wie es im Blute und in den
Eiern vorkommt; denn auch dieses gerinnt bei einer
Erhitzung auf 73°. Wir sehen also, dass im Muskel
verschiedene Arten von Eiweiss vorkommen. Die bei
45° oder bei gewöhnlicher Zimmertemperatur, wenn
auch später, gerinnende Art hat man Muskelfaserstoff
oder Myosin genannt. Wir können uns vorstellen, dass
dieser Eiweisskörper an und für sich löslich ist, aber
durch die im Muskel auftretende Säure in eine unlös-
liche Form übergeführt wird. Dann würde also die
Todtenstarre die Folge der Säurebildung sein. Doch
sind über diesen Punkt unsere Kenntnisse noch zu un-
vollkommen und müssen es bleiben, bis die Chemie die
Natur der Eiweisskörper besser aufgeklärt haben wird.

SECHSTES KAPITEL.

1. Formen der Muskeln; 2. Verbindung mit den Knochen; 3. Elastische Spannung; — 4. Glatte Muskelfasern; 5. Peristaltische Bewegung; 6. Willkürliche und unwillkürliche Bewegung.

1. Bei der Betrachtung der Muskelleistungen in den frühern Kapiteln haben wir immer gleichsam einen idealen Muskel vor Augen gehabt, dessen Fasern alle gleich lang und untereinander parallel gedacht wurden. Solche Muskeln gibt es in der That; sie sind aber selten. Wenn ein solcher Muskel sich verkürzt, so wirkt jede Faser desselben gleich allen andern, die Gesammtwirkung des Muskels ist einfach die Summe der Einzelwirkungen aller Fasern. In der Regel aber sind die Muskeln nicht so einfach gebaut. Die Anatomen unterscheiden je nach der Form und der Art der Faserung kurze, lange und flache Muskeln; letztere bieten in der Regel Abweichungen von dem parallelen Faserverlauf. Entweder gehen die Fasern einerseits von einer breiten Sehne aus und streben alle nach einem Punkte zusammen, von dem dann eine kurze rundliche Sehne die Anheftung an den Knochen vermittelt (fächerförmige Muskeln); oder die Fasern setzen sich schräg an eine lange Sehne an, von der sie sich alle nach einer Richtung (halbgefiederte Muskeln) oder nach zwei entgegengesetzten Richtungen, ähnlich dem Bart einer Feder abzweigen (gefiederte Muskeln). Bei

den radien- oder fächerförmigen Muskeln wird der
Zug der einzelnen Theile nach verschiedenen Richtungen
erfolgen. Jeder dieser Theile kann entweder für sich
allein wirken, oder alle wirken zusammen und dann
setzen sich ihre Kräfte in derselben Weise zusammen,
wie dies überhaupt mit in verschiedenen Richtungen wirkenden Kräften der Fall ist, nach dem sogenannten
Parallelogramm der Kräfte. Als Beispiel eines solchen
Muskels können wir den schon im zweiten Kapitel erwähnten Heber des Oberarms betrachten, der wegen
seiner dreieckigen Form der Deltamuskel heisst. Bei
diesem kommen Zusammenziehungen einzelner Theile
in der That vor. Wenn sich nur der vordere Abschnitt des Muskels zusammenzieht, wird der Arm im
Schultergelenk nach vorn gehoben; wenn sich nur der
hintere Theil des Muskels zusammenzieht, erfolgt die
Hebung nach hinten. Wenn aber alle Fasern des Muskels zusammenwirken, setzen sich die Wirkungen der
einzelnen Zugkräfte zu einer Diagonale zusammen,
welche die Hebung des Arms in der Ebene der gewöhnlichen Lage zur Folge hat.

Bei den halbgefiederten und gefiederten Muskeln
fällt die Verbindungslinie der beiden Ansatzpunkte
mit der Richtung der Fasern nicht zusammen. Wenn
der Muskel sich zusammenzieht, wirkt jede Faser als
eine Zugkraft in der Richtung ihrer Verkürzung. Von
jeder dieser vielen Kräfte kommt aber nur eine Componente zur Geltung, welche in der Richtung, in der
die Bewegung wirklich vor sich geht, liegt, und die
Gesammtwirkung des Muskels ist die Summe dieser einzelnen, für jede Faser berechneten Componenten. Um
die Kraft, welche ein solcher Muskel ausüben kann, und
seine Hubhöhe zu berechnen, müssten wir die Zahl der
Fasern, den Winkel, welchen jede mit der schliesslichen
Richtung der Gesammtbewegung und die, nicht immer
gleiche, Länge der Fasern bestimmen, eine Aufgabe,
welche auch nur für einen einzelnen Muskel zu lösen,
die Geduld auf eine harte Probe stellen würde. Glück-

licherweise bedarf es so langweiliger Bestimmungen für
unsere Zwecke nicht. Die Kraft können wir nach der
oben, Kapitel IV, §. 6 angegebenen Methode für viele
Muskeln unmittelbar durch den Versuch bestimmen, die
unter den im Körper vorhandenen Bedingungen mögliche Hubhöhe noch leichter, und für die vom Muskel
zu leistende Arbeit ist es ganz gleichgültig, ob die
Fasern alle parallel sind und in ihrer eigenen Richtung
zur Wirkung kommen, oder ob sie irgendwelche Winkel mit dieser Wirkungsrichtung machen.*

2. Diese Wirkungsrichtung hängt aber nicht allein
von dem Bau der Muskeln, sondern hauptsächlich von
der Art ihrer Verknüpfung mit den Knochen ab. Die
Gestalt der Knochen und ihrer Gelenke, die Bänder.
welche die Knochen zusammenhalten, bewirken, dass
die Knochen nur innerhalb gewisser Grenzen und meist
auch nur in gewissen Richtungen beweglich sind. Betrachten wir z. B. ein reines Charniergelenk wie das
Elnbogengelenk, an dem nur Beugung und Streckung
möglich ist (vgl. Kapitel II, §. 4). Da hier nach der
Beschaffenheit des Gelenks nur eine Bewegung in einer
Ebene möglich ist, so können Muskeln, die nicht in
dieser Ebene liegen, immer nur mit einem Theil ihrer
Zugkräfte zur Wirkung kommen, welchen wir finden,
wenn wir die Zugkraft des Muskels nach dem Gesetz
vom Parallelogramm der Kräfte zerlegen und diejenige
Componente suchen, die innerhalb der Bewegungsebene
liegt.

Anders ist es bei den freien Kugelgelenken, welche
eine Bewegung der Knochen in jeder beliebigen Richtung innerhalb gewisser Grenzen gestatten. Wenn um
ein solches Gelenk herum viele Muskeln liegen, so wird
jeder von ihnen, wenn er allein wirkt, den Knochen
in seiner Wirkungsrichtung in Bewegung setzen; wenn
aber zwei oder mehrere Muskeln gleichzeitig in Thätig-

---

* S. Anmerkungen und Zusätze Nr. 2.

keit gerathen, so wird ihre Wirkung die Resultirende
der einzelnen Zugkräfte jedes Muskels sein, die ebenfalls wieder nach dem Gesetz vom Parallelogramm der
Kräfte zu finden sind.

Noch in anderer Weise wird die Leistung der Muskeln von ihrer Anheftung an den Knochen bedingt.
Letztere sind als Hebel zu betrachten, die sich um
ihre, durch die Gelenke gegebenen Achsen drehen.
Meistens stellen sie einarmige, zuweilen auch zwei-
armige Hebel vor. Nun ist aber die Zugrichtung der
Muskeln selten senkrecht zu dem zu bewegenden Knochen-
hebel gerichtet, sondern meistens unter einem spitzen
Winkel. In einem solchen Falle kommt wiederum nicht
die ganze Zugkraft des Muskels zur Geltung, sondern
nur eine auf den Hebelarm senkrechte Componente.
Es ist nun beachtenswerth, dass in vielen Fällen die
Knochen an den Ansatzstellen der Muskeln Vorsprünge
und Erhabenheiten besitzen, über welche die Muskel-
sehne wie über eine Rolle fortgeht und dadurch unter
einem günstigen Winkel an den Knochen angreift, oder
dass in andern Fällen in der Sehne selbst knorpelige
oder knöcherne Verdickungen vorhanden sind (sogenannte Sesambeine), welche in demselben Sinne wirken.
Das grösste dieser Sesambeine ist die Kniescheibe,
welche in die starke Sehne der vordern Oberschenkelmuskeln eingeschaltet die Ansatzrichtung dieser Sehne
am Schienbein günstiger gestaltet, als sie sonst wäre.
Zuweilen aber läuft die Sehne eines Muskels über
eine wirkliche Rolle, sodass die Richtung, in welcher
die Muskelfasern sich verkürzen, von derjenigen, in
welcher ihr Zug zur Wirkung kommt, ganz und gar
abweicht.

3. Eine letzte bedeutsame Folge der Verbindung der
Muskeln mit den Knochen ist ihre dadurch bewirkte
Dehnung. Wenn wir bei einer Leiche ein Glied in
seine gewöhnliche, auch im Leben meist innegehaltene
Lage bringen und dann einen Muskel am einen Ende

von seinem Ansatz ablösen, so zieht er sich zurück und
wird kürzer. Dasselbe geschieht im Leben, wie man
bei der von Chirurgen geübten Sehnendurchschneidung,
die zur Heilung von Verkrümmungen ausgeführt wird,
beobachten kann. Da der Erfolg während des Lebens
und nach dem Tode der gleiche ist, so haben wir es
dabei offenbar mit einer Wirkung der Elasticität zu
thun. Wir sehen also, dass die Muskeln durch ihre
Verbindung mit dem Skelet gedehnt sind und sich
vermöge ihrer Elasticität stets zu verkürzen streben.
Wenn nun mehrere Muskeln an einem Knochen so befestigt sind, dass sie in entgegengesetzten Richtungen
ziehen, so wird der Knochen eine Lage annehmen
müssen, bei der die Zugkräfte aller Muskeln einander
gleich sind, und alle diese Zugkräfte werden zusammenwirken, um die Gelenkenden mit einer gewissen Kraft
gegeneinanderzupressen, was offenbar mit zur Festigkeit der Gelenkverbindungen beiträgt. Wenn aber jetzt
einer dieser Muskeln sich zusammenzieht, so wird er
den Knochen in seiner Zugrichtung in Bewegung setzen,
dabei aber den in entgegengesetzter Richtung wirkenden Muskel ausdehnen, welcher vermöge seiner Elasticität der Zugwirkung des erstgenannten Muskels ein
Hinderniss entgegensetzt und, sobald die Zusammenziehung desselben nachlässt, das Glied wieder in seine
Anfangslage zurückführt. Diese durch die Elasticität
der Muskeln bedingte Mittellage aller Glieder beobachten wir an Schlafenden, wenn alle activen Muskelthätig-
keiten fehlen; wir sehen dann, dass die Glieder meist
in einem geringen Grade gebeugt sind, sodass sie ganz
stumpfe Winkel miteinander bilden.

Aber nicht alle Muskeln sind zwischen Knochen ausgespannt. Manche verlieren sich mit ihren Sehnen in
weichen Gebilden, wie die Muskeln des Gesichts. Auch
hier üben die verschiedenen Muskeln aufeinander eine,
freilich geringe, gegenseitige Spannung aus und bewirken dadurch eine bestimmte Gleichgewichtslage der
Weichtheile wie man am Gesicht an der Stellung

der Mundspalte sehen kann. Ist der Zug der symmetrisch angeordneten Muskeln nicht gleichmässig, dann stellt sich die Mundspalte schief. Dies geschieht z. B. wenn die Muskeln der einen Gesichtshälfte gelähmt sind, und man ersieht daraus, dass hier die elastische Spannung allein zu schwach ist, um die normale Lage zu erhalten.

Bei den an Knochen befestigten Muskeln ist aber die elastische Spannung meistens eine viel grössere, was natürlich auf ihre Wirkung bei der Zusammenziehung von Einfluss sein muss.

4. Wir haben bei unsern bisherigen Betrachtungen immer nur die eine Art von Muskelfasern berücksichtigt, welche wir im Eingange als die quergestreifte bezeichnet haben. Nun gibt es aber, wie wir gesehen haben, noch eine zweite Art, die sogenannten glatten Muskelfasern oder muskulösen Faserzellen. Es sind dies lange spindelförmige Zellen, deren spitze Enden häufig korkzieherartig gewunden sind, in der Mitte mit einem langen stäbchenförmigen Kern versehen. Sie bilden nicht so abgegrenzte Muskelmassen, wie die quergestreiften Muskelfasern, sondern kommen fast in allen Organen zerstreut oder zu mehr oder minder dicken Lagen oder Schichten angeordnet vor.* Sehr häufig bilden sie in regelmässiger Anordnung weit ausgedehnte Häute, besonders bei den röhrenförmigen Gebilden, den Blutgefässen, dem Darm u. s. w., deren Wände aus verschiedenen Schichten bestehen, von denen eine oder auch zwei aus solchen glatten Muskelfasern zusammengesetzt sind. Meistens sind letztere in diesen

---

* Ein Beispiel stärkerer Anhäufung glatter Muskelfasern bietet der Muskelmagen der Vögel, welcher, abgesehen von der äussern und innern häutigen Bekleidung, nur aus solchen Fasern besteht, die zu mächtigen Schichten⁴ zusammgehäuft sind.

Fällen in zwei Lagen angeordnet, von denen die eine
aus ringförmig das Rohr umziehenden Fasern, die andere aus der Länge des Rohres nach angeordneten
Fasern besteht. Wenn diese Muskelfasern sich verkürzen, so können sie daher die Röhren, an deren Wand
sie sich befinden, sowol verengern als auch verkürzen.
Von grosser Wichtigkeit ist dies bei den kleinern

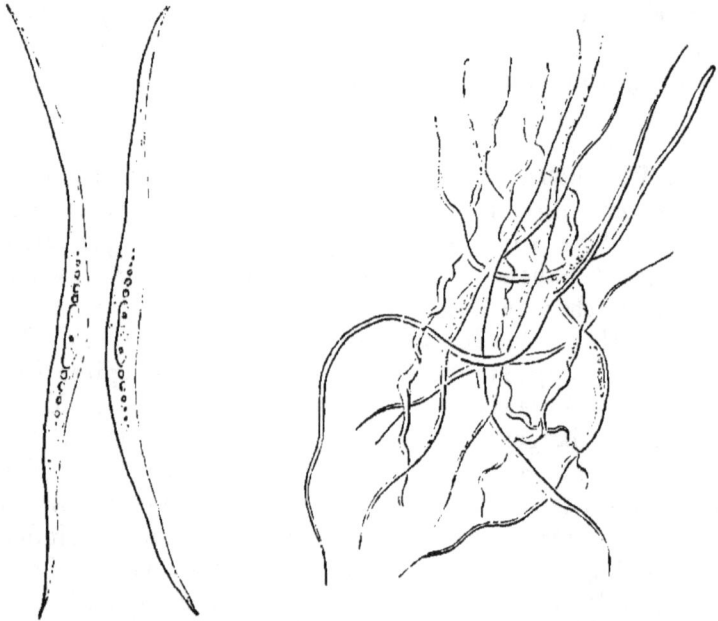

Fig. 25. Glatte Muskelfasern (dreihundertmal vergrössert).

Arterien, wo die ringförmig angeordneten glatten
Muskelfasern die Gefässe stark verengern oder sie
ganz verschliessen können und so zur Regelung des
Blutstroms durch die Capillaren dienen. In andern
Fällen, wie beim Darm, dienen sie dazu, den Inhalt der
Röhren in Bewegung zu setzen. Es pflegt dann die
Verkürzung dieser Muskelfasern nicht gleichzeitig in
allen Stellen des Rohres aufzutreten, sondern indem sie
an einer Stelle beginnend sich nach und nach auf immer

neue Strecken des Rohres fortpflanzt, wird der im Rohr
enthaltene Inhalt langsam vorwärts geschoben. Es
wirken dabei hauptsächlich die kreisförmig angeordneten Fasern, welche das Rohr an einer Stelle ganz
verschliessen, während durch die Zusammenziehung der
Längsfasern die Wand des Rohres über den Inhalt
desselben zurückgezogen und so die Weiterbeförderung
des Inhalts unterstützt wird. Man bezeichnet diese Art
der Bewegung als peristaltische.Bewegung. Sie
kommt im ganzen Verdauungskanal von dem Schlunde
an bis zu dessen Ende vor und bewirkt hier die Vor-
wärtsbewegung der Speisen und die schliessliche Aus-
treibung des unverdauten Restes.

5. Man kann die peristaltische Bewegung sehr schön
beobachten, wenn man die Schlundröhre eines Hundes
blosslegt, und dem Thiere dann Wasser in den Mund
bringt, sodass eine Schluckbewegung entsteht. Man
sieht sie auch an blossgelegten Därmen oder an dem
Harnleiter, wo jeder aus der Niere heraustretende
Tropfen Harn eine Welle erregt, die sich von der
Niere nach der Harnblase hin fortpflanzt. Man kann
die Bewegungen auch künstlich hervorrufen, indem man
den Darm, Harnleiter u. s. w. an einer Stelle mechanisch oder elektrisch reizt, oder auch durch Reizung
der Nerven, welche diese Theile versorgen. Was zunächst auffällt, ist die Langsamkeit, mit welcher diese
Bewegungen erfolgen. Nicht nur dauert es eine ge-
raume, schon ohne alle künstlichen Hülfsmittel wahr-
nehmbare Zeit nach Anbringung des Reizes, ehe die
Bewegung beginnt, sondern die an einer Stelle erregte
Bewegung verläuft, auch wenn der Reiz ein plötzlicher,
momentaner war, ganz allmählich, indem sie langsam
bis zu einer gewissen Stärke ansteigt und dann allmählich wieder abnimmt. Durch diese Langsamkeit der
Bewegungen unterscheiden sich die glatten Muskelfasern ganz wesentlich von den quergestreiften. Doch
ist, wie wir ja wissen, dieser Unterschied kein prin-

cipieller, sondern nur ein gradweiser; denn auch beim
quergestreiften Muskel haben wir ja ein Stadium der
latenten Reizung, dann eine allmählich ansteigende und
dann wieder abnehmende Verkürzung kennen gelernt.
Nur ist, was bei dem quergestreiften Muskel auf einen
geringen Bruchtheil einer Secunde sich zusammendrängt,
bei den glatten Muskelfasern auf die Zeit mehrerer
Secunden vertheilt. Es bedarf daher auch keiner künstlichen Hülfsmittel, um diese einzelnen Stadien zu unterscheiden. Weiter als bis zu dieser etwas oberflächlichen
Kenntniss ist die Untersuchung der Thätigkeit der glatten Muskelfasern noch nicht, gediehen. Es liegt besonders in der Schwierigkeit ihrer Isolirung und in dem
schnellen Verlust ihrer Reizbarkeit, wenn sie abgetrennt
werden, dass nur schwer Versuche mit ihnen angestellt
werden können. Insbesondere ist es noch nicht aufgeklärt, wodurch die Uebertragung der an einer Stelle
auftretenden Reizung auf andere Partien zu Stande
kommt. Diese Uebertragung kommt bei den quergestreiften Muskelfasern niemals vor. Wenn man einen
langen dünnen parallelfaserigen Muskel auf einer Glasplatte ausbreitet und dann eine ganz beschränkte
Stelle desselben·reizt, so pflanzt sich die Reizung in
den unmittelbar getroffenen Muskelfasern der Länge
nach fort. Es ist nicht möglich, eine quergestreifte
Muskelfaser nur in einem Theil ihrer Länge zur Zusammenziehung zu bringen, wenigstens solange die Muskelfaser frisch ist. Bei absterbenden Muskelfasern kommen
freilich solche locale Zusammenziehungen vor. Es bildet also jede einzelne Muskelfaser ein abgeschlossenes
Ganzes, in welchem die an einem Theil erregte Zusammenziehung sich über die ganze Faser verbreitet.
Man hat sogar die Geschwindigkeit dieser Ausbreitung
in den Fasern gemessen. Da die quergestreifte Muskelfaser bei der Zusammenziehung zugleich dicker wird,
so wird ein leichtes Hebelchen, welches man auf die
Faser aufsetzt, etwas gehoben, und man kann diese
Hebung auf der schnellbewegten Platte des Myogra-

phions aufzeichnen. Setzt man zwei solcher Hebelchen
nahe den Enden eines langen Muskels auf, und reizt
an dem einen Ende, so wird zuerst der zunächstliegende,
erst später der entferntere Hebel gehoben und diesen
Unterschied kann man auf der Myographionplatte ablesen und daraus die Geschwindigkeit der Fortpflanzung von dem einen Hebel bis zum andern berechnen. Aeby, welcher diese Versuche angestellt hat, fand
eine Gechwindigkeit von 1 bis 2 Meter in der Secunde,
d. h. die in einem Punkte der Muskelfaser erregte Zusammenziehung braucht, um einen Centimenter weit
fortzuschreiten eine Zeit von etwa $1/_{200}$ bis $1/_{100}$ Secunde.
Neuere Messungen von Bernstein und Hermann haben
etwas grössere Werthe ergeben, nämlich 3 bis 4 Meter
in der Secunde. Mit dem Absterben des Muskels wird
die Fortpflanzung immer langsamer und hört zuletzt
bei den Muskeln, welche der Todtenstarre schon ganz
nahe sind, auf, sodass man bei der Reizung nur an
der Stelle, welche unmittelbar gereizt worden ist, eine
kleine Verdickung entstehen sieht, welche sich aber
nicht mehr fortpflanzt. Unter allen Umständen aber
bleibt die erregte Zusammenziehung nur in den Fasern, welche wirklich selbst gereizt worden sind, und
die benachbarten Fasern bleiben vollkommen in Ruhe.
Bei den glatten Muskelfasern aber sehen wir, dass die
an einer Stelle erregten Zusammenziehungen sich auch
auf die benachbarten Faserzellen fortpflanzen. Der
durchgreifende Unterschied, welcher damit zwischen
den glatten und den quergestreiften [Muskeln erscheint,
würde freilich fortfallen, wenn sich die Ansichten von
Engelmann bestätigen, welche dieser durch seine Untersuchungen an dem Harnleiter gewonnen hat. Nach
Engelmann besteht die Muskulatur des Harnleiters
während des Lebens gar nicht aus einzelnen muskulösen Faserzellen, sondern bildet eine gleichartige zu-
sammenhängende Masse, welche erst beim Absterben in
einzelne spindelförmige Zellen sich abtheilt. Darf man
diese Anschauung auch auf die glatte Muskulatur an-

derer Theile übertragen, so wäre also ein wirklicher
Zusammenhang der ganzen Muskelhäute vorhanden, und
die Fortpflanzung der Erregung wäre physiologisch
erklärt.

6. In der Regel sind solche Theile, welche nur mit
glatten Muskelfasern versehen sind, nicht willkürlich
beweglich, während die quergestreiften Muskelfasern
dem Willen unterworfen sind. Man hat daher die
letztern auch als willkürliche, die erstern auch als unwillkürliche Muskeln bezeichnet. Eine Ausnahme macht
jedoch das Herz, denn dieses besitzt quergestreifte
Muskelfasern, der Wille hat aber unmittelbar gar keinen Einfluss auf dasselbe, sondern seine Bewegungen
werden unabhängig vom Willen erregt und geregelt.*
Uebrigens haben die Muskelfasern des Herzens noch
das Eigenthümliche, dass sie kein Sarkolemma besitzen,
sondern die nackten Muskelfasern berühren sich unmittelbar. Es ist dies insofern von Interesse, als auch
unmittelbare Reizungen, welche man an einer Stelle
des Herzens anbringt, sich auf sämmtliche Muskelfasern
übertragen. Ausserdem sind die Muskelfasern des Herzens verzweigt, aber solche verzweigte Muskelfasern
kommen auch an andern Stellen, z. B. in der Zunge
des Frosches vor, wo sie baumförmig verästelt sind.
Die glatten Muskelfasern, welche also dem Willen nicht
unterworfen sind, werden entweder durch örtliche Reize,
z. B. den Druck des in den Röhren enthaltenen Inhalts,
oder auch durch das Nervensystem zu ihren Zusammenziehungen veranlasst. Die Zusammenziehungen der quergestreiften Muskelfasern kommen im natürlichen Laufe
des organischen Lebens nur durch Einwirkung der Nerven zu Stande. Es wird daher nöthig sein, dass wir

---

* Auch im Darm der Schleie (*Tinca vulgaris*) kommen,
abweichend von allen übrigen Wirbelthieren, quergestreifte
Muskeln vor. Ob derselbe willkürliche Bewegungen macht,
ist zweifelhaft, aber wol sehr unwahrscheinlich.

uns jetzt zur Betrachtung der Eigenschaften der Nerven wenden, und wir werden dann versuchen, die Art ihrer Einwirkung auf die Muskeln zu erklären.

Uebrigens ist zu bemerken, dass der Unterschied zwischen quergestreiften und glatten Muskelfasern kein absoluter ist, da es auch Uebergangsformen gibt, z. B. in den Muskeln der Muscheln. Diese bestehen aus Fasern, welche zum Theil Querstreifung und an diesen auch Doppelbrechung zeigen. Wahrscheinlich ist an diesen Stellen die Anordnung der Disdiaklasten eine regelmässige in grössern Gruppen, während sie an andern Stellen (und ebenso in den ganz glatten Muskelfasern) unregelmässig zerstreut und deshalb nicht wahrnehmbar sind.

SIEBENTES KAPITEL.

1. Nervenfasern und Nervenzellen; 2. Reizbarkeit der Nervenfasern; 3. Leitung der Erregung; 4. Isolirte Leitung; 5. Erregbarkeit; 6. Curve der Erregbarkeit; 7. Ermüdung und
Erholung, Absterben.

1. Die Nerven kommen im thierischen Körper in
zwei Formen vor, entweder als einzelne feine Stränge,
die sich vielfach theilend den ganzen Körper durch-
ziehen, oder in grössern Massen zusammengehäuft. Die
letztern sind, wenigstens bei den höhern Thieren, in
die knöchernen Kapseln des Schädels und der Wirbelsäule eingeschlossen, und werden als Nervencentren
oder Centralorgane des Nervensystems bezeichnet, während die Nervenstränge von den Centren ausgehen und nach den entferntesten Theilen hinziehend
den Namen des peripherischen Nervensystems
führen. Die mikroskopische Untersuchung dieser peripherischen Nerven zeigt, dass sie Bündel ausserordentlich feiner Fasern sind, welche durch eine bindegewe-
bige Hülle zu dickern Strängen zusammengehalten werden. Jede dieser Nervenfasern stellt sich bei einer
Vergrösserung von 250—300, wenn man sie in frischem
Zustande untersucht, als eine blassgelbe durchschei-
nende Faser dar, an welcher keine weitern Theile zu
unterscheiden sind. Bald aber ändert sich das Aussehen der Faser; sie wird weniger durchsichtig, und
es scheidet sich in ihr ein in der Achse gelegener Theil

von der äussern Umhüllung. Der innere Theil ist
meistens platt, bandartig und zeigt bei stärkerer Vergrösserung eine ganz feine Strichelung der Länge nach,
gleichsam als wäre er aus feinsten Fibrillen oder Fäserchen zusammengesetzt. Er führt den Namen Achsen-
band oder Achsencylinder. Der äussere Theil hat
ein krümeliges Aussehen, quillt an den Schnittenden
des Nerven in Tropfen, welche bald gerinnen, hervor und
führt den Namen Mark-
scheide. Die Markscheide
umhüllt den Achsencylinder
vollkommen; da sie aber
im frischen ungeronnenen
Zustande das Licht ganz
auf gleiche Weise bricht
wie der Achsencylinder, ist
sie von diesem nicht zu
unterscheiden und beide
können erst nach der Ge-
rinnung des Markes ge-
sondert gesehen werden.
Die Markscheide mit dem
Achsencylinder sind dann
noch in einer derben, elastischen Röhre eingeschlossen, die Neurilem oder
Nervenscheide genannt
wird.

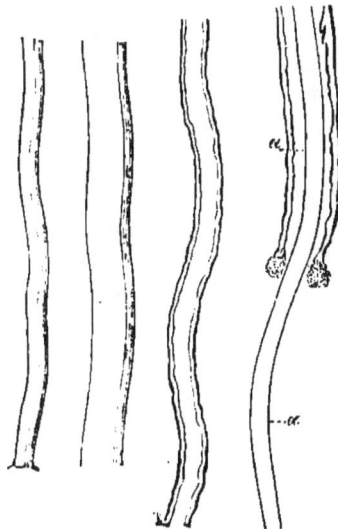

Fig. 26. Nervenfasern.
a a der Achsencylinder, theilweise
noch von der Markscheide umgeben.

Nicht alle peripherischen Nervenfasern besitzen diese
drei Theile. Einige von ihnen haben keine Markscheide,
und stellen daher Achsencylinder dar, welche direct von
der Nervenscheide eingehüllt werden. Wo viele Nervenfasern zu einem Bündel vereinigt sind, sind diese marklosen Fasern mehr durchscheinend, grau, weshalb sie
auch graue Nervenfasern genannt werden. Die
markhaltigen Nervenfasern dagegen sehen mehr gelb-
lichweiss aus. Verfolgt man die Nerven nach der
Peripherie hin, so zweigen sich von dem gemeinschaft-

lichen Stamme immer mehr Fasern ab, sodass die
Stämmchen und Zweige immer dünner werden. Zuletzt
beobachtet man nur noch einzelne Fasern, welche aber
noch in ihrem Aussehen den im Stamm enthaltenen
ganz gleich sind. Häufig verlieren nun die markhaltigen Fasern ihre Markscheide und werden also den
grauen Fasern ganz gleich. Zuweilen theilt sich dann
der Achsencylinder selbst in feinere Theile, sodass die
Nervenfaser, obgleich sehr dünn, in ihrer Ausbreitung
einen grössern Bezirk umfasst. Manche Nervenfasern
stehen an ihren Enden mit Muskeln, andere mit Drüsen, noch andere mit eigenthümlichen Endorganen in
Verbindung.

Auch in den Centralorganen des Nervensystems begegnet man vielen Nervenfasern, welche in ihrem Aussehen sich von den peripherischen nicht unterscheiden.
Wir haben hier Fasern mit Achsencylinder, Markscheide
und Neurilem, solche ohne Markscheide, endlich aber
auch solche, an denen auch kein Neurilem nachweisbar
ist, und welche sich daher als nackte Achsencylinder
bezeichnen lassen. Ausser diesen finden wir aber auch
ganz feine Fasern, die weit dünner sind als der Achsencylinder. Was aber die Centralorgane des Nervensystems hauptsächlich kennzeichnet, ist das häufige
Vorkommen eines zweiten Elementes, das zwar in den
peripherischen Nerven nicht ganz fehlt, aber doch nur
vereinzelt an einigen Stellen gefunden wird, während es
in den Centralorganen einen bedeutenden Bruchtheil
der ganzen Masse ausmacht. Es sind dies zellenartige
Gebilde, welche man mit dem Namen Nervenzellen
oder Ganglienzellen, oder auch Ganglienkugeln
belegt. An einer jeden Ganglienzelle unterscheidet man
den Zellkörper und einen innerhalb desselben gelegenen grossen Kern, in welchem häufig auch noch ein
Kernkörperchen zu erkennen ist. Manche Ganglienzellen sind auch noch von einer Membran umgeben,
welche zuweilen in das Neurilem von Nervenfasern übergeht, die mit der Zelle in Verbindung stehen. Der

Zellkörper ist fein granulirt, und aus einer protoplasma-
artigen Masse gebildet, welche durch Erhitzung und
andere Einwirkungen trüb
und undurchsichtig wird,
in frischem Zustande aber
schwach durchscheinend zu
sein pflegt. Die Form dieser Ganglienzellen kann sehr
wechseln. Zuweilen erscheinen sie nahezu kugelig, in
andern Fällen elliptisch, wieder andere sind unregelmässig mit vielen Ausläufern
versehen. Die meisten Ganglienzellen haben einen oder
mehrere Fortsätze; man findet zwar auch solche, die
gar keine Fortsätze haben;
doch ist es unzweifel-
haft, dass diese blos Kunst-
producte sind, deren Fortsätze bei der Präparation
abgerissen wurden. Solche
Ganglienzellen sind zuweilen
in den Verlauf der Nervenfasern eingeschaltet, sodass
die Fortsätze sich in nichts
von andern Nervenfasern unterscheiden, wie es Fig. 27
zeigt. Bei den Ganglien-
zellen des Rückenmarkes,
welche viele Fortsätze haben,
sehen einige ganz wie der
übrige Zellkörper aus, d. h.

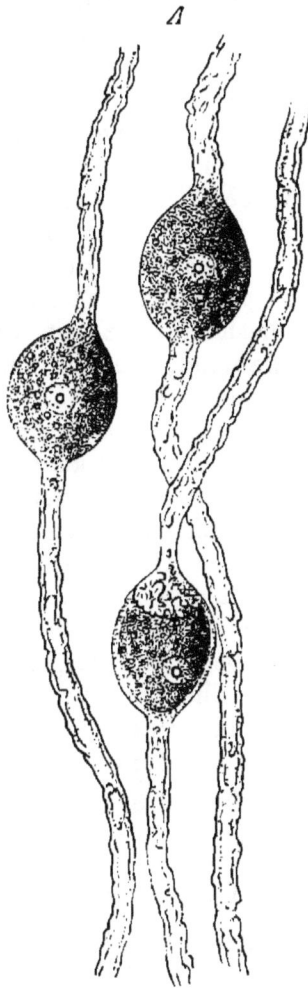

Fig. 27. Ganglienkugeln mit nervösen Fortsätzen.

sie sind fein granulirt, und
werden Protoplasmafortsätze genannt. Dagegen kann
man fast an jeder Zelle einen Fortsatz unterscheiden,
der von den übrigen sich im Aussehen völlkommen

unterscheidet. Die Protoplasmafortsätze verschmälern sich allmählich, theilen sich vielfach und die Fortsätze benachbarter Zellen hängen zum Theil miteinander zusammen. Der eine Fortsatz dagegen, welcher von den andern unterschieden ist, läuft eine Strecke weit als ein feiner cylindrischer Strang fort, dann wird er plötzlich dicker, umgibt sich mit einer Markscheide und hat nun vollkommen das Aussehen peripherischer markhaltiger Fasern. Es ist äusserst wahrscheinlich, wenn auch schwer ganz sicher nachzuweisen, dass eine solche Faser aus dem Rückenmark heraustretend unmittelbar zur peripherischen Nervenfaser wird, während die Protoplasmafortsätze im Innern des Centralorgans weiter verlaufend, zur Verbindung der Ganglienzellen untereinander dienen.

Das Nervensystem, dessen Elemente wir so in seinen groben Umrissen kennen gelernt haben, dient im Körper zur Vermittelung der Bewegungen und Empfindungen. Diese Eigenschaften kommen aber hauptsächlich den centralen Theilen desselben zu, in welchen sich Ganglienzellen vorfinden. Die peripherischen Nervenfasern dienen nur als Leitungsapparate, welche die Wirkungen von dem Centralorgan fort oder zu demselben hinleiten. Ehe wir zur Untersuchung der eigenthümlichen Wirkungen des centralen Nervensystems übergehen, wird es zweckmässig sein, sich mit diesen Leitungsbahnen zu beschäftigen und deren Eigenschaften kennen zu lernen.

2. Legen wir bei einem lebenden Thiere einen peripherischen Nerv bloss, und lassen auf denselben Reize einwirken, wie wir sie bei den Muskeln kennen gelernt haben, so sehen wir in der Regel zwei Wirkungen auftreten. Das Thier empfindet Schmerz und äussert diesen durch heftige Bewegungen oder Schreien, zugleich aber gerathen einzelne Muskeln in Zusammenziehung. Verfolgen wir den gereizten Nerv nach der Peripherie hin, so sehen wir, dass einzelne seiner Fasern sich mit

den Muskeln verbinden, welche gezuckt haben. Dass
der Nerv nach der andern Seite hin mit dem Nerven-
centrum in Verbindung steht, wissen wir schon. Durchschneiden wir den Nerv zwischen der gereizten Stelle
und dem Centrum, so tritt bei wiederholter Reizung
die nämliche Muskelzuckung auf wie vorher, aber die
Schmerzempfindung bleibt aus. Wenn wir dagegen den
Nerv an einer mehr peripherisch gelegenen Stelle durchschneiden, so tritt jetzt bei der Reizung keine Muskelzuckung ein, wol aber Schmerzempfindung. Wir sehen
also, dass die peripherischen Nerven an einer Stelle
ihres Verlaufs gereizt, sowol am centralen wie am peripherischen Ende Wirkungen veranlassen können, vorausgesetzt, dass die Leitungsfähigkeit des Nerven nach
der einen oder andern Richtung hin unversehrt erhalten
ist. Dies setzt uns in den Stand die Wirkungen der
Nerven auf die Muskeln genauer zu untersuchen, indem
wir ein Stück des Nerven mit dem Muskel in unver-
sehrtem Zusammenhang herauspräpariren, und dann den
Nerv der weitern Untersuchung unterziehen.

Dass der Nerv reizbar ist in demselben Sinne, wie
wir es vom Muskel kennen gelernt haben, hat sich aus
diesen vorläufigen Versuchen schon ergeben. Aber während wir am Muskel die Wirkung der Reizung unmittelbar beobachten konnten, zeigt der Nerv zunächst gar
keine Veränderung, weder in seiner Form noch in seinem Aussehen. Selbst mit den stärksten Vergrösse-
rungen unserer Mikroskope können wir an demselben
nichts entdecken und wir würden gar nicht wissen, ob
er überhaupt reizbar sei, wenn nicht der an seinem
Ende befindliche Muskel durch seine Zuckung verriethe,
dass in dem Nerv etwas vorgegangen sein muss. Wir
benutzen also den Muskel gleichsam als Reagens auf
die Veränderungen des Nerven selbst. Solche Versuche
können sowol an warmblütigen wie kaltblütigen Thieren angestellt werden. Da aber die Muskeln der Warm-
blüter schnell ihre Leistungsfähigkeit einbüssen, wenn
sie dem Kreislaufe des Blutes entzogen sind, so bevor-

zugen wir auch für diese Versuche die Nerven und
Muskeln des Frosches. Man kann die Unterschenkel
des Frosches mit einem langen Stücke des Hüftnerven,
welcher sehr leicht bis zu seinem Austritt aus der
Wirbelsäule frei präparirt werden kann, am bequemsten
zu diesem Zwecke verwenden. In manchen Fällen ist
es vortheilhafter, nur den Wadenmuskel allein mit dem
Hüftnerven zu gebrauchen; der Muskel wird dann
in ähnlicher Weise, wie wir das früher gethan haben,
befestigt und seine Verkürzung durch einen Hebel
sichtbar gemacht.

Haben wir den Muskel so befestigt und kneipen nun
seinen Nerven an irgendeinem Punkte seines Verlaufs
mit der Pincette, so zuckt der Muskel. Dasselbe geschieht, wenn wir einen Faden um den Nerv schlingen
und zuschnüren; ebenso wenn wir ein Stückchen des
Nerven mit der Schere abschneiden. Das sind mechanische Reize, welche auf den Nerven wirken. Wir können aber auch den Nerv mit Säuren oder Alkalien betupfen, und werden Zuckungen sehen; das sind chemische Reizungen. Wir können ein Stückchen des Nerven
erhitzen und ihn so thermisch reizen. In allen diesen
Fällen wird der Nerv an der gereizten Stelle sofort,
oder doch sehr bald, seine Reizbarkeit verlieren. Wenn
wir aber den Nerven auf zwei Drähte legen, und mittels
desselben einen elektrischen Strom durch eine Stelle
des Nerven leiten, so können wir ihn oft hintereinander
elektrisch reizen, ohne dass die Reizbarkeit sofort vernichtet wird. Wir sehen, dass er sich in dieser Beziehung ganz ähnlich verhält wie der Muskel selbst.
Wenden wir einen constanten elektrischen Strom an, so
bekommen wir meistens eine Zuckung bei der Schliessung
und Oeffnung des Stromes, zuweilen auch eine dauernde
Verkürzung, während der Strom durch den Nerven-
abschnitt fliesst. Wenden wir Inductionsschläge an, so
gibt jeder einzelne Inductionsschlag eine Muskelzuckung,
und wenn viele Inductionsschläge schnell hintereinander
den Nerven treffen, verfällt der Muskel in Tetanus. Wir

wollen bei Inductionsschlägen stehen bleiben. Wir lassen diese durch eine Nervenstelle gehen, welche sich in einiger Entfernung von dem Muskel befindet. Jeder Inductionsschlag bewirkt eine Muskelzuckung. Schneiden wir nun mit einer Schere den Nerv zwischen der gereizten Stelle und dem Muskel durch, so hört jede Wirkung auf den Muskel auf. Es hilft nichts, wenn wir die Schnittflächen auch noch so sorgfältig miteinander in Berührung bringen. Sie verkleben und der Nerv scheint bei oberflächlicher Betrachtung unversehrt zu sein, aber durch die verletzte Stelle hindurch können die oberhalb angebrachten Reize nicht auf den Muskel wirken. Dasselbe würde eintreten, wenn wir den Nerv zwischen der gereizten Stelle und dem Muskel mit einem Faden umschlingen und fest zuschnüren würden. Wir können den Faden wieder entfernen, aber die gequetschte Stelle zeigt sich als ein unbedingtes Hinderniss für jede Wirkung auf den Muskel. Sowie wir aber die Leitungsdrähte verschieben, und eine andere Stelle, welche unterhalb des Schnittes oder der Quetschung gelegen ist, den reizenden Inductionsströmen aussetzen, tritt sofort die Wirkung wieder auf.

3. Was können wir aus diesen Versuchen schliessen? Entweder tritt der Nerv, wenn auch nur eine beschränkte Stelle desselben gereizt wird, sofort in seiner ganzen Ausdehnung bis zum Muskel hin in Thätigkeit, oder aber die Reizung wirkt zunächst nur auf die wirklich gereizte Stelle und die hier erregte Thätigkeit des Nerven pflanzt sich in den Fasern desselben fort, gelangt so zum Muskel und bewirkt in diesem die Zusammenziehung. Ist die letztere Anschauung richtig, so müssen wir ferner schliessen, dass jede Verletzung der Nervenfaser die Fortpflanzung der Thätigkeit in derselben hindert und wir können ferner aus dem Versuche mit dem unterbundenen Nerven ableiten, dass auch, wenn die Nervenscheiden gar nicht verletzt sind, die Quetschung des Nerveninhalts allein genügt, um jene

Fortpflanzung der Thätigkeit unmöglich zu machen.
Es lässt sich nun nachweisen, dass diese letztere Auf-
fassung des Sachverhalts in der That die richtige ist.
Wir können nämlich die Zeit bestimmen, welche zwi-
schen der Reizung des Nerven und dem Beginne der
Muskelzuckung verfliesst. Wir benutzen dazu dieselben
Methoden, welche wir schon beim Muskel angewandt

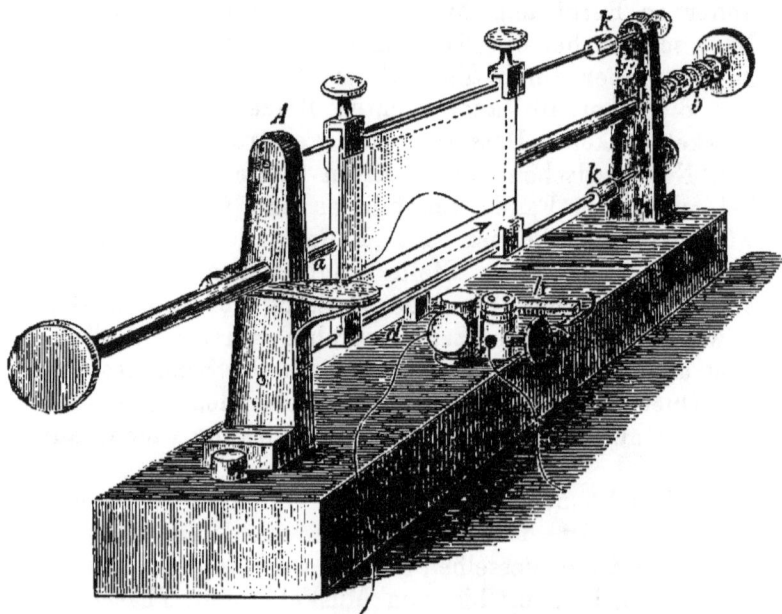

Fig. 28. Federmyographion von du Bois-Reymond.

haben. Wir können uns dazu der elektrischen Zeitmessung oder des in Fig. 17 abgebildeten Myographions
bedienen. Da es aber im vorliegenden Falle nicht auf
die Form der Muskelcurve, sondern nur auf ihren Anfangspunkt ankommt, so hat du Bois-Reymond dem
Apparat eine einfachere Form gegeben, bei welcher
die Zeichnung auf einer ebenen Platte geschieht, die
durch Federkraft fortgeschnellt wird. Fig. 28 stellt
den Apparat dar. Er ruht auf einer starken guss-

eisernen Schiene; auf der zwei kräftige Winkelstücke oder Ständer aus Messing A und B sich erheben. Ein leichter Messingrahmen nimmt die 160 mm. lange, 50 mm. breite Zeichenplatte aus polirtem Spiegelglas auf. Der Rahmen läuft mit möglichst wenig Reibung an zwei zwischen den Ständern parallel ausgespannten Stahldrähten. Der Abstand der Ständer ist gleich der doppelten Länge des Rahmens, sodass die Platte dem Zeichenstift in ihrer ganzen Länge vorübergeht, wenn der Rahmen von Ständer zu Ständer verschoben wird. An den kurzen Seiten des Rahmens sind runde Stahlstäbe eingeschraubt, welche die von ihm zu durchlaufende Bahn etwas an Länge übertreffen und mit möglichst wenig Reibung durch Löcher in den Ständern A und B gehen. Das Ende b des einen dieser Stäbe ist mit einer stählernen Sprungfeder umgeben. Indem man sie zwischen dem Ständer B und einem Knopf am Ende des Stabes zusammendrückt, und so den Rahmen mit den Stäben von B nach A, dem Pfeil auf der Zeichenplatte entgegen, hintreibt, kommt ein Punkt, wo der am Ständer A sichtbare nach oben federnde „Abzug" in einen entsprechenden Kerb des Stabes bei a eingreift und die Wiederausdehnung der Feder verhindert. Sie bleibt also gespannt, bis ein Druck auf den Abzug den Rahmen befreit, der nun mit einer von der Kraft der Feder u. s. w. abhängigen Geschwindigkeit den Drähten entlang in der Richtung von A nach B, wie es der Pfeil anzeigt, hinfliegt.

Um nun auf dieser Platte die Muskelzuckung aufzuzeichnen, befindet sich neben derselben ein Hebel mit einem Zeichenstift, wie wir ihn schon oben zur Aufzeichnung der Muskelhubhöhen und der elastischen Dehnungen benutzt haben (Siehe Fig. 8, S. 25). In der Fig. 28 ist dieser Theil fortgelassen, um die Platte deutlicher sichtbar zu machen. Die Geschwindigkeit, mit welcher die Platte von A nach B hinfliegt, wächst anfänglich bis zu dem Punkte, wo die Sprungfeder ihre Ruhelage überschreitet. In der diesem Punkte ent-

sprechenden Lage des Rahmens schlägt ein an dessen
unterm Rande befindlicher Daumen d einen Hebel h
fort und öffnet dadurch den Hauptstrom eines Inductoriums, wodurch in der secundären Rolle desselben ein
Inductionsstrom entsteht, welcher durch den Muskel
fliesst und ihn reizt. Auf diese Weise ist bewirkt, dass
der Muskel genau in dem Augenblick gereizt wird, wo
die Glasplatte eine bestimmte Lage zu dem Zeichen-
stifte des Hebels einnimmt. Wenn wir die Glasplatte
zuerst nach A schieben und dann langsam in der Richtung nach B hin vorschieben bis der Daumen d eben
den Hebel berührt, wenn wir dann eine Zuckung des
Muskels bewirken, so zeichnet der durch die Zuckung
gehobene Zeichenstift einen verticalen Strich, dessen
Höhe die Hubhöhe des Muskels angibt. Bringen wir
nun die Glasplatte wieder nach A zurück, und lassen
sie dann durch einen Druck auf den Abzug plötzlich
mit grosser Geschwindigkeit nach B hin fliegen, so wird
genau bei derselben Stellung der Glasplatte, wenn der
Zeichenstift eben an jenem erst gezeichneten verticalen
Strich steht, die Muskelreizung erfolgen. Die dadurch
ausgelöste Muskelzuckung wird aber jetzt auf der schnell
bewegten Glasplatte aufgezeichnet und wir erhalten
statt des einfachen verticalen Strichs eine krumme Linie. Die Entfernung des Anfangspunktes von dem verticalen Strich ist der Ausdruck der latenten Reizung.

Wenn wir, statt den Muskel selbst zu reizen, eine
Stelle des Nerven der Reizung aussetzen, so zeichnet der
Muskel gleichfalls auf der schnell bewegten Platte des
Myographions seine Zuckungscurve auf. Verfahren wir
nun so, dass wir unmittelbar hintereinander zwei
Zuckungscurven zeichnen lassen, aber mit dem Unter-
schiede, dass der Nerv das eine mal an einer nahe dem
Muskel gelegenen Stelle, das andere mal an einer weit
entfernten Stelle gereizt wird, so erhalten wir auf der
Platte des Myographions zwei Curven, welche sich ganz
gleich sehen, aber sich doch nicht decken. Sie sind
vielmehr in allen Theilen etwas gegeneinander ver-

schoben, wie dies Fig. 29 darstellt.* Hier ist abc
die zuerst bei Reizung der nahe gelegenen Nervenstrecke
gezeichnete Curve; sie ist, um sie von der andern
unterscheiden zu können, mit kleinen Häkchen bezeichnet worden; $a'b'c'$ stellt die unmittelbar hinterher gezeichnete Curve dar, welche aber durch Reizung einer
vom Muskel entfernten Nervenstrecke erhalten wurde.
Wie man sieht, ist die zweite Curve gegen die erste
verschoben; sie beginnt in grösserer Entfernung von
dem Moment der Reizung, welcher durch den verticalen Strich bei o angedeutet wird; es ist also eine längere Zeit verflossen vom Moment der Reizung bis zum
Beginn der letztern Muskelzuckung, als dies bei der

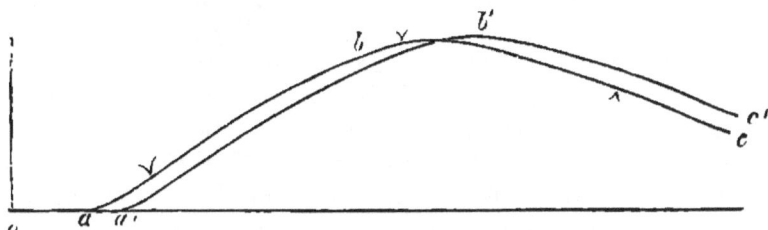

Fig. 29. Fortpflanzung der Erregung im Nerven.

erstern der Fall war, und dieser Unterschied kann
offenbar nur davon herrühren, dass im letztern Falle
die Erregung im Nerven eine längere Strecke zu durchlaufen hatte, sodass sie später im Muskel ankam und
deshalb der Muskel später zu zucken begann.

Wir können diese Zeit messen, wenn wir die Geschwindigkeit, mit welcher die Platte sich bewegte,
kennen, oder wenn wir zugleich mit den Muskelzuckungen die Schwingungen einer Stimmgabel auf der Platte
aufzeichnen lassen. Aus dieser Zeit und dem bekannten Abstande der beiden gereizten Stellen des Nerven

---

* Die Curven der Fig. 29 sind bei grösserer Bewegungs-
geschwindigkeit der Glasplatte gezeichnet, weshalb sie ge-
streckter aussehen als die in Fig. 18 dargestellte.

voneinander berechnet sich die Geschwindigkeit, mit
welcher sich die Erregung im Nerven fortpflanzt. Helmholtz hat dieselbe nach seinen Versuchen am Froschnerven zu ungefähr 24 Mt. in der Secunde berechnet.
Sie ist übrigens keine ganz constante, sondern verändert sich mit der Temperatur, ist grösser bei höhern
und kleiner bei niedern Temperaturen. Man hat dieselbe auch beim Menschen bestimmt. Wenn man auf
die unversehrte Haut des Menschen die Drähte des
Inductoriums aufsetzt, so kann man, da die Haut kein
Isolator ist, die darunter liegenden Nerven erregen,
besonders wenn dieselben oberflächlich gelagert sind.
Reizt man auf diese Weise einen und denselben Nerven
an zwei Stellen seines Verlaufs, so hat man ganz gleiche
Verhältnisse, wie wir sie eben beim Froschnerven ge-
schildert haben. Um den Beginn der Muskelzuckung
am unversehrten menschlichen Muskel zu bestimmen,
setzt man auf den Muskel einen leichten Hebel auf,
welcher durch die Verdickung des Muskels gehoben
wird. Auf diese Weise sind an den Daumenmuskeln
Versuche von Helmholtz angestellt worden. Der zugehörige Nerv (*nervus medianus*) kann in der Nähe
des Handgelenkes und in der Nähe der Ellenbeuge
gereizt werden. Aus dem dabei auftretenden Zeitunterschied und der Entfernung der beiden gereizten
Stellen ergab sich eine Fortpflanzungsgeschwindigkeit
der Erregung von 30 Mt. in der Secunde. Die höhere
Ziffer im Vergleich zum Froschnerven erklärt sich aus
der höhern Temperatur der menschlichen Nerven. In
der That wurde die Fortpflanzungsgeschwindigkeit bedeutend herabgesetzt, wenn der Arm durch aufgelegte
Eisbeutel stark abgekühlt war.

Obige Berechnung der Fortpflanzungsgeschwindigkeit
ist unter der Voraussetzung gemacht worden, dass die
Fortpflanzungsgeschwindigkeit eine gleichförmige sei.
Dies ist aber durch nichts bewiesen. Es ist vielmehr
wahrscheinlich, dass die Fortpflanzung anfangs mit
grösserer, dann mit geringerer Geschwindigkeit geschehe.

Man kann dies aus einem Versuche schliessen, welcher
von H. Munk herrührt. Wenn man an einen langen
Nerven drei Paar Drähte anlegt; das eine sehr dicht am
Muskel, das zweite in der Mitte und das dritte ganz
oben, und dann nacheinander drei Curven auf der
Myographionplatte zeichnen lässt durch Reizung dieser drei Stellen, so sind die drei Curven nicht gleich
weit gegeneinander verschoben, vielmehr stehen die
erste und zweite einander sehr nahe, während die dritte
weit von den beiden ersten entfernt ist. Es hat also
die Erregung, um die doppelt so lange Strecke von
dem obern Ende bis zum untern zu durchlaufen, mehr
als die doppelte Zeit gebraucht, wie zur Durchlaufung
der halben Strecke von der Mitte des Nerven bis zum
untern Ende. Die einfachste Deutung, welche man von
diesem Verhalten machen kann, ist die, dass die Erregung bei ihrer Fortpflanzung allmählich verzögert
wird, ähnlich wie eine Billardkugel anfangs mit grosser
und dann allmählich abnehmender Geschwindigkeit sich
bewegt. Bei der Billardkugel ist diese Verzögerung
durch die Reibung auf der Unterlage bedingt. Man
kann daraus schliessen, dass auch im Nerven ein Widerstand der Leitung bestehe, welcher die Fortpflanzungsgeschwindigkeit allmählich verzögert. Ein solcher Widerstand der Leitung ist auch aus andern Gründen wahrscheinlich, auf welche wir später zurückkommen werden.

4. Wenn man den Nervenstamm mit elektrischen
Schlägen reizt, so werden stets alle seine Fasern gleichzeitig erregt. Verfolgt man den Hüftnerven nach oben
bis zu seinem Austritt aus der Wirbelsäule, so sieht
man, dass er sich dort aus vier getrennten Zweigen,
den sogenannten Wurzeln des Hüftgeflechtes zusammensetzt. Man kann nun diese Würzelchen einzeln reizen,
und sieht dabei Zuckungen auftreten, aber die Zuckungen betreffen niemals das ganze Bein, sondern stets
nur einzelne Muskeln, und zwar verschiedene je nach
der Reizung der einzelnen Wurzeln. Da nun die Fa-

sern, welche in den Wurzeln enthalten sind, später in
dem Hüftnerven zusammen in einer Hülle verlaufen,
so folgt aus dem eben beschriebenen Versuch, dass
trotzdem die Reizung in den einzelnen Fasern isolirt
bleibt und sich nicht auf die benachbarten Fasern überträgt. Dieser Satz ist ganz allgemein für alle peripherischen Nerven gültig. Ueberall, wo man Fasern
isolirt reizen kann, bleibt die Reizung in diesen Fasern
und überträgt sich nicht auf benachbarte. Wir werden später sehen, dass solche Uebertragungen von einer
Faser zur andern innerhalb der Centralorgane des
Nervensystems vorkommen. Aber in diesen Fällen kann
man es wahrscheinlich machen, dass die Fasern nicht
nur nebeneinander liegen, sondern in irgendeiner Weise
durch ihre Ausläufer zusammenhängen. In den peripherischen Nervenfasern bleibt die Reizung stets isolirt. Sie verhalten sich ähnlich wie elektrische Leitungsdrähte, welche mit isolirenden Hüllen umgeben
sind. Man kann in der That einen solchen Nerven mit
einem Bündel von Telegraphendrähten, welche durch
Guttapercha oder eine andere Substanz vor der direc-
ten Berührung untereinander geschützt sind, vergleichen.
Aber dieser Vergleich ist nur ein äusserlicher. Wir
finden nirgends an der Nervenfaser wirklich elektrisch
isolirende Hüllen; alle ihre Theile leiten die Elektricität.
Wenn wir dennoch später sehen werden, dass im Innern des Nerven elektrische Vorgänge stattfinden, und
dass diese in bestimmten Beziehungen zur Thätigkeit
des Nerven stehen, so müssen wir annehmen, dass die
Isolirung beim Nerven auf andere Weise zu Stande kommt
als bei jenen Telegraphendrähten. Wir können an dieser Stelle den Gegenstand nicht weiter verfolgen, sondern müssen die Thatsache der isolirten Leitung als
solche hinnehmen, und die Erklärung einer spätern
Stelle vorbehalten.

5. Wenn wir den Nerven mit den Strömen des Inductoriums reizen, so sehen wir je nach der Stärke der

Inductionsströme bald schwache, bald starke Zuckungen
im Muskel auftreten. Nicht alle Nerven sind in dieser
Beziehung gleich, ja die Theile eines und desselben
Nerven sind oft sehr verschieden. Wir müssen deshalb
annehmen, dass die Nerven in verschiedenem Grade
empfänglich gegen den Reiz sind. Wir bezeichnen
dies als die Erregbarkeit des Nerven, indem wir damit die mehr oder minder grosse Leichtigkeit, durch
äussere Reize in Thätigkeit versetzt zu werden, ausdrücken. Um die Erregbarkeit eines Nerven oder einer
bestimmten Nervenstelle zu messen, können wir zwei
Wege einschlagen, entweder wir benutzen stets einen
und denselben Reiz und beurtheilen die Erregbarkeit
nach der Stärke der durch diesen Reiz hervorgerufenen Muskelzuckung, oder wir verändern den Reiz so
lange, bis er gerade eine Muskelzuckung von bestimmter
Stärke hervorruft. Im erstern Falle wird die Erregbarkeit offenbar um so höher geschätzt werden müssen,
je stärker die durch den Reiz bewirkte Muskelzuckung
ist. Im letztern Falle nennen wir die Erregbarkeit
um so grösser, je schwächer der Reiz sein kann, welcher die Zuckung von bestimmter Stärke hervorruft.
Jede dieser Methoden hat in ihrer praktischen Anwendung Vorzüge und Nachtheile. Die erstere ist im Stande
sehr geringe Veränderungen der Erregbarkeit deutlich
sichtbar zu machen, aber sie kann dies nur innerhalb
enger Grenzen; denn wenn die Erregbarkeit sinkt, so
wird für einen bestimmten Reiz bald eine Grenze eintreten, bei welcher überhaupt keine Zuckung mehr erfolgt, und wenn die Erregbarkeit steigt, so wird der
Muskel zum Maximum seiner Contraction kommen, über
welches hinaus er sich nicht zusammenzuziehen vermag.
Veränderungen unter und über diesen beiden Grenz-
punkten werden also, solange der Reiz constant bleibt,
sich der Beobachtung entziehen. Die andere Methode
wird praktisch am besten so ausgeführt, dass man diejenige Stärke des Reizes aufsucht, welche gerade ausreicht, eine eben merkliche Zusammenziehung des Mus-

kels zu bewirken. Sie setzt voraus, dass wir ein Mittel besitzen, die Stärke des Reizes nach Belieben abzustufen. Wenden wir Inductionsströme zur Reizung an, so kann diese Abstufung mit grosser Schärfe geschehen durch Aenderung des Abstandes der secundären von der primären Rolle des Inductoriums. Im dem in Fig. 13, S. 35 dargestellten Schlitteninductorium von du Bois-Reymond ist deshalb die secundäre Rolle auf einem Schlitten befestigt, der sich in einer langen Bahn verschieben lässt. Wir benutzen diese Einrichtung in der Weise, dass wir unmittelbar die Entfernung der secundären Rolle von der primären aufsuchen, bei welcher eben merkbare Muskelcontraction erfolgt, und dass wir diese Entfernung, welche auf einem in Millimeter abgetheilten Maassstabe abgelesen werden kann, als Maassstab für die Erregbarkeit ansehen.*

6. Wenn wir einen eben präparirten möglichst frischen Nerven auf eine Reihe von Drahtpaaren legen und nacheinander in der eben beschriebenen Weise die Erregbarkeit für die verschiedenen Stellen des Nerven bestimmen, so finden wir in der Regel, dass die Erregbarkeit in den obern Partien des Nerven grösser ist als in den untern. Das Verhalten ist kein ganz regelmässiges. Zuweilen findet man in der Mitte des Nerven eine Stelle, welche weniger reizbar ist als die nächst obern und untern. Sehr häufig findet sich die grösste Erregbarkeit nicht unmittelbar am abgeschnittenen Ende, sondern in einiger Entfernung davon, sodass sie, wenn wir nach unten fortschreiten, erst grösser wird, und dann weiter unten wieder abnimmt. Beobachten wir einen solchen Nerven einige Zeit, indem wir immer von 5 zu 5 Minuten die Erregbarkeit an den verschiedenen Stellen bestimmen, so sehen wir, dass sie sich besonders am obern Ende bald ändert. Sie nimmt ab und erlischt innerhalb einiger Zeit ganz, sodass dann

---

* S. Anmerkungen und Zusätze Nr. 3.

von diesen obersten Theilen aus selbst mit den stärksten Strömen keine Muskelzuckungen mehr zu erlangen sind. Wir sagen dann, der Nerv sei an den obern Partien abgestorben, und dieses Absterben schreitet nach und nach im Nerven nach unten fort, sodass schliesslich nur noch von den dem Muskel allernächst gelegenen Theilen, und wenn wir länger warten, auch von diesen nicht mehr Zuckungen zu erhalten sind. Wenn der ganze Nerv abgestorben ist, so kann man durch. unmittelbare Reizung des Muskels stets noch längere Zeit Zuckungen hervorrufen. Meistens stirbt der Muskel sehr viel später ab als der Nerv. Trotzdem ist auch am ganz frischen Nerv-Muskelpräparate der Muskel immer viel weniger erregbar als sein Nerv, und es bedarf sehr viel stärkerer Reize, um den Muskel unmittelbar zu erregen als mittelbar vom Nerven aus. Bei allen diesen Versuchen muss übrigens der Nerv sorgfältig vor Vertrocknung geschützt werden, weil sonst seine Erregbarkeit sehr schnell und in unregelmässiger Weise vernichtet wird.

Wir haben gesehen, dass der Nerv allmählich von oben nach unten hin abstirbt. Aber dieses Absterben besteht durchaus nicht in einem einfachen Absenken der Erregbarkeit von dem ursprünglichen Werthe bis zu vollständigem Erlöschen. Wenn wir eine nicht zu nahe dem abgeschnittenen Ende gelegene Stelle von Zeit zu Zeit auf ihre Erregbarkeit prüfen, so finden wir, dass die Erregbarkeit zuerst ansteigt, ein Maximum erreicht, auf diesem eine Zeit lang verweilt, und dann erst allmählich absinkend ganz erlischt. Je weiter die untersuchte Stelle von dem Querschnitt des Nerven entfernt ist, desto langsamer erfolgen alle diese Veränderungen; aber im wesentlichen sind sie überall gleich in ihrem Verlauf. Man kann dies so deuten, dass die obern Stellen des Nerven, welche unmittelbar nach der Präparation die höchste Erregbarkeit zu zeigen pflegen, eigentlich schon verändert sind. Wir müssen eben annehmen, dass diese Veränderungen ganz

nahe dem Querschnitt sehr schnell verlaufen, sodass
wir diese Stellen schon in dem Zustand zur Untersuchung bekommen, welcher bei den tiefern Stellen erst
später eintritt, nämlich dem der gesteigerten Erregbarkeit. Diese Auffassung wird bestätigt durch folgenden
Versuch: Wenn man an einer tiefern Stelle des Nerven
die Erregbarkeit bestimmt, und dann oberhalb derselben den Nerv durchschneidet, so wächst die Erregbarkeit an der geprüften Stelle, und zwar um so schneller, je näher ihr der Schnitt angelegt worden ist. Wir
können also jede tiefere Stelle künstlich unter dieselben
Bedingungen bringen, unter denen für gewöhnlich nur
die obern Theile des Nerven sich befinden, nämlich, dass
sie nahe dem Querschnitt sind. Wir können uns also
diese Veränderung der Erregbarkeit so vorstellen, dass
von dem angelegten Querschnitt aus ein Einfluss sich
geltend macht, welcher die Erregbarkeit des Nerven
erst erhöht, dann verkleinert und schliesslich ganz vernichtet. Ist diese Anschauung richtig, so müssen wir
vermuthen, dass auch die hohe Erregbarkeit eines
frisch präparirten Nerven nur Folge des angelegten
Querschnitts ist. Dem ist aber nicht ganz so. Wir
können bei einem lebenden Frosch den Nerven mitsammt
seinem Muskel frei präpariren bis zur Wirbelsäule hin,
aber ohne ihn vom Rückenmark abzutrennen. Wenn
wir einen solchen Nerven an seinen verschiedenen Stellen
reizen, so finden wir zwar geringe, aber doch merkliche
Unterschiede der Erregbarkeit, und stets sind die obern
Partien erregbarer als die tiefern. Wir können auch,
wie wir schon oben gesehen haben, die unversehrten
Nerven des Menschen an verschiedenen Stellen ihres
Verlaufes reizen, und auch hier finden wir ausnahmslos,
dass die Reizung leichter von den obern als von den
untern Partien möglich ist.

Pflüger, welcher zuerst auf die Unterschiede der Erregbarkeit an den verschiedenen Stellen des Nerven aufmerksam gemacht hat, glaubte diese Thatsache so deuten
zu können, dass die an einer Stelle des Nerven ausgeführte

Reizung, indem sie sich durch den Nerven fortpflanzt, allmählich an Stärke gewinne; er nannte dies das lavinenartige Anschwellen der Erregung im Nerven. Dieser Deutung scheint die von uns schon erwähnte Thatsache über den Einfluss der Durchschneidung zu widersprechen, denn in diesen Fällen sehen wir, dass die Reizung verstärkt wird durch das Abschneiden einer oberhalb gelegenen Strecke, obgleich dadurch die Länge der von der Reizung durchlaufenen Nervenstrecke ungeändert bleibt. Wir müssen also jedenfalls zugeben, dass an einer und derselben Stelle des Nerven die Erregbarkeit verschiedene Werthe haben kann, und deswegen ist es einfacher anzunehmen, dass auch die verschiedenen Erfolge bei Reizung verschiedener Nervenstellen unmittelbar auf Unterschieden in der Erregbarkeit dieser Stellen, und nicht erst auf Veränderungen, welche durch die Fortleitung bedingt sind, beruhen; ja wir können sogar, wie schon oben angedeutet wurde, aus verschiedenen Gründen wahrscheinlich machen, dass die Erregung, indem sie sich durch den Nerven fortpflanzt, in demselben einen Widerstand findet und also nicht verstärkt, sondern vielmehr geschwächt werden muss. Warum nun aber die Erregbarkeit in den einzelnen Theilen eines und desselben Nerven verschieden ist, das können wir nicht erklären. Solange wir über die innere Mechanik der Nervenerregung noch im Dunkeln sind, müssen wir uns begnügen, die Thatsachen zu sammeln und auf den Zusammenhang der einzelnen, soweit es geht, aufmerksam zu machen, auf eine vollständige Erklärung derselben aber müssen wir verzichten.*

7. Wie beim Muskel können wir auch beim Nerven die Thatsache der Ermüdung und Erholung nachweisen. Wenn man eine und dieselbe Nervenstelle oft hintereinander reizt, so werden die Wirkungen nach einiger

---

* S. Anmerkungen und Zusätze Nr. 4.

Zeit schwächer und bleiben zuletzt ganz aus. Lassen wir den Nerven dann für einige Zeit in Ruhe, so können wir von derselben Stelle aus wieder von neuem Zuckungen bewirken. Ob dieser Ermüdung und Erholung chemische Veränderungen im Nerven entsprechen, ist unbekannt. Ueberhanpt wissen wir über die chemischen Vorgänge im Nerven so gut wie nichts. Einige Forscher behaupten, dass auch im Nerven, ähnlich wie im Muskel, bei der Thätigkeit eine Säure frei werde; doch wird dies von andern bestritten. Auch eine Wärmebildung im Nerven bei der Thätigkeit ist behauptet worden, aber sie ist gleichfalls zweifelhaft. Wenn überhaupt im Nerven chemische Processe vorgehen, so sind sie äusserst schwach und mit unsern jetzigen Hülfsmitteln nicht sicher nachweisbar. Da im Nerven wahrscheinlich Bewegungen der kleinsten Theilchen (Moleküle) stattfinden, die Gestalt desselben äusserlich aber ungeändert bleibt, und deshalb keine nennenswerthe mechanische Arbeit geleistet wird, so ist leicht erklärlich, weshalb diese Processe mit ausserordentlich schwachen Veränderungen seiner Bestandtheile bestritten werden können.

Die Geschwindigkeit des Absterbens und der damit verbundenen Veränderungen der Erregbarkeit ist abgesehen von der Länge des Nerven, hauptsächlich von der Temperatur abhängig. Je höher dieselbe ist, desto schneller stirbt der Nerv ab. Bei einer Temperatur von 44° C. schon in 10—15 Minuten, bei 75° C. in wenigen Secunden; bei mittlerer Zimmertemperatur können die untern Enden eines lang herauspräparirten Hüftnerven 24 Stunden und länger erregbar bleiben. Austrocknung erhöht zuerst die Erregbarkeit, setzt sie dann aber schnell herab. Chemische Agentien, wie Säuren, Alkalien, Salze u. dgl. vernichten die Erregbarkeit um so schneller, je concentrirter sie sind. In destillirtem Wasser quillt der Nerv auf und wird schnell unerregbar. Deshalb gibt es für Salzlösungen gewisse Concentrationen, in welchen der Nerv länger erregbar bleibt als in verdünntern und stärkern Lösungen. Kochsalzlösung von 0,6 bis 1,0 Proc. z. B. ist fast unwirksam und erhält die Erregbarkeit eines eingetauchten Nerven etwa ebenso lange wie feuchte Luft. Auch reines, nicht saures Olivenöl kann als unschädlich angesehen werden. Man benutzt daher dasselbe, wenn man den Einfluss verschiedener Temperaturen auf den Nerven untersuchen will.

ACHTES KAPITEL.

1. Elektrotonus; 2. Modificationen der Erregbarkeit; 3. Gesetz der Zuckungen; 4. Zusammenhang zwischen Elektrotonus und Erregung; 5. Leitung der Erregung im Elektrotonus; 6. Erklärung des. Zuckungsgesetzes; 7. Allgemeines Gesetz der Nervenerregung.

Wir haben schon die Bemerkung gemacht, dass ein constanter elektrischer Strom, welcher durch den Nerven geleitet wird, denselben zu erregen vermag, dass aber diese erregende Wirkung vorzugsweise im Moment der Schliessung und Oeffnung des Stromes, weniger während der Dauer desselben auftritt. Es war daher für unsere bisherigen Zwecke, den Vorgang der Erregung des Nerven zu studiren, vortheilhafter, sich der Inductionsströme zu bedienen, bei denen wegen ihrer kurzen Zeitdauer Schliessung und Oeffnung, Beginn und Ende gleichsam unmittelbar aneinander gedrängt sind. Ohne uns nun genauer auf die später zu erörternde Frage einzulassen, warum die erregende Wirkung des Stromes während seiner gleichmässigen Dauer geringer ist als bei der Schliessung und Oeffnung, wollen wir jetzt untersuchen, ob die elektrischen Ströme, welche durch den Nerven geleitet werden, nicht noch in anderer Weise, abgesehen von der erregenden Wirkung, auf den Nerven einwirken können.

Stellen wir uns vor, wir leiten durch einen Nerven einen solchen Strom, sei es durch den ganzen Nerven

oder durch einen Theil desselben. Im Moment der
Schliessung dieses Stromes im Nerven zuckt der zugehörige Muskel und beweist dadurch, dass in dem Nerven
etwas vorgegangen ist, was wir eben mit dem Namen
„Erregung" bezeichnet haben. Aber jetzt, während der
Strom dauernd durch den Nerven fliesst, ist der Muskel vollkommen ruhig, und auch am Nerven ist scheinbar alles unverändert. Dennoch lässt sich leicht nachweisen, dass der elektrische Strom im Nerven eine
durchgreifende Veränderung hervorgebracht hat und
zwar nicht nur in dem Theile des Nerven, durch welchen der Strom fliesst, sondern auch in den angrenzenden, oberhalb und unterhalb des elektrischen Stromes
gelegenen Nervenstrecken. Dieser Nachweis ist um so
wichtiger, als er uns Beziehungen zwischen den im
Nerven waltenden Kräften und den elektrischen Strö-
mungsvorgängen aufdeckt, welche für das Verständniss
der Nerventhätigkeit von grosser Bedeutung geworden
sind.

Auf dem Punkt, bis zu welchem unsere Kenntniss
des Nerven jetzt angelangt ist, können wir noch nicht
alle Veränderungen verstehen, welche im Nerven unter
der Einwirkung elektrischer Ströme vorgehen. Wir
können vielmehr vorerst nur eine Art derselben allein
besprechen, nämlich die Veränderungen der Erregbarkeit. Die Fähigkeit des Nerven, durch Reize in den
thätigen Zustand versetzt zu werden, ist die einzige,
bisher von uns studirte seiner Lebensäusserungen. Nach
dem, was wir im vorigen Kapitel gelernt haben, ist
diese quantitativ bestimmbar. Der Versuch lehrt nun,
dass die Erregbarkeit durch elektrische Ströme verändert werden kann. Wenn man einen kleinen Theil
eines Nerven in der Art über zwei Drähte legt, dass
man einen elektrischen Strom durch diesen Theil leiten
kann, so zeigt sich, dass nicht blos in dieser vom
Strome durchflossenen Strecke, sondern auch ausserhalb
derselben der Nerv in seiner Erregbarkeit Veränderungen erleidet. Um diese zu studiren denken wir uns

an den Nerven nn' (Fig. 30) mehrere Paare von Drähten angelegt; durch eins dieser Drahtpaare cd leiten
wir einen constanten Strom; mit Hülfe einer geeigneten
Vorrichtung können wir den Strom stärker oder schwächer machen und mittels eines Schlüssels bei s schliessen
und unterbrechen. Durch eine andere Strecke, z. B.
ab, leiten wir die Ströme des Schlitteninductoriums,
und suchen diejenige Stellung der secundären Rolle
auf, bei welcher der Muskel mässig starke, deutliche
Zuckungen zeigt. Wir wollen nun untersuchen, welche

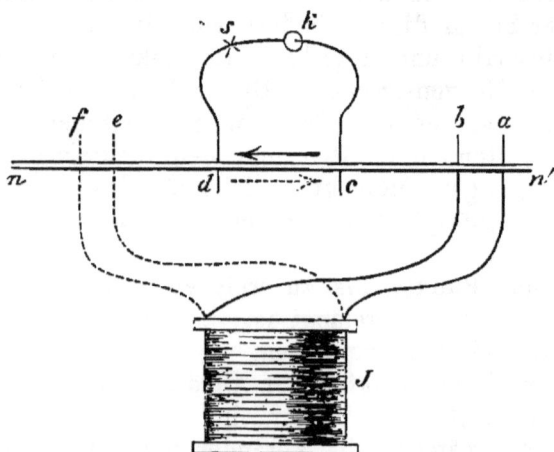

Fig. 30. Elektrotonus.

Aenderung in diesen Zuckungen vorgeht, wenn der
Strom in der Strecke cd abwechselnd geschlossen und
unterbrochen wird. Es zeigt sich, dass diese Veränderungen abhängen von der Richtung des Stromes im
Nerven. Leiten wir den Strom in der Richtung von
c nach d, so wird die Wirkung des constant geblie-
nen Reizes in der Strecke ab geschwächt, sobald wir
den Strom schliessen, und erlangt wieder ihre frühere
Stärke, sobald wir den Strom unterbrechen. In diesem
Falle wurde also durch den Einfluss des in der Strecke
cd fliessenden constanten Stromes die Erregbarkeit in

·der benachbarten Strecke ab herabgesetzt oder vermindert. Kehren wir aber den constanten Strom um,
.sodass er von d nach c fliesst, so sehen wir umgekehrt
die Wirkung des Reizes in ab zunehmen, wenn der
Strom geschlossen wird, und wieder zu ihrer frühern
·Stärke zurückkehren, wenn der constante Strom unterbrochen wird. Die Wirkung des Stromes zeigt sich
.also in diesem Falle als eine die Erregbarkeit erhöhende.
Verbinden wir jetzt die Drähte ef mit der secundären
Rolle des Inductoriums und reizen abermals so, dass
.schwache, aber deutliche Zuckungen auftreten, so wer-
·den diese verstärkt, wenn der Strom in der Strecke
cd von c nach d hinfliesst, dagegen geschwächt, wenn
er die entgegengesetzte Richtung hat. In diesen beiden Versuchsreihen war das eine mal der Reiz oberhalb, das andere mal unterhalb des constanten Stromes
.angebracht. Beide Fälle aber zeigten etwas Ueberein-
stimmendes. Sobald nämlich der Reiz sich an der
Seite der positiven Elektrode oder Anode, durch
welche der Strom in den Nerven eintritt, befand, wurde
in beiden Fällen die Erregbarkeit herabgesetzt. Wenn
.aber der Reiz auf der Seite der negativen Elektrode oder Kathode, durch welche der Strom durch
·den Nerven austritt, befand, wurde der Reiz verstärkt,
wurde die Erregbarkeit erhöht.

Diese Erregbarkeitsveränderungen durch den con-
.stanten Nerven lassen sich in der ganzen Länge des
Nerven nachweisen; aber sie sind am stärksten in unmittelbarer Nachbarschaft der vom constanten Strom
·durchflossenen Strecke und nehmen von den Elektroden
nach oben und nach unten zu allmählich ab. Um nun
zu untersuchen, ob auch innerhalb der Elektroden eine
Veränderung der Erregbarkeit vorgeht, leiten wir den
Strom durch eine längere Strecke des Nerven und bringen den Reiz zwischen den Elektroden an. Je nach
der Stelle, an welcher wir reizen, können wir auch
hier verschiedenartige Veränderungen nachweisen. Befindet sich der Reiz nahe der Anode, so ist die Erreg-

barkeit herabgesetzt; in der Nähe der Kathode ist sie
erhöht, und zwischen beiden findet sich ein Punkt, wo
unter dem Einfluss des constanten Stromes gar keine
merkliche Veränderung der Erregbarkeit stattfindet.

Wir können aus allen diesen Versuchen den Satz ableiten, dass ein Nerv, welcher in einem Theile seiner
Länge von einem constanten Strom durchflossen wird,
seiner ganzen Länge nach in einen veränderten Zustand
geräth, der sich durch Veränderungen in seiner Erregbarkeit zu erkennen gibt. Ein Theil des Nerven
und zwar an der Anodenseite hat verminderte Erregbarkeit, der Theil des Nerven, der der Kathodenseite
entspricht, hat erhöhte Erregbarkeit. Wir bezeich-

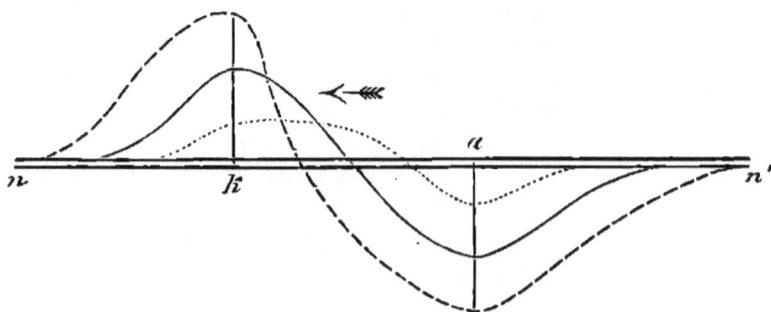

Fig. 31. Elektrotonus bei verschiedenen Stromstärken.

nen diesen veränderten Zustand als Elektrotonus
des Nerven, und zur Unterscheidung nennen wir den
Zustand an der Anodenseite Anelektrotonus, und
den an der Kathodenseite Katelektrotonus. Wo
Anelektrotonus und Katelektrotonus aneinandergrenzen,
findet sich zwischen den Elektroden ein Punkt, in welchem die Erregbarkeit gar nicht verändert wird, wir
nennen ihn den Indifferenzpunkt. Der Indifferenzpunkt liegt übrigens nicht immer genau in der Mitte
zwischen den Elektroden, sondern seine Lage hängt von
der Stärke des angewandten Stromes ab. Bei schwachen
Strömen liegt er näher der Anode, bei starken näher

der Kathode und bei einer gewissen mittlern Stromstärke genau in der Mitte zwischen beiden.

Wir können dieses Verhalten des Nerven im anelektrotonischen Zustande anschaulich machen durch eine Darstellung, wie sie in Fig. 31 gegeben ist. nn' bedeutet hier den Nerven, a und k die Elektroden, und zwar soll a die Anode und k die Kathode bedeuten. Der Strom hat also im Nerven die durch den Pfeil angedeutete Richtung. Um die Veränderung anzuzeigen, welche die Erregbarkeit an einem bestimmten Punkte des Nerven erfährt, denken wir in diesem Punkte eine Linie lothrecht auf die Längsrichtung des Nerven errichtet und machen die Linien um so länger, je stärker die Veränderung ist. Um ferner anzuzeigen, dass die Veränderungen der Anodenseite im entgegengesetzten Sinne erfolgen, wie an der Kathodenseite, ziehen wir die Linien an der Anodenseite nach abwärts, an der Kathodenseite nach aufwärts. Indem wir die Köpfe dieser Linien miteinander verbinden, erhalten wir eine krumme Bahn oder Curve, welche die Veränderung an jedem Punkte bildlich darstellt. Von den drei Curven stellt die mittlere ausgezogene das Verhalten für einen mittelstarken Strom dar; die gestrichelte Curve entspricht einem starken Strom, und die punktirte einem schwachen. Wir sehen an den Curven, dass die Veränderungen um so bedeutender sind, je stärker der Strom ist, dass an den Elektrodenstellen selbst die Veränderungen am stärksten ausgeprägt sind, und dass endlich der Indifferenzpunkt für die verschiedenen Stromstärken eine verschiedene Lage innerhalb der Elektroden hat.

2. Abgesehen von diesen Veränderungen der Erregbarkeit, welche während der Dauer eines denselben durchfliessenden constanten Stromes beobachtet werden, lassen sich noch andere nachweisen, welche unmittelbar nach der Oeffnung des Stromes zur Erscheinung kommen. In der That kehrt die durch den Elektrotonus

veränderte Erregbarkeit nicht sofort zu ihrem normalen
Werthe zurück, sobald der Strom unterbrochen wird,
sondern erst nach einiger Zeit. Die Dauer dieser nach
Oeffnung des Stromes zu beobachtenden Erregbarkeitsveränderungen ist um so grösser, je stärker der Strom
war und je länger er gedauert hat. Diese Veränderungen,
welche man, zum Unterschiede von den elektrotonischen,
Modificationen der Erregbarkeit nennt, sind nicht
blos einfach eine Fortdauer des elektrotonischen Zustandes, vielmehr sind sie zuweilen vollkommen von
denselben verschieden. Wenn wir z. B. eine Stelle
untersuchen, welche in der Nähe der Anode liegt,
wo also während der Dauer des Stromes die Erregbarkeit herabgesetzt ist, so finden wir unmittelbar nach
der Oeffnung eine gesteigerte Erregbarkeit, und erst
nach dieser stellt sich die ursprüngliche normale Erregbarkeit wieder her. Ebenso wird in der Gegend
der Kathode die Erregbarkeit bei Oeffnung des Stromes vorübergehend für kurze Zeit vermindert, dann
aber wieder vermehrt und kehrt erst allmählich zur
Norm zurück. Die Dauer dieser Modificationen beträgt in der Regel nur Bruchtheile einer Secunde. Hat
aber der constante Strom lange Zeit im Nerven be-
standen, so können dieselben sich auch noch längere
Zeit hindurch erhalten. Sie sind wegen ihrer Flüchtig-
keit schwer zu beobachten und festzustellen. Der
Wechsel der Zustände, welche beim Oeffnen des Stromes
im Nerven vorgeht, kann übrigens zu Erregungen in
demselben führen, sodass man zuweilen beim Oeffnen
eines längere Zeit im Nerven vorhanden gewesenen
Stromes eine Reihe von Zuckungen oder einen förm-
lichen Tetanus beobachtet, welcher unter dem Namen
des Oeffnungstetanus oder Ritter'schen Tetanus schon lange bekannt ist. Der Zusammenhang,
welcher zwischen diesen Erregbarkeitsveränderungen
und der Thatsache, dass der Nerv überhaupt durch
elektrische Ströme erregt werden kann, besteht, hat zu
einer Vorstellung über die Natur der elektrischen Er-

regung des Nerven geführt, welche wir jedoch erst dann
zu entwickeln im Stande sein werden, wenn wir die
elektrische Erregung selbst etwas genauer studirt haben werden.

3. Wenn man einen constanten Strom durch einen
Nerven leitet und abwechselnd schliesst und öffnet, so
fällt es auf, dass die Erregung scheinbar ganz regel-
los bald bei der Schliessung, bald bei der Oeffnung
des Stromes, zuweilen auch in beiden Fällen auftritt.
Eine genauere Untersuchung hat aber gezeigt, dass
hierbei ganz bestimmte Gesetze obwalten, wenn man
nur auf die Stärke des Stromes und seiner Richtung
im Nerven Rücksicht nimmt. Wir wollen diese Erscheinungen zunächst für den frischen Nerven untersuchen, und da wir früher gesehen haben, dass die
Zustände im Nerven in unmittelbarer Nähe des abgeschnittenen Endes sich sehr schnell verändern, so wollen wir die Untersuchung an einem tiefgelegenen Punkte
eines frischen, möglichst lang herauspräparirten Nerven
beginnen. Zu diesem Behufe ist es vor allen Dingen
nothwendig, ein bequemes Verfahren zu besitzen, um
die Stärke des anzuwendenden Stromes nach Belieben
abzustufen. Man hat dazu verschiedene Methoden benutzt. Die beste ist diejenige, welche sich auf die
sogenannte Vertheilung der Ströme in verzweigten Leitern stützt. Wird der elektrische Strom durch einen
Leiter geführt, der sich an irgendeiner Stelle in zwei
Zweige spaltet, so theilt sich der Strom, und zwar ist
die Stärke der Stromantheile in diesen beiden Zweigen
nicht immer gleich, sondern die Stromstärken in den
Zweigen verhalten sich umgekehrt wie die Leitungs-
widerstände dieser Zweige. Denken wir uns nun in
den einen Zweig den Nerven eingeschaltet, und verändern wir den Widerstand des andern Zweigs, so
wird dadurch, ohne dass an der Leitung, die den Nerven enthält, etwas geändert wird, die Stromstärke im
Nerven verändert, und zwar muss sie wachsen, wenn

wir den Widerstand des andern Zweigs vermehren,
und umgekehrt abnehmen, wenn wir den Widerstand
jenes Zweigs vermindern.

Da der Widerstand eines Drahtes seiner Länge proportional ist, so genügt es die Leitung AS aus einem
Draht herzustellen, dessen Länge auf irgendeine Weise
verändert werden kann. Dies geschieht am einfachsten,
indem man den Draht geradlinig ausspannt und auf ihm
einen Schieber bewegt, sodass man beliebige Längen
des Drahtes in die Leitung einzuschalten im Stande
ist. Ein solcher Draht führt den Namen Rheochord,

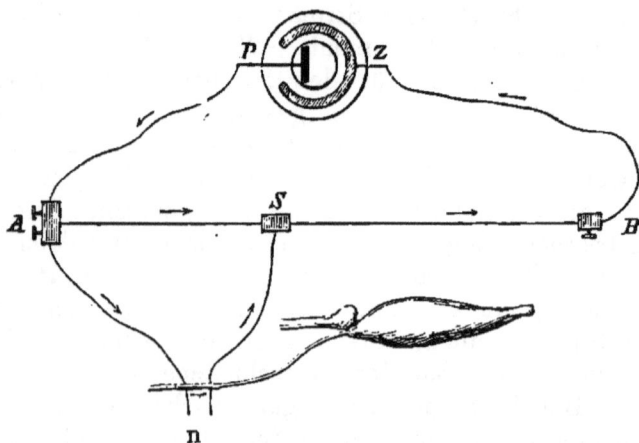

Fig. 32. Rheochord.

von ῥέος, der Strom, und χόρδη, die Saite, weil der
Strom durch einen saitenartig aufgespannten Draht geleitet wird. Ein solches Rheochord, einfachster Art,
stellt Fig. 32 dar. Der Strom der Kette PZ durch-
fliesst den Draht AB. Von A geht eine Zweigleitung
zum Nerven und kehrt von da zum Schieber S, welcher auf dem Draht AB gleitet, zurück. Der durch
den Nerven gehende Stromzweig wird stärker oder
schwächer, je nachdem man den Schieber von A entfernt oder A nähert.

Mittels eines solchen Rheochords gelingt es leicht
die Ströme im Nerven so schwach zu machen, dass sie
gar keine Wirkung ausüben. Verstärkt man sie nun
ganz allmählich, so sieht man am frischen Nerven ausschliesslich zu allererst eine Zuckung bei Schliessung
des Stromes auftreten, und zwar gleichgültig, welche
Richtung der Strom im Nerven hat. Um diese Richtung deutlich bezeichnen zu können, ist man überein-
gekommen, einen solchen Strom, der im Nerven vom
centralen zu dem mehr peripherischen Theil hinfliesst,
einen absteigenden, und den entgegengesetzt gerich-
teten Strom einen aufsteigenden zu nennen.

Aufsteigende und absteigende Ströme geben also,
wenn sie schwach sind, stets nur Schliessungszuckung.
Verstärkt man den Strom, so treten allmählich auch
die Oeffnungszuckungen auf und zwar meistens zuerst
für den absteigenden, dann bei weiterer Verstärkung
auch für den aufsteigenden Strom. Schliesslich sind
alle vier Zuckungen gleich stark. Wenn man aber nun
den Strom noch weiter verstärkt, so werden zwei von
diesen vier Zuckungen wieder schwächer, und zwar für
den aufsteigenden Strom die Schliessungszuckung, für
den absteigenden Strom die Oeffnungszuckung, und
schliesslich findet man eine Stromstärke, bei welcher
diese ganz ausbleiben, und man nur noch Zuckungen
bei Schliessung des absteigenden und bei Oeffnung des
aufsteigenden Stromes erhält. Man bezeichnet diese
Erscheinungen, welche die Abhängigkeit der Erregung
des Nerven von der Stärke und Richtung des Stromes
darthun, mit dem Namen des Gesetzes der Zuckungen. Wir wollen dieses Gesetz in folgender Tabelle
darstellen, wobei S Schliessung, O Oeffnung, Z Zuckung
und R Ruhe (d. h. keine Zuckung) bedeutet und die
Pfeile die Richtung des Stromes andeuten.

Gesetz der Zuckungen für den frischen Nerven.

	Schwacher Strom.		Mittelstarker Strom.		Starker Strom.	
↓	S. Z.	O. R.	S. Z.	O. Z.	S. Z.	O. R.
↑	S. Z.	O. R.	S. Z.	O. Z.	S. R.	O. Z.

Sobald der Nerv abstirbt, verändern sich auch die
Erscheinungen des Zuckungsgesetzes. Wenn man bei
einem frischen Nerven schwache Ströme anwendet,
welche bei beiden Richtungen nur Schliessungszuckungen geben, und dann, ohne an den Strömen etwas zu
ändern, nur von Zeit zu Zeit ihre Wirkung auf den
Nerven prüft, so sieht man nach und nach auch die
Oeffnungszuckungen hervortreten, erst schwach, dann
immer stärker, bis sie den Schliessungszuckungen vollkommen gleich geworden sind. Dieser Zustand erhält
sich längere Zeit, dann werden die Schliessungszuckung
des aufsteigenden Stromes und die Oeffnungszuckung
des absteigenden Stromes schwächer und verschwinden
zuletzt ganz, sodass der absteigende Strom nur Schliessungszuckung und der aufsteigende nur Oeffnungszuckung gibt, und dieser Zustand erhält sich, bis die
Erregbarkeit der untersuchten Stelle vollkommen erlischt, wobei die Zuckungen allmählich immer schwächer
werden und zuletzt ganz verschwinden. Man kann auch
dieses Zuckungsgesetz für den absterbenden Nerven in
Tabellenform darstellen, wobei wir dann drei Stadien
der Erregbarkeit unterscheiden, die Bezeichnungen im
übrigen in demselben Sinne, wie in der vorigen Tabelle gebrauchen.

Zuckungsgesetz für den absterbenden Nerven.
(Bei Anwendung schwacher Ströme.)

	I. Stadium.		II. Stadium.		III. Stadium.	
↓	S. Z.	O. R.	S. Z.	O. Z.	S. Z.	O. R.
↑	S. Z.	O. R.	S. Z.	O. Z.	S. R.	O. Z.

Es muss sofort auffallen, dass diese beiden für verschiedene Fälle gefundenen Zuckungsgesetze vollkommen
übereinstimmen. Die Reihenfolge der Erscheinungen
beim Absterben des Nerven und Anwendung schwacher
Stromstärken ist genau dieselbe, wie wir sie am frischen
Nerven durch allmähliche Verstärkung des Stromes hervorrufen können. Mit andern Worten, wenn wir einen
Nerven mit schwachen, stets unverändert bleibenden
Strömen reizen, so wirken diese nach einiger Zeit gerade so, wie mittelstarke Ströme beim frischen Nerven,
und nach noch längerer Zeit so, wie starke Ströme beim
frischen Nerven gewirkt haben würden. Um dieses zu
verstehen, müssen wir uns erinnern, was wir über die
Veränderungen der Erregbarkeit beim Absterben des
Nerven erfahren haben. Wir fanden damals, dass die
Erregbarkeit anfangs steigt, und ein Maximum erreicht,
ehe sie verschwindet. Denken wir uns also einen frischen Nerven mit Strömen von einer gewissen, aber
geringen Stärke gereizt, und untersuchen wir diesen
selben Nerven nach Verlauf einiger Zeit, wo seine Erregbarkeit gestiegen ist, so müssen offenbar diese schwachen Ströme schon wie stärkere wirken, und wenn die
Erregbarkeit noch weiter gestiegen ist, sogar wie ganz
starke. Die Ausdrücke schwache, mittelstarke und
starke Ströme haben ja in der That keine unbedingte,
für alle Nerven gleiche Bedeutung, sondern sind immer
nur in Beziehung zur Erregbarkeit des Nerven zu verstehen. Was für den einen Nerven ein schwacher

Strom ist, kann für einen andern, dessen Erregbarkeit
sehr viel höher ist, offenbar schon als starker wirken,
und ebenso wie zwei verschiedene Nerven verhält sich
auch ein und derselbe Nerv zu verschiedenen Zeiten,
wenn inzwischen seine Erregbarkeit bedeutende Aenderungen erlitten hat. Danach kann es also keine
Schwierigkeit haben, zu verstehen, wie bei dem all-
mählichen Steigen der Erregbarkeit die Wirkungen der
schwachen Ströme allmählich denen der mittelstarken
und starken gleich werden. Nur eins muss auffallen.
Da die Erregbarkeit, nachdem sie ihren Höhepunkt
erreicht hat, wieder zu sinken beginnt, ehe sie ganz
erlischt, so sollte man vermuthen, dass dieselben Ströme,
welche auf dem Höhepunkt der Erregbarkeit wie starke
gewirkt haben, nun wieder als mittelstarke, dann als
schwache wirken, ehe sie ganz unwirksam werden.
Man sollte also glauben, dass dem dritten Stadium der
Erregbarkeit, in welchem eine Schliessungszuckung des
absteigenden und Oeffnungszuckung des aufsteigenden
beobachtet wird, noch ein viertes und fünftes Stadium
folgen müssten, von denen das vierte dem zweiten, und
das fünfte dem ersten gleich wären. Dies ist auch in
der That von einigen Beobachtern angegeben worden,
kommt aber in der Regel nicht vor. Um dies zu erklären, hat man angenommen, dass die Abnahme der
Erregbarkeit im Nerven, wenn dieselbe ihren Höhepunkt erreicht hat, in Wirklichkeit nicht stattfindet,
sondern nur eine scheinbare ist. Wir müssen nämlich
bedenken, dass wir niemals einen einzelnen Querschnitt
eines Nerven reizen, sondern immer eine längere Strecke,
und dass die von uns gemessene Erregbarkeit in Wirklichkeit nur das Mittel aus den Erregbarkeiten der
einzelnen Stellen der gereizten Strecke ist. Wir können dann ferner annehmen, dass die Erregbarkeit
eines jeden Punktes, wenn sie ihren Höhepunkt erreicht
hat, sehr schnell, fast augenblicklich ganz vernichtet
wird. Da dies aber an den höhern Punkten früher
als an den tiefern geschieht, so wird es gleichsam die

Folge haben, dass die erregte Strecke von oben nach unten hin allmählich in einen unwirksamen, aber die Elektricität noch leitenden Faden verwandelt wird. Die Erregung wird in Wirklichkeit nur in der untern Abtheilung der Strecke stattfinden, und diese wird sich solange sie überhaupt noch eine Wirkung zeigt, stets auf dem Höhepunkt ihrer Erregung befinden müssen.*

4. Wir haben bei diesen Untersuchungen über das Zuckungsgesetz immer nur die Schliessung und Oeffnung des Stromes beachtet, dagegen die Zeit, während welcher der Strom constant im Nerven floss, ganz unbeachtet gelassen. In Wirklichkeit bleibt auch der Nerv während dieser Zeit in der Regel unerregt. Doch beobachtet man zuweilen, besonders bei nicht zu starken Strömen, auch während der Dauer des Stromes eine stetige Erregung, welche sich im Muskel als Tetanus zu erkennen gibt. Der aufsteigende und der absteigende Strom verhalten sich in dieser Beziehung nicht ganz gleich. Der letztere gibt bei höherer Stromstärke noch leicht Tetanus, während der aufsteigende es nur bei schwachen Strömen zu thun im Stande ist. Immer aber ist dieser Tetanus nur ein schwacher, und nicht zu vergleichen mit demjenigen, welchen man durch häufig wiederholte einzelne Reizungen, z. B. mit Inductionsschlägen oder durch häufig wiederholtes Schliessen und Oeffnen eines Stromes erzeugen kann. Wir sehen also, dass zur wirksamen Erregung des Nerven veränderliche Ströme geeigneter sind als constante. Inductionsströme, welche ja nur ausserordentlich kurze Zeit dauern, können wir gleichsam betrachten wie constante Ströme, die unmittelbar nach der Schliessung gleich wieder geöffnet werden. Auch mit constanten Strömen können wir in der That sicher und zuverlässig Zuckungen erregen, wenn wir sie durch eine geeignete Vorrichtung nur für einen Moment

---

* S. Anmerkungen und Zusätze Nr. 5.

schliessen und gleich wieder öffnen. Aus den Erfahrungen beim Zuckungsgesetz geht aber hervor, dass
die Schliessung allein oder die Oeffnung allein unter
Umständen genügen kann, um Zuckungen hervorzubringen. Da wir nun wissen, dass durch die Schliessung
des Stromes der Nerv in einen veränderten Zustand
geräth, welchen wir als Elektrotonus bezeichnet haben,
und welcher nach dem Oeffnen des Stromes, wenn auch
nicht sofort, so doch nach kurzer Zeit in den natürlichen Zustand zurückkehrt, so können wir die Ven-
muthung aufstellen, dass die Erregung des Nerven ebre
dadurch zu Stande kommt, dass der Nerv aus dem
natürlichen Zustande in den elektrotonischen oder aus
diesem in seinen natürlichen zurückgeführt wird. Wir
können uns denken, dass die kleinsten Theilchen des
Nerven bei der Elektrotonisirung aus ihrer natürlichen
Lage in eine veränderte übergeführt werden, und dass
diese Bewegung der kleinsten Theilchen unter Umständen mit Erregung verbunden ist. Nun haben wir aber
gesehen, dass der Nerv beim Elektrotonus in zwei voneinander getrennte Hälften zerfällt, deren Zustände
offenbar verschieden sein müssen, denn in dem einen,
dem Katelektrotonus, ist die Erregbarkeit erhöht, in
dem andern, dem Anelektrotonus, ist sie herabgesetzt.
Es wäre also möglich, dass in Bezug auf die Erregung
diese beiden Zustände sich nicht gleich verhalten. In
der That hat nun Pflüger die Hypothese aufgestellt,
dass die Erregung nur zu Stande komme durch den
Beginn des Katelektrotonus und durch das Aufhören
des Anelektrotonus. Auf Grund dieser Hypothese ist
man im Stande die Erscheinungen des Zuckungsgesetzes
zu erklären, es verständlich zu machen, warum bei
Schliessung und Oeffnung von Strömen zuweilen Zuckungen auftreten und andere male ausbleiben. Um jedoch
diese Hypothese und die auf sie gebaute Erklärung
des Zuckungsgesetzes ganz zu verstehen, müssen wir
die Erscheinungen des Elektrotonus noch etwas genauer
verfolgen, als dies bereits geschehen ist.

5. Wir haben oben gefunden, dass während der
Schliessung eines Stromes die Erregbarkeit an der
Seite der Kathode erhöht, an der Seite der Anode
herabgesetzt ist. So leicht es auch ist, dieses Gesetz
mit schwachen und mittelstarken Strömen nachzuweisen,
so schwierig wird es zuweilen, wenn der elektrotonisirende Strom stark ist. Stellen wir uns wieder vor,
der Nerv nn' (Fig. 33) werde in cd von einem aufsteigenden Strome durchflossen und oberhalb der durchflossenen Strecke in ef gereizt. Wir setzen also voraus

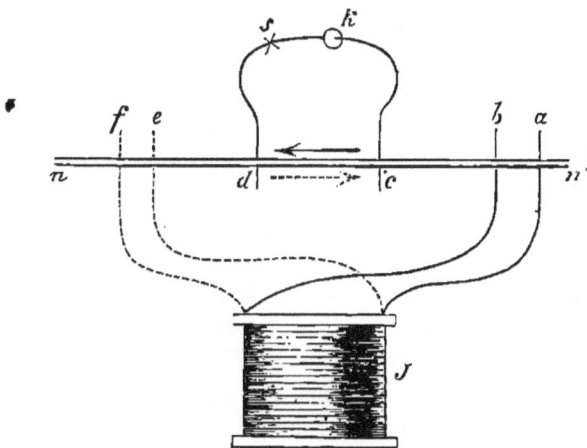

Fig. 33. Elektrotonus.

dass bei n' der Muskel wäre, was für unsere frühere
Betrachtung gleichgültig war. Die Reizung befindet
sich an der Seite der Kathode. Es müsste also eine
Erhöhung der Erregbarkeit stattfinden. Mit schwachen
elektrotonisirenden Strömen ist diese deutlich wahrnehmbar. Wird aber der elektrotonisirende Strom
etwas verstärkt, so beobachten wir keine Verstärkung
der Erregbarkeit, ja bei hinreichend starken Strömen
hört jede Möglichkeit, von ef aus den Muskel zur Zusammenziehung zu veranlassen, ganz auf. Hat nun
hier das Gesetz der elektrotonischen Veränderungen

der Erregbarkeit eine Ausnahme? Offenbar dürfen wir
das aus dem vorliegenden Versuche nicht schliessen.
Es wäre möglich, dass an der Stelle *ef* die Erregbarkeit in Wirklichkeit ganz dem Gesetz entsprechend erhöht wäre. Um aber die Wirkung der Erregung dieser
Stelle zu sehen, muss die Erregung durch die elektro-
tonisirte und die unterhalb derselben gelegene anelek-
trotonische Strecke des Nerven hindurch, und es wäre
denkbar, dass dieser Fortpflanzung der Erregung durch
den starken Anelektrotonus, der hier stattfindet, ein
unübersteigliches Hinderniss bereitet würde. Dies lässt
sich nun in der That nachweisen. Kehren wir den
Strom um, sodass er jetzt absteigend im Nerven fliesst,
so wird Reizung der Stelle *ab* stets erhöhte Erregbarkeit nachweisen, so stark der Strom auch sein möge.
Die Stelle *ab* befindet sich aber jetzt genau unter denselben Bedingungen, wie vorher die Stelle *ef*. Es ist
an und für sich sehr unwahrscheinlich, dass der Nerv
sich in zwei solchen ganz gleichen Fällen verschieden
verhalten sollte. Der Unterschied in beiden Fällen besteht eben nur darin, dass im letztern die von uns
untersuchte katelektrotonische Stelle unmittelbar an den
Muskel grenzt, dass also ihre Erregbarkeitsverhältnisse
unmittelbar vom Muskel angezeigt werden können, während in dem erst untersuchten Falle die Erregbarkeitsverhältnisse der Strecke *ef*, um sich am Muskel
zu zeigen, erst eine Leitung durch die anderweitig veränderten Strecken *cd* und *ab* erforderlich machten.
Nun können wir andererseits nachweisen, dass in der
That die Leitung durch einen elektrotonisirten Nerven
mit veränderter Geschwindigkeit erfolgt. In der kat-
elektrotonischen Strecke ist die Fortpflanzungsgeschwindigkeit wenig verändert, vielleicht um ein Geringes erhöht; in der anelektrotonischen Strecke dagegen ist
sie stets bedeutend herabgesetzt. Wir können daraus
schliessen, dass der Anelektrotonus nicht blos die Erregbarkeit herabsetzt, sondern auch die Fortpflanzung
der Erregung erschwert, und dass bei starkem An-

elektrotonus eine vollständige Behinderung der Fortpflanzung stattfindet.

6. Auf diese Weise ist aber nicht blos jene scheinbare Ausnahme von dem elektrotonischen Gesetze hinreichend erklärt, sondern wir können sofort auch erklären, warum starke aufsteigende Ströme bei der
Schliessung keine Zuckung geben. Wir wissen, dass
ein aufsteigender Strom die obere Hälfte in Katelektrotonus, die untere Hälfte in Anelektrotonus versetzt.
Nach der Pflüger'schen Hypothese findet die Erregung
des Nerven nur an der Stelle, wo Katelektrotonus eintritt, statt; bei der Schliessung eines aufsteigenden
Stromes also in der obern Hälfte des Nerven. Damit
diese Erregung zum Muskel gelange, muss sie die untere Hälfte des Nerven passiren, und da diese sich in
starkem Anelektrotonus befindet, bietet sie ein Hinderniss für die Fortleitung der Erregung. Die in der
obern Hälfte stattgefundene Erregung kann deshalb
nicht zum Muskel gelangen, und die Schliessungszuckung muss ausbleiben.

Um die entsprechende Vorstellung auf den Fall der
Oeffnung eines absteigenden Stromes anzuwenden, müssen wir noch eine Hülfshypothese machen, nämlich dass
die beim Verschwinden des Katelektrotonus auftretende
starke Modification, welche die Erregbarkeit so beträchtlich herabsetzt, gleichfalls mit einer Behinderung der
Leitung verbunden ist. Es ist diese Annahme bisher
nicht experimentell bewiesen; der Beweis ist wegen der
kurzen Dauer der Modification schwer zu führen. Die
Analogie der negativen Modification mit dem Anelektrotonus, -welche beide die Erregbarkeit herabsetzen,
gestattet aber die Annahme, dass bei der negativen
Modification auch die Leitung behindert sei. Unter
dieser Voraussetzung gilt dann für die Oeffnung des
absteigenden Stromes dasselbe, wie für die Schliessung
des aufsteigenden. Nach der Pflüger'schen Hypothese
soll bei der Oeffnung des Stromes die Erregung nur

in dem Theile des Nerven stattfinden, wo der Anelektrotonus verschwindet. Dies ist für den absteigenden
Strom die obere Hälfte des Nerven. Um von dort
nach dem Muskel zu gelangen, muss die Erregung die
untere Hälfte passiren, in welcher zu gleicher Zeit die
starke negative Modification platzgreift, und durch
diese wird sie an der Fortpflanzung gehemmt, die
Oeffnungszuckung des absteigenden Stromes bleibt
also aus.

Pflüger hat seine Hypothese noch durch folgenden
Versuch gestüzt: Wir haben früher den sogenannten
Ritter'schen Tetanus oder Oeffnungstetanus erwähnt,
welcher eintritt, wenn ein Strom, der längere Zeit im
Nerven geflossen ist, unterbrochen wird. Nach der
Pflüger'schen Hypothese müsste diese Erregung gleichfalls ihren Sitz an der Anodenseite haben. Wenn man
nun durch einen Nerven einen aufsteigenden Strom leitet, so ist die Anodenseite in seiner untern Hälfte, bei
einem absteigenden Strom ist sie an seiner obern Hälfte
gelegen. Erzeugt man nun den Ritter'schen Tetanus
durch einen absteigenden Strom und schneidet unmittelbar nach der Oeffnung des Stromes den Nerven zwischen den Elektroden durch, so hört der Tetanus sofort auf. Macht man aber denselben Versuch mit Anwendung eines aufsteigenden Stromes, so hat die
Durchschneidung des Nerven gar keinen Einfluss auf
den Tetanus.

Noch ein anderer Beweis für die Richtigkeit dieser
Hypothese ist von Pflüger geliefert worden durch die
Untersuchung der Erregungen der Empfindungsnerven
durch den elektrischen Strom. Da bei den Empfindungsnerven der Endapparat, durch dessen Wirkung
wir die Reizung erkennen, am entgegengesetzten Ende
des Nerven gelegen ist, so musste man erwarten, dass
auch das Zuckungsgesetz in entgegengesetzter Weise
sich geltend mache, wie bei den Bewegungsnerven. In
der That hat Pflüger gefunden, dass starke aufsteigende
Ströme nur bei der Schliessung, starke absteigende

Ströme nur bei der Oeffnung Empfindung erregen. Die
Erklärung ist hier dieselbe, wie bei den Bewegungsnerven. Bei der Schliessung des absteigenden Stromes
findet die Erregung am untern Theil des Nerven statt.
Um Empfindung zu bewirken müsste sie zum Rückenmark und Gehirn fortgeleitet werden, also durch die
obern Theile des Nerven passiren, woran sie durch den
dort vorhandenen starken Anelektrotonus verhindert
wird. Die Oeffnung des aufsteigenden Stromes wirkt
gleichfalls reizend in den untern Theilen des Nerven.
Um zum Rückenmark und Gehirn zu gelangen, müsste
diese Erregung durch den obern Theil passiren, woran
sie in diesem Falle durch die starke negative Modification verhindert wird.

Dass schwache Ströme nur bei der Schliessung wirken, gleichgültig welches ihre Richtung ist, kann nur
dadurch erklärt werden, dass wahrscheinlich die Veränderungen im Nerven schneller beginnen, als sie bei
der Oeffnung des Stromes verschwinden. Die Unterschiede sind jedoch nur gering, und nur geringe Verstärkung des Stromes genügt, um auch die Oeffnungszuckung des Nerven herbeizuführen. Dies gilt namentlich für den absteigenden Strom, und wenn der Nerv
nicht ganz frisch ist, kann man sogar zuweilen die
Oeffnungszuckung bei ganz schwachen Strömen beobachten, welche noch keine Schliessungszuckung geben. Es
hängt dies mit dem Umstande zusammen, dass die Erregbarkeit in den obern Theilen des Nerven etwas
grösser ist, als in den untern. Die natürliche Ueber-
legenheit der Schliessungszuckung wird dadurch für
den absteigenden Strom aufgehoben und die Oeffnungszuckung infolge dessen erleichtert.

7. Aus dem Vorhergehenden ist es sehr wahrscheinlich geworden, dass jede Erregung im Nerven zu Stande
kommt durch eine Veränderung seines Zustandes, welche
wir für den elektrischen Strom durch die elektrotonischen Veränderungen der Erregbarkeit unmittelbar nach-

weisen konnten. Je schneller diese Veränderungen vor
sich gehen, desto leichter sind sie im Stande den Nerven zu erregen. Dieses Gesetz zeigt sich auch bei der
nichtelektrischen Erregung. Man ist z. B. im Stande
durch einen allmählich gesteigerten Druck auf den
Nerven denselben ganz zu zerquetschen, ohne dass eine
Erregung erfolgt, während jede plötzliche Quetschung,
wie wir schon gesehen haben, mit Erregung verbunden
ist. Aehnliches beobachtet man bei der thermischen
und bei der chemischen Reizung. Wir können daraus
schliessen, dass die Erregung im Nerven zu Stande
kommt durch eine gewisse Art von Bewegung seiner
kleinsten Theilchen, und dass zur Hervorrufung dieser
Bewegung ein plötzlicher Stoss geeigneter ist als eine
langsame Einwirkung. Dass selbst kleine mechanische
Erschütterungen im Stande sind, Erregungen hervorzubringen, ohne dass der Nerv zerquetscht zu werden
braucht, hat Heidenhain nachgewiesen. Derselbe befestigte an dem früher von uns beschriebenen Wagner'-
schen Hammer ein kleines Elfenbeinhämmerchen, legte
den Nerven auf einen elfenbeinernen Amboss und brachte
ihn so unter das Hämmerchen, dass dieses leise auf dem
Nerven trommelte. Dabei entstand dann ein starker,
mehrere Secunden anhaltender Tetanus. Wollten wir
eine genauere Vorstellung über den Mechanismus der
Nervenerregung erlangen, so wäre es vorerst nöthig,
eine solche über die Anordnung der kleinsten Theilchen
im ruhenden Nerven zu besitzen. Nun werden wir
später Wirkungen des ruhenden Nerven kennen lernen,
welche auf eine regelmässige Anordnung seiner kleinsten Theilchen Schlüsse erlauben. Indem wir die nähere
Auseinandersetzung auf eine spätere Stelle versparen,
können wir vorderhand versuchen, wie weit wir im
Stande sind, die Thatsachen der Erregung in eine klare
Vorstellung zu bringen. Zu diesem Zwecke wollen wir
annehmen, dass die Theilchen des Nerven durch mole-
kulare Kräfte in einer ganz bestimmten Lage festgehalten werden. Dann wird Erregung nur zu Stande

kommen, wenn die Theilchen aus dieser Lage heraus-
gebracht und in Bewegung gesetzt werden. Je stärker
die Kräfte sind, welche die Theilchen in ihrer Gleichgewichtslage festhalten, desto grössere Kräfte werden
nöthig sein, um sie zu bewegen, um so geringer wird
also die Erregbarkeit sein. Wir müssen ferner voraussetzen, dass die einzelnen Theilchen des Nerven sich
gegenseitig beeinflussen, sodass jedes Theilchen auf die
andern einwirkt und es in seiner Gleichgewichtslage
festhält. Um diese etwas verwickelte Vorstellung an-
schaulicher zu machen, können wir uns eines von du
Bois-Reymond eingeführten Gleichnisses oder Bildes bedienen. Eine Magnetnadel an einem Faden aufgehängt,
stellt sich bekanntlich durch die magnetische Richtkraft
der Erde so ein, dass ihr eines Ende nach Norden, ihr
anderes nach Süden zeigt. Denken wir uns aber eine

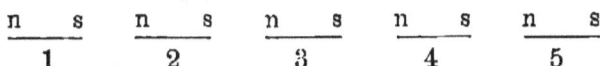

n	s	n	s	n	s	n	s	n	s
1		2		3		4		5	

Fig. 34. Magnetnadelreihe als Schema der Nerventheilchen.

lange Reihe von vielen Magnetnadeln, alle in der gleichen Meridianlinie hintereinander aufgehängt, wie Fig. 34
zeigt, so wird jede dieser Nadeln durch ihre Nachbarn
noch fester in ihrer Ruhelage festgehalten, indem die
benachbarten Nord- und Südpole der Nadeln sich gegenseitig anziehen. Wollen wir z. B. die mittelste dieser
Nadeln Nr. 3 bewegen, so bedürfen wir dazu einer
Kraft, welche grösser ist, als wenn die Nadel allein
vorhanden wäre. Wenn aber die mittlere gedreht wird,
so können die benachbarten Nadeln nicht in Ruhe
bleiben, sondern diese werden gleichfalls abgelenkt, sie
wirken wieder ablenkend auf ihre Nachbarn u. s. f.,
und so läuft eine Erschütterung, die wir an einer Stelle
dieser Magnetnadel anbringen, wellenartig durch die
ganze Reihe fort.

Unser Gleichniss hat offenbar eine grosse Aehnlichkeit in seinem Verhalten mit dem Nerven. Es erklärt

nicht nur, wie eine an irgendeinem Punkte des Nerven
beginnende Erschütterung sich im Nerven fortpflanzt,
sondern auch wie die einzelnen Theile des Nerven auf
die andern einzuwirken vermögen. Wir haben früher
gesehen, dass die Erregbarkeit einer Nervenstelle zunimmt, wenn wir die darüberliegende Stelle des Nerven
abschneiden. Ebenso zeigt unser Schema der Magnetnadeln, dass eine jede dieser Nadeln leichter beweglich wird, wenn wir einen Theil ihrer Nachbarn beseitigen. Ohne also sonstige Aehnlichkeiten zwischen den
Kräften, welche in den Magnetnadeln wirken und den
im Nerven vorhandenen annehmen zu wollen, können
wir doch den Vergleich insoweit gelten lassen, dass
wir uns den Nerven aus einzelnen kleinen Theilchen
bestehend denken, welche in der Längsrichtung des
Nerven hintereinander gelagert sind und sich gegenseitig in ihrer Lage festhalten. Wenn es nun Kräfte
gibt, welche die Theilchen in dieser Lage noch fester
halten, so müssen sie offenbar die Erregbarkeit vermindern, während umgekehrt solche Kräfte, welche die
Nerventheilchen aus ihrer Lage zu bringen suchen, zugleich auch die Festigkeit ihrer Stellung vermindern,
und deswegen den Nerven erregbarer machen. Von
dem elektrischen Strome haben wir gesehen, dass seine
beiden Pole in entgegengesetztem Sinne auf den Nerven einwirken. Wir können deswegen annehmen, dass
an dem einen Pole, dem positiven, die Theilchen des
Nerven in ihrer Ruhelage festgehalten, an dem negativen Pole dagegen aus derselben fortbewegt werden.
Ist dies der Fall, so verstehen wir, weshalb bei der
Schliessung des Stromes nur in dem negativen Pole
eine Erregung zu Stande kommt. An dem positiven
Pole wird bei Oeffnung des Stromes die Erregbarkeit
erhöht; hier findet also eine Bewegung der Theilchen
in demselben Sinne statt, wie sie am negativen Pole
bei der Schliessung erfolgt, und deshalb kann hier bei
der Oeffnung des Stromes eine Erregung stattfinden.
Die Thatsache, dass der Nerv durch allmählich er-

folgende Aenderungen seines Zustandes unerregt bleibt,
während dieselben Veränderungen, wenn sie plötzlich
erfolgen, erregend wirken, ist von so einschneidender
Bedeutung für das Verständniss der Nervenvorgänge,
dass wir ihr noch eine eingehendere Untersuchung wid-
men müssen. Am leichtesten und sichersten lässt sich
die Thatsache für die elektrische Reizung nachweisen,
da wir leicht im Stande sind, die Stärke der Ströme
mehr oder weniger allmählich wachsen oder abnehmen
zu lassen. Stellen wir die Anordnung wie in Fig. 35

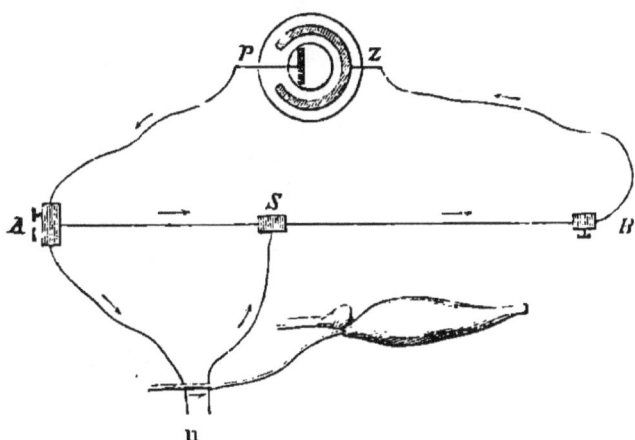

Fig. 35. Rheochord.

her, wo durch den Nerven ein Strom fliesst, dessen
Stärke durch die Stellung des Schiebers S verändert
werden kann. Sei in den Kreis ein Schlüssel eingeschaltet und die Stellung des Schiebers S so gewählt,
dass bei Schliessung und Oeffnung des Stromes Zuckungen entstehen. Stellen wir nun den Schieber S dicht
an die Klemme A (bei welcher Stellung der Widerstand im Zweige $AS = 0$ ist und daher gar kein Strom
durch den Nerven geht) und schieben ihn langsam bis
zur vorigen Stellung bei S vor, so wächst der Strom
im Nerven langsam von der Stärke 0 zur vorigen

Stärke an; schieben wir den Schieber wieder langsam
bis zur Berührung von *A* zurück, so nimmt die Stärke
des Stromes wieder langsam bis 0 ab. In beiden Fällen bleibt der Nerv unerregt. Sobald wir aber durch
irgendein Mittel die Bewegung des Schiebers mit
grosser Geschwindigkeit bewirken*, so wird der
Nerv erregt und der Muskel zuckt. Wenn also beim
Schliessen oder Oeffnen des Stromes mittels des Schlüssels der Nerv erregt wird, so kommt dies daher, weil
dabei die Stromstärke ganz plötzlich von Null zu ihrer
vollen Stärke ansteigt oder von ihrer vollen Stärke zu
Null absinkt.

Aus diesen Erfahrungen ist es nun auch erklärlich,
warum die kurzdauernden Inductionsschläge, bei denen
Schliessung und Oeffnung gleichsam hart aneinander
gedrängt sind, sich so ganz besonders gut zur Erregung
der Nerven eignen. Alle Inductionsschläge sind aber
nicht gleich gut zu diesem Zweck geeignet. Wenn
man in dem früher beschriebenen Inductorium den
Strom der primären Spirale schliesst und unterbricht,
so entstehen in der secundären Spirale zwei Ströme
von entgegengesetzter Richtung, der Schliessungsinductionsstrom und der Oeffnungsinductionsstrom. Leitet man diese durch einen Nerven,
so ist jedesmal die erregende Wirkung des letztern
viel stärker als die des erstern. Man kann dies sehr
deutlich nachweisen, wenn man die secundäre Rolle von
der primären weit entfernt. Man findet dann stets
eine Stelle, wo der Oeffnungsinductionsstrom schon
wirksam ist, während der Schliessungsinductionsstrom
nicht wirkt, nähert man dann die Rollen, so wird auch
der letztere wirksam. Wenn man aber bei einer beliebigen Stellung der Rollen die secundäre Rolle mit
einem Multiplicator verbindet, so sind die Ablenkungen,
welche die Magnetnadel erfährt, für beide Inductions-

---

* E. du Bois-Reymond hat eine Vorrichtung der Art
unter dem Namen „Schwankungsrheochord" beschrieben.

ströme stets gleich gross. Der Nerv zeigt uns also
einen Unterschied an, den der Multiplicator nicht anzuzeigen vermag. Nun ist aber nachgewiesen worden,
dass der zeitliche Verlauf der beiden Inductionsströme
ein ganz verschiedener ist. Der Schliessungsinductionsstrom steigt langsam an und fällt ebenso langsam wieder ab, der Oeffnungsinductionsstrom hingegen erreicht
sehr schnell seine volle Stärke und endet ebenso schnell.
Und diesem Unterschied verdankt offenbar der letztere
seine grössere physiologische Wirksamkeit.*

Kehren wir zu der obigen Anordnung des Versuchs
mit dem Rheochord zurück. Statt den Schieber zwischen A und S zu verschieben, können wir ihn zwischen zwei beliebigen Grenzstellungen hin- und her-
bewegen. Der Strom hört dann im Nerven niemals
auf, sondern wird nur entweder verstärkt oder geschwächt, je nach der Richtung der Verschiebung.
Geschieht nun eine solche Verschiebung plötzlich, d. h.
mit grosser Geschwindigkeit, so kann sie eine Erregung
hervorbringen, während der Nerv immer unerregt bleibt,
wenn dieselbe Verschiebung allmählich erfolgt. Wir
sehen also, dass es nicht gerade einer Schliessung oder
Oeffnung eines Stromes bedarf, um den Nerven zu erregen, sondern nur irgendeiner Veränderung, sei sie
Verstärkung oder Schwächung, vorausgesetzt, dass die
Veränderung gross genug sei und mit genügender Geschwindigkeit erfolgt. Schliessung und Oeffnung sind
nur besondere Fälle von Stromveränderung, bei denen
die eine Grenze der Stromstärke gleich Null ist. Wir
können demnach für die elektrische Erregung im Nerven ein allgemeine Regel aufstellen, welche lautet:
jede Veränderung eines den Nerven durchfliessenden Stromes kann den Nerven erregen, wenn sie stark genug ist und mit genügender Geschwindigkeit vor sich geht. Nun
haben wir aber gesehen, dass dieses Gesetz sehr viele

---

* S. Anmerkungen und Zusätze Nr. 6.

Ausnahmen erleidet. Denn unter Umständen kann eine
stärkere Veränderung (Schliessung eines starken aufsteigenden Stromes) unwirksam erscheinen, während eine
schwächere wirkt. Wenn wir aber zugeben, dass in
solchen Fällen in Wirklichkeit doch eine Erregung
stattgefunden habe, und nur aus äussern Gründen
(Hemmung der Fortleitung zum Muskel) nicht zur Erscheinung kommen konnte, so können wir jene Ausnahmen als nur scheinbare bezeichnen. Nehmen wir
ferner an, dass die Veränderungen der Stromstärke im
Nerven nur dadurch erregend wirken, dass sie Veränderungen in dem molekularen Zustand des Nerven
hervorbringen, und halten wir damit zusammen, was
wir über die Wirkung anderer Arten von Nervenreizen
wissen, so können wir schliesslich für die Nervenerregung folgendes Gesetz aussprechen:

Die Erregung des Nerven beruht auf
einer Aenderung seines molekularen Zustandes. Sie kommt zu Stande, sobald eine
solche Aenderung mit hinlänglicher Geschwindigkeit herbeigeführt wird.

Wir können noch hinzufügen, dass dieses Gesetz im
wesentlichen auch für den Muskel gilt. Doch scheint
es, dass die Moleküle des Muskels eine grössere Trägheit besitzen als die des Nerven, sodass sehr schnell
vorübergehende Einwirkungen bei ihm leichter unwirksam bleiben.*

---

* S. Anmerkungen und Zusätze Nr. 7 und 8.

NEUNTES KAPITEL.

1. Wir haben im Vorhergehenden die wesentlichen Eigenschaften der Muskeln und Nerven betrachtet, dabei aber eine Reihe wichtiger Erscheinungen, welche beiden gemeinsam sind, übergangen, um sie jetzt im Zusammenhange darzustellen. Es sind die elektrischen Wirkungen, welche von diesen Geweben ausgehen. Unter allen Geweben des thierischen Organismus zeichnen sich gerade die Muskeln und Nerven durch sehr regelmässige und verhältnissmässig starke elektrische Wirkungen aus, und bei den Beziehungen zwischen elektrischen Strömen und der Reizbarkeit der Muskeln und Nerven können wir annehmen, dass auch diese selbstständigen elektrischen Wirkungen in Beziehung zu den wesentlichen Eigenschaften derselben stehen.

Zwar finden wir auch an andern thierischen sowie auch an pflanzlichen Geweben elektrische Wirkungen, doch sind diese sehr schwach und scheinen keine tiefere Bedeutung zu haben.* Elektrische Ströme ent-

---

* Eine Ausnahme machen vielleicht die elektrischen Erscheinungen an den Blättern der *Dionaea muscipula*, von denen später die Rede sein wird.

stehen unter allen möglichen Umständen so leicht, dass
es nicht auffallen kann, wenn wir Spuren davon überall finden. Bei der uns jetzt bevorstehenden Untersuchung wird es daher auch stets unser Bestreben sein
müssen, solche zufällig auftretende elektrische Ströme
nach Möglichkeit auszuschliessen und, wo dies nicht
möglich ist, wenigstens dieselben von den zu untersuchenden Strömen, deren Ursachen in den thierischen
Gebilden selbst liegen, zu sondern. Ausser den Muskeln und Nerven scheint aber nur ein Gewebe noch
mit stärkern elektrischen Wirkungen begabt zu sein,
nämlich das der Drüsen. Es ist dies freilich noch
nicht sicher nachgewiesen, aber doch bis zu einem sehr
hohen Grade wahrscheinlich gemacht worden. Und
hierbei ist es gewiss von grossem Interesse, dass die
Drüsen in manchen physiologischen Beziehungen den
Muskeln sehr ähnlich sind, namentlich zu den Nerven
in ganz gleichen Beziehungen stehen wie die Muskeln.

2. Dagegen gibt es ein Gewebe, bei welchem die
elektrischen Wirkungen in viel grösserer Stärke auftreten, sodass sie schon seit längerer Zeit als solche
erkannt wurden, ehe man noch entdeckt hatte, dass
alle Muskeln und Nerven die gleiche Fähigkeit besitzen. Doch kommt dies Gewebe nicht bei allen Thieren vor, sondern nur bei einigen Fischen, welche deshalb auch als elektrische Fische bezeichnet werden.
Bei diesen Thieren finden wir besondere Organe von
eigenthümlichem Bau, in denen wie in einer elektrischen Batterie Ströme von bedeutender Stärke entstehen
können, deren Entladung unter dem Einfluss des Willens vor sich geht und die den Thieren als Waffen
dienen, mit denen sie ihre Feinde zu schrecken oder
ihre Beute zu betäuben und zu tödten im Stande sind.
Lange, ehe die Welt etwas Genaueres über die physikalische Natur der elektrischen Erscheinungen wusste,
mussten sich so mächtige Wirkungen, wie sie den elektrischen Fischen zukommen, der gelegentlichen Beobach-

tung aufdrängen. In der That finden wir schon bei
den Alten Berichte über diese merkwürdige Erscheinung, und der römische Dichter Claudius Claudianus *
gibt uns eine recht anschauliche Schilderung ihrer
Wirkungen in den folgenden Versen:

Wer hat nicht schon gehört von der Kraft des schreck-
    lichen Rochen,
Seiner erstarrenden Kraft, die ihm den Namen gegeben!**
Nur aus Knorpel gebaut, so schwimmt er gegen die Wogen
Langsam, und kriechet träg auf abgespületem Sande.
Doch die Natur hat ihn gewaffnet mit eisigem Gifte,
Kälte ins Mark gegossen, die alles Belebte erstarren
Macht, und ewigen Winter den Eingeweiden verliehen.
Was die Natur ihm verliehen, dem kommt er mit List
    noch zu Hülfe,
Und der Kraft sich bewusst, lang hingestrecket im Seegras
Hält er sich stille; doch naht sich ein Thier, zum Spiegel
    sich hebend
Weidet er straflos frech sich an den lebenden Gliedern.
Wenn aus Versehen jedoch er in den Köder gebissen,
Und den Zügel gefühlt, die krumme Angel im Munde,
Trachtet er weder zu fliehn, noch beissend sich zu be-
    freien,
Sondern schmieget sich klug nur näher dem dunkelen
    Rosshaar,
Seiner Kraft sich bewusst, lässt weithin über die Wasser
Er den elektrischen Hauch aus giftigen Venen entströmen.
Schnur und Angel durchzucket der Blitz, und über den
    Wogen
Lähmt er den Menschen sogar; aus innerster Tiefe des
    Meeres
Zucket der schaurige Blitz, und den hängenden Faden
    verfolgend
Dringt er mit magischer Kraft eiskalt in die Knoten des
    Schilfrohrs,

---

* Aus Alexandria, lebte zu Ende des 4. Jahrhunderts.
Aeltere Nachrichten über den Zitterrochen finden sich bei
Plinius, Aelian und Oppian, dessen Gedicht über den Fisch-
fang dem Claudian vorgelegen zu haben scheint, sowie bei
Aristoteles.

** Torpedo, abgeleitet von *torpor*, Starre.

Lähmet den siegreichen Arm, und bringet den Blutlauf ins
                Stocken.
Aber der Fischer, entsetzt, wirft weg die verderbliche Beute,
Lässt die Angel in Stich und eilet bestürzt zu den Seinen.

Nachdem durch die Entdeckungen von Galvani und
Volta die Lehre von der Elektricität in eine neue Entwickelung getreten war, wurden diese Fische mehrfach
von verschiedenen Forschern, untersucht, und die elektrische Natur der ihnen innewohnenden Kraft aufs un-
zweideutigste bewiesen. Besonders werthvoll sind die
Untersuchungen von Faraday am Zitteraal und von
du Bois-Reymond am Zitterwels.

Es sind besonders drei Fische, deren Fähigkeit, elektrische Schläge zu geben, sicher nachgewiesen ist. Der
elektrische Roche oder Zitterroche des Adriatischen und
Mittelländischen Meeres, *Torpedo electrica* und *Torpedo
marmorata*; zweitens der Zitteraal, *Gymnotus electricus*,
ein Süsswasserfisch, der in den Gewässern des südlichen
Amerika vorkommt, und endlich der erst in neuerer
Zeit genauer untersuchte Zitterwels, *Malapterurus electricus*, oder *Malapterurus beninensis* aus den Flüssen der
Bai von Benin an der Ostküste Afrikas. Wir können uns nicht versagen, an dieser Stelle die Schilderung,
welche Alexander von Humboldt von dem elektrischen
Aal und seiner Wirkung gibt, einzuschalten[*]:

„Aber nicht die Krokodile und der Jaguar allein stellen den südamerikanischen Pferden nach; auch unter
den Fischen haben sie einen gefährlichen Feind; die
Sumpfwasser von Bera und Rastro sind mit zahllosen
elektrischen Aalen gefüllt, deren schwarzer, gelbgefleck-
ter Körper aus jedem Theile die erschütternde Kraft
nach Willkür aussendet. Diese Gymnoten haben 5—6
Fuss Länge. Sie sind mächtig genug, die grössten
Thiere zu tödten, wenn sie ihre nervenreichen Organe
auf einmal in günstiger Richtung entladen. Die Steppen-

---

[*] Ansichten der Natur, I, 23. (3. Aufl., Stuttgart 1859).

strasse von Uritucu musste einst verändert werden,
weil. sich die Gymnoten in solcher Menge in einem
Flüsschen angehäuft hatten, dass jährlich vor Betäu-
bung viele Pferde in der Furt ertranken. Auch fliehen
alle andern Fische die Nähe dieser furchtbaren Aale.
Selbst den Angelnden am hohen Ufer schrecken sie,
wenn die feuchte Schnur ihm die Erschütterung aus-
der Ferne zuleitet. So bricht hier elektrisches Feuer
aus dem Schose der Gewässer aus.

„Ein malerisches Schauspiel gewährt der Fang der
Gymnoten. Man jagt Maulthiere und Pferde in einen
Sumpf, welchen die Indianer eng umzingeln, bis das
ungewohnte Lärmen die muthigen Fische zum Angriff
reizt. Schlangenartig sieht man sie auf dem Wasser
schwimmen und sich, verschlagen, unter den Bauch der
Pferde drängen. Von diesen erliegen viele der Stärke
unsichtbarer Schläge. Mit gesträubter Mähne, schnau-
bend, wilde Angst im funkelnden Auge, fliehen andere
das tobende Ungewitter. Aber die Indianer, mit langen Bambusstäben bewaffnet, treiben sie in die Mitte
der Lache zurück.

„Allmählich lässt die Wuth des ungleichen Kampfes
nach. Wie entladene Wolken zerstreuen sich die er-
müdeten Fische. Sie bedürfen einer langen Ruhe und
einer reichlichen Nahrung, um zu sammeln, was sie an
galvanischer Kraft verschwendet haben. Schwächer und
schwächer erschüttern nun allmählich ihre Schläge.
Vom Geräusch der stampfenden Pferde erschreckt, nahen
sie sich furchtsam dem Ufer, wo sie durch Harpune
verwundet und mit dürrem, nicht leitendem Holze auf
die Steppe gezogen werden.

„Dies ist der wunderbare Kampf der Pferde und
Fische. Was unsichtbar die lebendige Waffe dieser
Wasserbewohner ist; was, durch die Berührung feuchter
und ungleichartiger Theile erweckt, in allen Organen
der Thiere und Pflanzen umtreibt; was die weite Him-
melsdecke donnernd entflammt, was Eisen an Eisen
bindet und den stillen wiederkehrenden Gang der lei-

tenden Nadel lenkt: alles, wie die Farbe des getheilten
Lichtstrahls, fliesst aus einer Quelle; alles schmilzt in
eine ewige, allverbreitete Kraft zusammen."

3. Sämmtliche elektrische Fische zeichnen sich durch
den Besitz eigenthümlicher Organe aus, in welchen die
elektrische Entladung entsteht. Sie stellen gleichsam
starke Batterien vor, welche durch den Willen des
Thieres in Thätigkeit versetzt werden können und dann
Ströme entwickeln, die durch das Wasser gehen und
andere in der Nähe befindliche Thiere treffen und erregen, ja sogar zu tödten im Stande sind. Diese elektrischen Organe, wie sie genannt werden, sind bei
allen drei oben genannten Fischgattungen nach demselben Plane gebaut. Sie bestehen aus einer grossen
Anzahl feiner Plättchen die schichtweise neben- und
übereinander geordnet, in bindegewebigen Kästchen eingeschlossen, das ganze Organ bilden. Bei dem Zitterrochen liegen diese Organe platt zu beiden Seiten neben
der Wirbelsäule. Bei dem Zitteraal und Zitterwels sind
sie der Länge nach angeordnet, und bilden bei dem
letztern eine geschlossene Röhre, in welcher das Thier
steckt und gleichsam nur mit Kopf und Schwanz her-
vorsieht. Die einzelnen Plättchen, aus denen die Organe bestehen, sind daher bei dem Zitterrochen horizontal angeordnet, während sie beim Zitteraal und
Zitterwels vertical stehen. Jedes dieser Plättchen stellt
eine äusserst zarte Haut dar, welche bei der Thätigkeit
des Organs auf der einen Seite positiv, auf der andern
negativ elektrisch wird. Die Ströme dieser vielen
Plättchen summiren sich ähnlich wie bei einer Batterie
und geben deshalb zusammen einen äusserst kräftigen
Strom. Zu jedem Plättchen tritt eine Nervenfaser,
vermöge deren das Thier im Stande ist, willkürlich die
elektrische Entladung zu bewirken, gerade wie mittels
des Nerven willkürlich Muskelcontraction bewirkt werden kann. Auch kann man einen solchen Nerven künstlich reizen und erhält dann einen oder viele elektrische

Schläge, ganz wie wir durch Reizung der Bewegungsnerven eine oder viele Zuckungen der Muskel hervorrufen. Die Aehnlichkeit des elektrischen Organs mit
dem Muskel ist in physiologischer Beziehung in der
That eine vollkommene.

Zu erwähnen ist noch, dass nahe Verwandte dieser
elektrischen Fische, z. B. die den Rochen ganz ähnlich gebauten Mormyrusarten, ähnliche Organe besitzen,
ohne dass jedoch bisjetzt mit Sicherheit elektrische
Wirkungen an denselben nachgewiesen worden wären.
Ferner hat man angenommen, dass die Leuchtorgane,
welche gewisse Insekten besitzen, auf elektrische Kräfte
zurückzuführen seien, was aber durchaus nicht bewiesen ist.

4. Ehe wir auf die Darlegung der elektrischen Erscheinungen an thierischen Gebilden weiter eingehen,
wird es jedoch nothwendig sein, Einiges über die
elektrischen Erscheinungen im Allgemeinen und über
die Mittel, sie nachzuweisen, vorauszuschicken.

Bekanntlich erhält man einen sogenannten elektrischen Strom, wenn zwei verschiedenartige Metalle
miteinander und mit einer Flüssigkeit in Berührung
sind. Die Elektricität tritt in diesem Falle in dem
Zustande der Bewegung oder Strömung auf, während
wir in andern Fällen sie im Zustande
der Ruhe beobachten. Tauchen wir also,
wie Fig. 36 zeigt, ein Stück Kupfer und
ein Stück Zink in ein Glas mit verdünnter
Schwefelsäure und verbinden dieselben
ausserhalb der Flüssigkeit durch einen
Draht, so strömt die positive Elektricität
durch den Draht vom Kupfer zum Zink
und in der Flüssigkeit vom Zink zum
Kupfer. Um einen solchen Strom nach-
zuweisen, bedient man sich der Magnetnadel. Ein elektrischer Strom, welcher an einer Magnetnadel parallel vorbei-
geführt wird, lenkt dieselbe aus ihrer normalen Lage ab

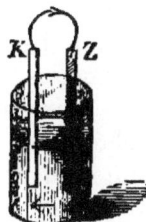

Fig. 36. Elek-
trischer Strom.

und sucht sie senkrecht auf seine eigene Richtung zu stellen. Je nach der Richtung, in welcher die positive Elektricität strömt, und je nach der Lage des Leitungsdrahtes zur Magnetnadel wird der Nordpol der Nadel entweder nach Osten oder nach Westen abgelenkt, sodass man also mit Hülfe der Magnetnadel nicht nur die Anwesenheit eines elektrischen Stromes überhaupt erkennen, sondern auch seine Richtung im Draht bestimmen kann. Dieses einfache Hülfsmitel führt aber nur zum Ziel, wenn der Strom verhältnissmässig stark ist, denn die Magnetnadel wird in ihrer Lage durch die magnetische Richtkraft der Erde festgehalten, und der elektrische Strom muss diese überwinden, wenn er die Nadel ablenken soll. Um auch schwächere Ströme zu erkennen, windet man den Draht, durch welchen der elektrische Strom fliesst, in mehrfachen Windungen um die Nadel herum. Indem so jede Windung ablenkend auf die Nadel wirkt, wird die ablenkende Kraft vermehrt, weshalb man ein solches Instrument einen elektrischen Multiplicator nennt.* Um die Empfindlichkeit eines solchen noch zu erhöhen, sucht man ferner die Richtkraft der Erde bis auf einen geringen Betrag aufzuheben, damit selbst schwache Ströme schon eine Ablenkung hervorzubringen im Stande sind. Man erreicht dies z. B. indem man neben, über oder unter der Magnetnadel einen festen Magneten so aufstellt, dass er auf die Magnetnadel entgegengesetzt wirkt wie der Erdmagnetismus, und ihn vorsichtig so weit nähert, bis die Wirkung des Erdmagnetismus beinahe ganz aufgehoben ist. Oder man verbindet zwei möglichst gleiche Magnetnadeln durch ein festes Zwischenstück derart, dass die gleichnamigen Pole nach entgegengesetzten Richtungen gekehrt sind. Indem nun der Erdmagne-

---

* Unter Berücksichtigung gewisser, hier nicht weiter zu erörternder Umstände kann das Instrument auch zur Messung der Stromstärke dienen. Es führt deshalb auch den Namen Galvanometer.

tismus die beiden Nadeln nach entgegengesetzten Richtungen zu drehen strebt, heben sich die Richtkräfte
des Erdmagnetismus ganz oder doch fast ganz auf, und

Fig. 37. Multiplicator.

so können selbst sehr schwache elektrische Ströme, in
geeigneter Weise um die Nadeln geführt, die Nadeln
schon merklich ablenken.

Einen sehr empfindlichen Multiplicator zu physiologischen Untersuchungen stellt Fig. 37 dar. Die beiden, miteinander verbundenen Nadeln sind mittels eines Seidencoconfadens an den Bügel $h'h$ aufgehängt; die Schraube i dient dazu, die Nadeln in der richtigen Höhe einzustellen, sodass eine der Nadeln innerhalb der Drahtwindungen frei schwebt, die andere oberhalb derselben über einer Kreistheilung, die zugleich die durch die Ströme bewirkte Ablenkung zu messen gestattet. Der sehr dünne Draht ist mit Seide besponnen und auf dem Rahmen C aufgewickelt; die Klemmschrauben $f'f$ dienen zur Zuleitung der Ströme.

Der Gebrauch des Multiplicators für physiologische Zwecke hat in neuerer Zeit bedeutend abgenommen, seitdem eine andere Art von Apparaten, die sogenannten Tangentenbussolen, besonders für diese Zwecke vervollkommnet worden sind. Der Vortheil dieser Bussolen besteht darin, dass sie neben grosser Empfindlichkeit zugleich eine Messung der Stromstärken gestatten. Wenn nämlich die Ablenkungen der Magnete sehr klein sind, so kann man die Stromstärken als proportional den trigonometrischen Tangenten der Ablenkungswinkel betrachten.* Um nun solche kleine Ablenkungen zu messen, dient das schon früher (Kap. 4, §. 3, S. 55) angeführte Verfahren der Beobachtung mit Spiegel und Fernrohr. Der Magnet ist, entweder selbst spiegelnd oder mit einem Spiegel fest verbunden, an einem Seidenfaden aufgehängt in einer kupfernen Hülse A, die mit Spiegelglasplatten geschlossen ist. Der elektrische Strom kann durch die Rollen $B'B$ geleitet werden, welche auf Schlitten beweglich sind, um durch mehr oder minder grosse Annäherung an den Magneten die Empfindlichkeit des Instrumentes nach Belieben abzustufen. Um die Ablenkungen zu messen, wird parallel mit der Ruhelage des Spiegels eine Theilung aufgestellt und deren Spiegelbild mit dem Fernrohr beobachtet, wie dies oben Kap. 4, §. 3 beschrieben wurde. Auch

---

* S. Anmerkungen und Zusätze Nr. 9.

kann man diese Bussole benutzen, um die Ablenkungen einem grössern Zuhörerkreise sichtbar zu machen, indem man Licht einer genügend hellen Lampe auf den

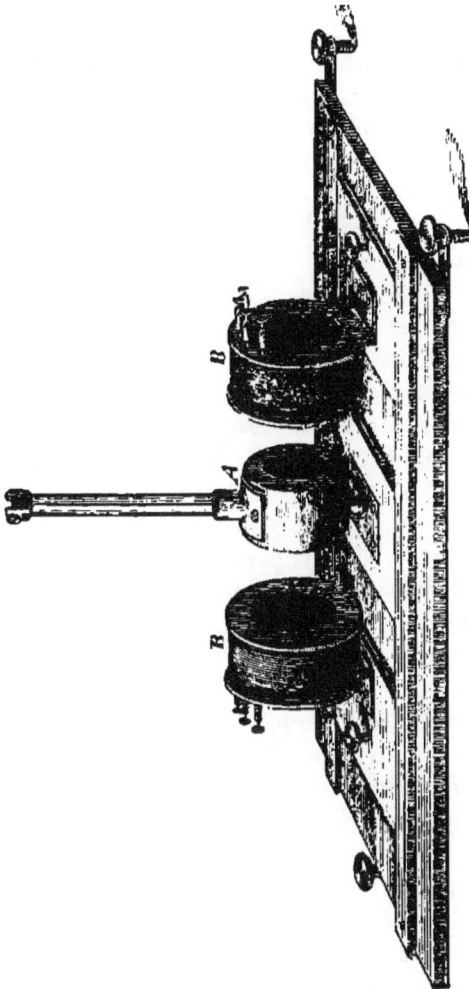

Fig. 38. Spiegelbussole.

Spiegel fallen lässt und das Spiegelbild mittels einer Linse auf einem Schirm auffängt. Um die Empfindlichkeit des Instrumentes zu erhöhen, schwächt man den

Einfluss des Erdmagnetismus auf den abzulenkenden
Magneten durch einen passend aufgestellten Magnetstab
in der oben angedeuteten Weise.

5. Hat man sich auf die eine oder andere Weise
einen möglichst empfindlichen Multiplicator verschafft,
so braucht man nur die zu untersuchenden thierischen
Theile mit demselben zu verbinden und zu sehen, ob
eine Ablenkung erfolgt oder nicht, ob also bei der gewählten Anordnung ein Strom vorhanden ist oder nicht.
Je empfindlicher jedoch ein solcher Multiplicator ist,
desto schwieriger ist es auch bei Verbindung desselben
mit irgendwelchem thierischen Theil keinen Strom zu
erhalten, und es würde zu Irrthümern führen, wollte
man diese Ströme alle als durch die thierischen Theile
selbst hervorgerufen ansehen. Verbindet man nämlich
die Enden des Multiplicatordrahtes mit zwei Drähten
von demselben Metall, z. B. Kupfer, und taucht diese
Drähte in eine leitende Flüssigkeit, z. B. verdünnte
Schwefelsäure, so erhält man stets starke Ablenkungen
der Nadel, weil die Kupferdrähte niemals so gleichartig sind, dass sie nicht schon an sich einen schwachen
Strom erzeugen. Nimmt man statt der Kupferdrähte
solche von Platin, so kann man dieses durch sorgfälti-
ges Reinigen allerdings ganz gleichartig machen, aber
diese Gleichartigkeit verschwindet sehr bald, und man
erhält auch mit diesem Metall Ströme, die nur von
ungleichartiger Beschaffenheit der metallischen Ober-
flächen herrühren. Glücklicherweise gibt es Combinationen von Metallen mit Flüssigkeiten, welche von
diesen Fehlern frei sind. Zwei Stücke von Zink, welche
man durch Bestreichen mit Quecksilber an ihrer Oberfläche amalgamirt hat, d. h. mit einem Ueberzuge von
Zinkamalgam, einer Verbindung von Zink und Quecksilber, gleichmässig bedeckt hat, erweisen sich als vollkommen gleichartig, wenn sie in eine Auflösung von
schwefelsaurem Zink getaucht werden, und diese Metalle behalten ihre Gleichmässigkeit auch dann, wenn

elektrische Ströme durch die Metalle und die Flüssigkeit geleitet werden. Man kann deshalb den Multiplicatordraht mit solchen Streifen von amalgamirtem Zink verbinden und diese in die schwefelsaure Zinklösung tauchen, ohne dass selbst ein sehr empfindlicher Multiplicator eine Ablenkung zeigt. Während es also zu groben Täuschungen Veranlassung geben würde, wenn man etwa die Multiplicatordrähte unmittelbar mit den zu untersuchenden thierischen Geweben in Verbindung bringen würde, da in diesem Falle an den Berührungsstellen selbst Elektricität entwickelt würde, kann man bei Benutzung des amalgamirten Zinks und der Lösung von schwefelsaurem Zink jede fremde Elektricitätsquelle ausschliessen und bei geeigneter Einschaltung thierischer Gewebe sicher sein, dass Ablenkungen der Magnetnadel, welche man beobachtet, wirklich von elektrischen Kräften herrühren, die in den thierischen Theilen ihren Sitz haben. Es handelt sich also bei dieser Untersuchung darum, den thierischen Theilen eine solche Lage zu geben, dass die an ihnen etwa entwickelten Ströme nur mittels der Zinklösung und amalgamirten Zinkplatten dem Multiplicatordrahte zugeleitet werden können.

6. Um diesen Zweck zu erreichen, hat du Bois-Reymond, welchem wir hauptsächlich unsere Kenntniss von den elektrischen Erscheinungen der thierischen Gewebe verdanken, dem Apparate folgende Form gegeben (Fig. 39). Man verbindet die Enden des Multiplicatordrahtes mit zwei Trögen oder Gefässen, die aus Zink gegossen, an ihrer äussern Fläche lackirt, an ihrer innern Höhlung aber sorgfältig amalgamirt sind. In diese Höhlung wird eine Lösung von schwefelsaurem Zink gegossen und Bäusche, die aus vielen Bogen Fliesspapier zusammengelegt und mit derselben Lösung durchtränkt sind, werden so über den Rand des Gefässes gebogen, dass sie zum Theil in die Lösung tauchen, zum Theil über den Rand hervorragen und dort mit

einem scharf abgeschnittenen lothrechten Querschnitte
endigen. Kleine Schilder aus einer isolirenden Substanz (Hartgummi) halten die Bäusche mit Hülfe von
Kautschukringen in ihrer Lage fest. Rückt man die
Gefässe so weit zusammen, dass die Bäusche einander
berühren, oder überbrückt man den Zwischenraum zwischen den Bäuschen mit einem dritten ebenfalls mit

Fig. 30. Gleichartige Ableitungsgefässe von du Bois-Reymond.

schwefelsaurer Zinklösung getränkten Bausch, so bleibt
die Multiplicatornadel ganz unbewegt, zum Beweise,
dass in der ganzen Vorrichtung keine Ursache von
Stromentwickelung vorhanden ist. Bringt man jetzt an
Stelle des dritten Bausches den zu untersuchenden
Körper und erhält eine Ablenkung der Nadel, so ist
der Beweis geliefert, dass innerhalb dieses Körpers
eine stromentwickelnde Ursache ihren Sitz haben muss.
Die Vorrichtung hat nur den einen Nachtheil, dass
durch die Berührung mit der concentrirten Lösung
von schwefelsaurem Zink die thierischen Theile ange-

ätzt und in ihren Lebenseigenschaften beeinträchtigt werden. Um dies zu vermeiden, bedient man sich sogenannter Schutzschilder, d. h. dünner Platten von plastischem Thon (Porzellanerde), welcher mit einer verdünnten Kochsalzlösung von $1\frac{1}{2}$ bis 1 Proc. angerührt ist, und welche man auf die Fliesspapierbäusche da auflegt, wo die zu untersuchenden Gewebe angelegt werden sollen. Der Thon schützt die Gewebe vor der unmittelbaren Berührung mit der concentrirten Zinklösung, die in den Geweben vorhandenen elektrischen Wirkungen können aber, da der Thon leitungsfähig ist, zum Zinkvitriol und so zum Multiplicatordrahte gelangen.

7. Wenn man auf diese Weise Muskeln oder Nerven untersucht, so wird man je nach der Art des Auflegens bald gar keine, bald schwächere, bald stärkere Ablenkungen der Magnetnadel beobachten. Ein und derselbe Körper, z. B. ein Stück Muskel, kann bei einer bestimmten Lage einen sehr starken Strom geben, bei einer andern Lage gar keinen. Um dies zu verstehen, müssen wir untersuchen, in welcher Weise etwaige elektrische Ströme, die im Innern des untersuchten Gewebes vorhanden sind, sich bei der von uns gewählten Untersuchungsmethode dem Multiplicatordrahte mittheilen können.

Kehren wir nochmals zu der einfachen Kette zurück (Fig. 36, S. 155), an welcher wir zuerst die Wirkung des elektrischen Stromes auf einer Magnetnadel beobachtet haben. Ein Stück Zink und ein Stück Kupfer tauchen in verdünnte Schwefelsäure und ihre hervorragenden Enden sind durch einen Draht miteinander verbunden. In diesem Zustande nennt man die Kette geschlossen. In derselben kreist ein Strom, welcher im Draht vom Kupfer zum Zink und in der Flüssigkeit vom Zink zum Kupfer gerichtet ist. Betrachten wir den Schliessungsdraht allein, so besteht in diesem, wenn er nicht mit der Kette verbunden ist, kein Strom.

Betrachten wir die Kette allein, d. h. ohne Schliessungs-draht, so ist auch in ihr kein Strom vorhanden. Da-mit ein Strom zu Stande komme, ist ein geschlossener Kreis nothwendig. Aber in der Kette ist die Ursache gegeben, durch welche im geeigneten Falle die elek-trische Strömung erzeugt werden kann, denn wenn wir den Draht allein für sich zu einem Kreise zusammen-biegen, so entsteht in ihm kein Strom. Wir können auch die Ursache der Stromentwickelung in der Kette nachweisen. Ist dieselbe offen, d. h. nicht durch den Schliessungsdraht zum Kreise geschlossen, und verbinden wir die hervorragenden Enden des Zinks oder Kupfers mit einem Elektrometer, so sehen wir, dass die Gold-blättchen voneinander weichen und erkennen, dass an diesen aus der Flüssigkeit hervorragenden Metallenden eine elektrische Spannung herrscht. Diese Spannung ist an dem Kupferende positiv, an dem Zinkende ne-gativ. Verbinden wir daher die beiden Metalle durch den Schliessungsdraht, so vereinigen sich die entgegen-gesetzten Elektricitäten, und dies ist die Ursache des Stromes im Drahte. Die Kraft aber, welche in der Kette die elektrische Spannung der Metallenden her-vorgerufen hat, wirkt dauernd und macht, dass dieser Strom im Drahte immer weiter fortbesteht. Wir nen-nen diese Kraft die **elektromotorische Kraft** der Kette. Sie äussert sich, wenn die Kette ungeschlossen ist, durch die elektrische Spannung an den hervorragen-den Metallenden oder Polen der Kette, und wenn die Pole durch einen Schliessungsbogen miteinander ver-bunden werden, durch den Strom, welchen sie in die-sem erzeugt.

Nehmen wir nun an, die beiden Metalle, welche in der Flüssigkeit enthalten sind, ragten nicht aus der-selben hervor, sondern berührten sich innerhalb der Flüssigkeit, so wäre offenbar die Kette auch geschlossen, nur dass der Schliessungsbogen hier innerhalb der Flüssigkeit gelegen wäre. Durch diesen muss dann der Strom vom Kupfer zum Zink und in der Flüssigkeit

vom Zink zum Kupfer gehen. Dass dem wirklich so
ist, können wir leicht beweisen, denn wir sehen an der
eingetauchten Metallfläche Bläschen sich entwickeln,
welche nichts anderes sind als die durch den elektrischen Strom aus dem Wasser durch Zerlegung desselben in seine Bestandtheile entwickelten Gase, und
zwar entwickelt sich an dem Kupfer Wasserstoff und
an dem Zink Sauerstoff. In diesem Falle also ist die
Kette in sich geschlossen. Wir haben keinen äusserlich vorhandenen Schliessungsbogen, an dem wir mit
Hülfe der Magnetnadel einen Strom nachweisen könn-

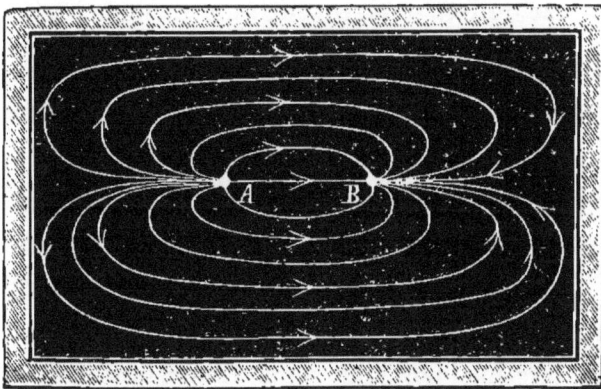

Fig. 40. Stromverzweigung in unregelmässigen Leitern.

ten. Dennoch sind wir im Stande, die in der Flüssigkeit und in den eingetauchten Metallen circulirenden
Ströme auch mittels eines Multiplicators nachzuweisen, und zwar mit Hülfe eines Princips, welches die
Vertheilung elektrischer Ströme genannt wird.

Wir wollen annehmen, eine Kette k sei durch den
Schliessungsdraht nicht unmittelbar geschlossen, sondern
von jedem Pole gehe ein Draht aus, welcher den
irgendwie gestalteten Leiter Fig. 40 in zwei Punkten
A und B berühre. Es lässt sich nachweisen, dass die
elektrischen Ströme in diesem Falle durch den Körper

gehen, aber nicht etwa blos auf der geraden Verbindungslinie zwischen A und B, sondern überall im Körper sich vertheilen, sodass sie eine Menge von Leitungsbahnen einschlagen, welche alle in den Punkten A und
B zusammentreffen, wo die elektrischen Ströme in den
Körper ein- und aus ihm austreten. Wenn der eingeschaltete Körper eine einfache Gestalt hat, so lässt
sich auf dem Wege der Rechnung die Gestalt der einzelnen Leitungsbahnen leicht bestimmen; bei unregelmässigen Körpern ist dies schwer, aber durch den
Versuch kann man auch hier den Nachweis führen,
nicht nur dass die Elektricität sich durch den ganzen
Körper verbreitet, sondern auch die Bahnen bestimmen,
in denen die einzelnen Stromantheile sich bewegen.

Betrachten wir ein einfaches Beispiel, etwa einen
dicken cylindrischen Stab, in welchem die Elektricität
an der einen Endfläche ein- und an der andern austritt, so ist es schon an und für sich wahrscheinlich,
dass die Bahnen einfach der Länge des Stabes entlang
parallel zur Achse verlaufen werden. Wir können statt
des Stabes uns ein Bündel einzelner Drähte denken,
dann wird in jedem dieser Drähte ein Theil des ganzen Stromes verlaufen. Wenn wir nun einen dieser
Drähte zerschneiden und seine Enden mit dem Multiplicator verbinden, so muss offenbar der Stromantheil
dieses Drahtes durch den Multiplicator gehen und eine
Ablenkung der Nadel bewirken. Aber auch wenn der
Draht ohne zerschnitten zu sein in zwei Stellen seiner
Länge mit dem Multiplicator verbunden wird, muss
nach dem Gesetz von der Verzweigung der Ströme ein
Stromantheil sich durch den Multiplicator abzweigen.

8. Wir können uns dies noch auf einem andern Wege
klar machen. Wir haben gesehen, dass an den Polen
einer offenen Kette eine gewisse Spannung der Elektricität besteht, und dass die entgegengesetzten Spannungen der beiden Pole die Ursache des Stromes im
Schliessungsdrahte sind. Wären die Pole nur einmal

mit den entsprechenden Elektricitätsmengen geladen
gewesen, so würden diese sich durch den Draht hindurch vereinigen, und ein augenblicklicher Strom wäre
die Folge. Da aber infolge der elektromotorischen
Kraft der Kette die Spannung an den Polen immer
wieder erneuert wird, ist der Strom ein dauernder.
Am Anfang und am Ende des Schliessungsdrahtes herrschen also fortwährend entgegengesetzte Spannungen
und diese wirken auf die natürliche Elektricität, welche
im Drahte, wie in jedem Körper vorhanden ist, und
setzen sie in Bewegung. Daraus folgt, dass während
der Strom durch den Draht fliesst, an den einzelnen
Punkten des Drahtes verschiedene Spannungen herrschen

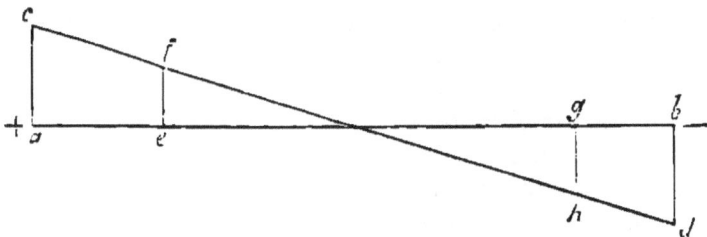

Fig. 41. Elektrisches Gefälle.

müssen. Am Berührungspunkt mit dem positiven Pole
besteht eine gewisse positive Spannung, am Berührungs-
punkte mit dem negativen Pole eine ebensolche negative Spannung, und in der Mitte des Drahtes muss ein
Punkt sein, welcher die Spannung 0 hat. Wir können
dies bildlich darstellen, indem wir die an jedem Punkte
des Drahtes herrschende Spannung durch eine senkrecht auf den Draht gezeichnete Linie darstellen, deren
Länge die Spannung des betreffenden Punktes ausdrückt.
Sei ab (Fig. 41) der Draht, so ist die Linie ac der
Ausdruck für die Spannung an seinem einen Ende, welches mit dem positiven Pol verbunden ist. Um anzudeuten, dass am andern Ende b die Spannung negativ,
also von entgegengesetzter Art ist, zeichnen wir die
Linie bd nach unten von ab. In der Mitte herrscht

die Spannung = 0; an irgendeinem Punkte zwischen
der Mitte und dem Ende a, etwa in c, muss eine positive Spannung herrschen, welche kleiner ist wie die
in a, aber grösser als 0. Sie sei ausgedrückt durch
die Linie ef. Ebenso herrscht in einem Punkte zwischen der Mitte und dem Ende b, etwa in g, eine gewisse negative Spannung, welche wir durch die Linie
gh ausdrücken. Dasselbe können wir für alle andern
Punkte des Drahtes machen. Wenn nun der Draht ganz
gleichmässig ist, so nehmen die positiven Spannungen
von dem Ende a nach der Mitte hin ganz gleichmässig
ab, und ebenso die negativen Spannungen von dem
Ende b nach der Mitte hin. Verbinden wir die Enden
der Linien, welche die Spannungen ausdrücken, so erhalten wir eine schräg verlaufende gerade Linie, welche
den Draht in der Mitte schneidet und deren Abstände
vom Drahte an allen Punkten die elektrischen Spannungen dieser Punkte ausdrücken.

Diese gleichmässige Abnahme der Spannungen im
Drahte kann mit Hülfe des Elektrometers nachgewiesen
werden, wenn man dasselbe mit den einzelnen Punkten
des Drahtes in Berührung bringt. Die allmähliche
Abnahme der Spannungen im Drahte ist offenbar auch
der eigentliche Grund für die Bewegung der Elektricität durch den Draht, denn an jeder Stelle des Drahtes
stossen Theile aneinander, in welchen die Spannung
von links nach rechts hin allmählich kleiner wird, und
so wird die Elektricität veranlasst, in der Richtung
von links nach rechts zu fliessen. Es herrscht hier
offenbar ein ähnliches Verhältniss, wie in einer Röhre,
durch welche Wasser fliesst, wo gleichfalls der Druck
des Wassers von dem einen nach dem andern Ende
hin allmählich und gleichmässig abnimmt. Um diese
Aehnlichkeit auszudrücken, wollen wir für die elektrischen Ströme einen Ausdruck benutzen, welcher von
strömenden Flüssigkeiten hergenommen ist, und wollen
die allmähliche Abnahme der Spannungen das elektrische Gefälle nennen.

Vergleichen wir zwei Drähte miteinander, welche bei
gleicher Dicke ungleich lang sind, *ab* und *cd* (Fig. 42).
Ist *ab* zwischen die Pole einer Kette eingeschaltet, so
würde das Gefälle durch die schräge Linie *ef* dargestellt
werden. Denken wir uns *ab* entfernt und *cd* zwischen
die Pole derselben Kette eingeschaltet, so werden die
Spannungen an den Enden dieselben sein, das Gefälle
für den Draht *cd* wird durch die schräge Linie *gh*
dargestellt werden können. Wie man sieht, verläuft
für den kürzeren Draht die Linie viel steiler, das Ge-

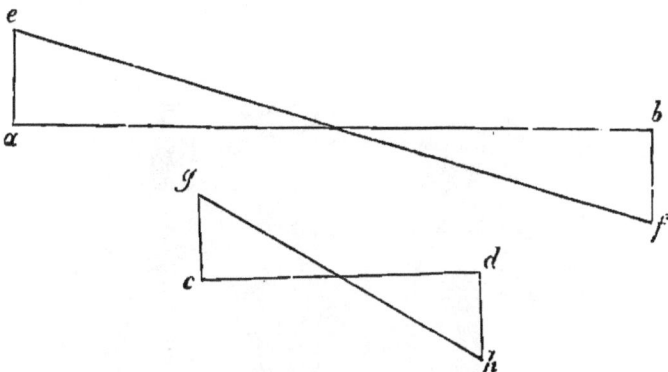

Fig. 42. Gefälle in verschiedenen Drähten.

fälle ist ein stärkeres, und die Strömung der Elektricität geht in diesem Drahte mit grösserer Geschwindigkeit vor sich. Nehmen wir nun an, die beiden Drähte
ab und *cd* wären gleichzeitig mit den Polen der Kette
verbunden, so werden auch in diesem Falle die Spannungen an ihren Enden gleich sein müssen, aber die
Gefälle verschieden. Denken wir uns statt der beiden
Drähte sehr viele einzelne Drähte, so gilt für alle diese
dasselbe, und wenn die Drähte zu einem gemeinschaftlichen leitenden Körper zusammenschmelzen, so wird
in dem Verhältniss der Gefälle im wesentlichen nichts
geändert, wir können den ganzen Körper bestehend
denken aus den einzelnen Drähten, auf deren jedem
ein bestimmtes Gefälle herrscht, dessen Steilheit von

der Länge des betreffenden Drahtes abhängt. Diese
Drähte sind aber nichts anderes als die Leitungsbahnen
der elektrischen Strömung, von welchen wir an einer
frühern Stelle gesprochen haben. Auch auf diesen
Leitungsbahnen müssen bestimmte Gefälle vorhanden
sein, und zwar um so steilere, je kürzer die Bahnen
zwischen den Ein- und Austrittsstellen der elektrischen
Strömung sind.

9. Kehren wir zu einem einfachen Drahte zurück,
durch welchen ein Strom fliesst. Wenn wir zwei Punkte

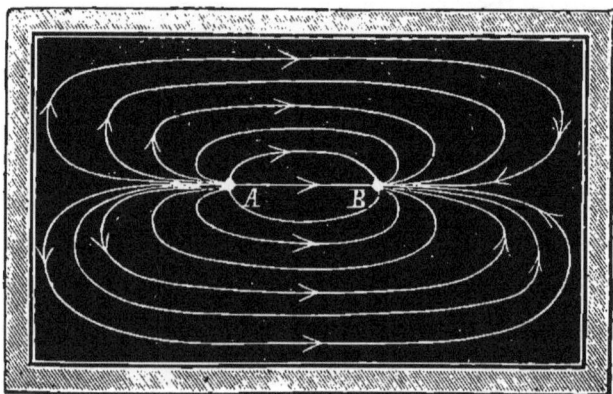

Fig. 43. Strombahnen in einem Leiter.

desselben mit zwei Elektrometern verbinden, so werden diese verschiedene Spannungen anzeigen; der Unterschied wird um so grösser sein, je weiter die beiden
Punkte voneinander entfernt sind. Verbinden wir nun
die Punkte durch einen gebogenen Draht, so müssen
offenbar die verschiedenen Spannungen an den Berüh-
rungspunkten eine Störung der natürlichen Elektricitäten in dem angelegten Drahte bewirken, und infolge
dessen eine elektrische Strömung von dem Punkte
grösserer Spannung zu dem Punkte geringerer Spannung erzeugen. Ist in dem angelegten Draht ein Mul-

tiplicator eingeschaltet, so wird die Nadel desselben eine Ablenkung erfahren. Dasselbe gilt nun auch für einen unregelmässigen oder regelmässigen Leiter. Wenn sich in dem Körper AB (Fig. 43) die Elektricität in verschiedenen Leitungsbahnen bewegt, und wenn in zwei Punkten einer solchen Bahn, wie wir gesehen haben, verschiedene Spannung herrscht, so muss ein Strom entstehen, wenn wir einen gebogenen Draht mit seinen Enden an diese Punkte anlegen, und wenn der gebogene Draht einen Multiplicator enthält, so wird die Nadel abgelenkt werden. Dahingegen muss es auf zwei verschiedenen Leitungsbahnen immer Punkte geben, welche gleiche Spannung haben. Denn auf jeder solchen Bahn beginnt die Spannung mit einem gewissen positiven Werthe (bei A) und geht durch den Werth 0 hindurch zu einem gewissen negativen Werthe (bei B). Die Multiplicatornadel wird also in Ruhe bleiben müssen, wenn wir die beiden Enden des Multiplicatordrahts nicht an zwei Punkte verschiedener Spannung, sondern an zwei Punkte gleicher Spannung anlegen. Hierdurch sind wir also in den Stand gesetzt, bei einem jeden Körper, bei welchem elektrische Ströme in irgendeiner Weise sich bewegen, zu untersuchen, ob zwei Punkte gleiche oder ungleiche Spannung haben, und durch eine systematische Untersuchung dieser Art werden wir offenbar allmählich einen Einblick in die Form und Lage der Leitungsbahnen des betreffenden Körpers gewinnen.

ZEHNTES KAPITEL.

1. Ableitender Bogen; 2. Strömungscurven und Spannungscurven; 3. Ableitungsröhren; 4. Compensationsmethode zur
Messung der Spannungsdifferenzen.

1. Legen wir in der Weise, wie es im vorigen Kapitel angegeben wurde, an irgendeinen von Strömen
durchflossenen Leiter einen gekrümmten Draht mit seinen beiden Endpunkten an, so kann sich ein Theil der
Ströme, welche im Leiter vorhanden sind, auch durch
diesen Draht ergiessen. Wir leiten also gleichsam einen
Theil der Strömung aus dem Körper ab, um ihn der
Untersuchung zugänglich zu machen. Unter Umständen
kann dies auf die Strömungsvorgänge in dem Leiter
verändernd einwirken. Wir wollen jedoch annehmen,
dass dies nicht der Fall sei, dass also die Spannungen
an den berührten Punkten durch die Anlegung des
Drahtes an den Leiter nicht wesentlich geändert werden.* Dann wird die Richtung und Stärke des Stromes, welcher in dem Leiter entsteht, nur von dem
Unterschied der Spannungen an den berührten Punkten und von dem Widerstand des Drahtes abhängen.

Einen solcher Art an einen von Strömen durchflossenen Leiter angelegten Draht nennen wir einen

---

* Unter welchen Umständen diese Annahme zutrifft, kann
hier nicht weiter erörtert werden; doch lassen sich die Ein-
richtungen derart treffen, dass es der Fall ist.

ableitenden Bogen, die Enden des Drahtes, mit
denen er den zu untersuchenden Leiter berührt, die
Fusspunkte des Bogens und die Entfernung der Fusspunkte voneinander seine Spannweite.

Auf die Beschaffenheit des Bogens kommt es im
übrigen nicht an. Er kann aus einem oder mehrern
Drähten zusammengesetzt sein, er kann feuchte Leiter
enthalten oder nicht. Nur eine Bedingung muss erfüllt sein: Durch die Berührung des ableitenden Bogens
mit dem zu untersuchenden Leiter müssen keine elektrischen Wirkungen entstehen. Nun haben wir schon
oben gesehen, dass dies bei Anlegung metallischer
Drähte an die feuchten thierischen Theile nicht zu vermeiden ist. Deswegen müssen also die Drahtenden des
Bogens mit den oben beschriebenen Ableitungsgefässen
von Zink (Fig. 38) verbunden werden. Die mit Kochsalzlösung getränkten Thonschilder dieser Vorrichtung
stellen dann die eigentlichen Fusspunkte des ableitenden Bogens vor. Ein so beschaffener Bogen, der an
und für sich und durch seine Anlegung an den zu
untersuchenden Leiter keine Ursache zur Stromentwickelung gibt, wird ein gleichartiger Bogen genannt.

Um eine vollständige Kenntniss von der Vertheilung
der Spannungen in einem Leiter zu erlangen, müssten
wir augenscheinlich alle Punkte desselben nach und
nach mit den Fusspunkten des gleichartigen ableitenden Bogens berühren. Dies ist für die Oberfläche des
Körpers leicht möglich; für das Innere schwer, häufig
gar nicht ausführbar. Wir müssen uns daher mit der
Untersuchung der Oberfläche begnügen, aber es lässt
sich zeigen, dass aus der Untersuchung dieser Oberfläche werthvolle Schlüsse auf die Beschaffenheit des
Innern gezogen werden können.

2. Zwei Fälle sind zu unterscheiden. Entweder ist
der zu untersuchende Körper an und für sich elektrisch
unwirksam und es werden ihm von aussen elektrische
Ströme zugeführt, deren Vertheilung im Innern unter-

sucht werden soll. Oder aber im Innern des Körpers
selbst sind elektromotorische Kräfte vorhanden und die
dadurch hervorgerufenen Strömungen bilden den Gegenstand der Untersuchung. Das letztere ist der Fall, der
uns bei den organischen Geweben vorliegt, insofern als
wir schon gesehen haben, dass bei der Einschaltung
derselben zwischen den Enden eines gleichartigen Bogens unter Umständen elektrische Wirkungen sich zeigen. Und dass in andern Fällen keine solche Wirkung

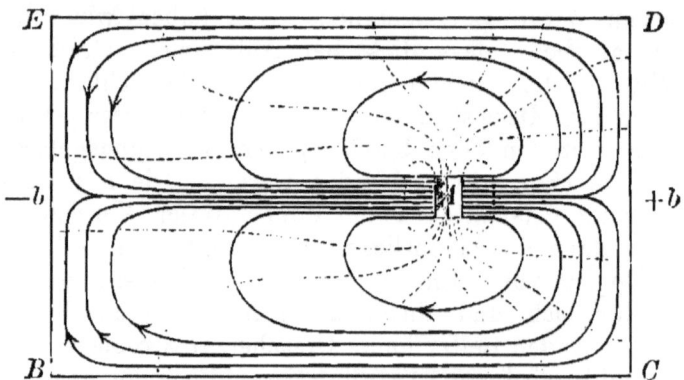

Fig. 44. Strömungscurven und Spannungscurven.

auftritt, wird uns nach den letzten Erörterungen erklärlich, wenn wir annehmen, dass dabei Stellen gleicher Spannung mit den Enden des Bogens in Berührung
gekommen sind.

Sei *BCDE* (Fig. 44) ein Durchschnitt durch einen
Körper, in welchem eine elektromotorische Kraft vorhanden ist. Der Einfachheit wegen wollen wir annehmen, der Körper sei ein regelmässiger Cylinder und
die elektromotorische Kraft in seiner Achse gelegen,
dann wird das, was wir für den gezeichneten Durchschnitt *BCDE* entwickeln, auch für jeden andern
Durchschnitt gelten. Im Punkte *A* sei der Sitz der

elektromotorischen Kraft*, welche die positive Elektricität nach rechts und die negative Elektricität nach links hin in Bewegung setzt. Der ganze Körper wird dann mit Strömungsbahnen erfüllt sein. In dem Cylinder haben wir uns diese Bahnen natürlich flächenartig zu denken und erhalten so Strömungsflächen, welche einander zwiebelschalenartig umhüllen, und welche in unserm Durchschnitt sich als geschlossene Curven darstellen, die alle durch den Punkt A gehen. Sie sind in der Figur durch ausgezogene Linien dargestellt. Auf jeder dieser Bahnen herrscht, wie wir wissen, ein bestimmtes Gefälle, d. h. auf jeder derselben ist der Punkt dicht rechts neben A am stärksten positiv, die Spannung nimmt bis zur Mitte hin, wo sie 0 ist, allmählich ab, wird dann negativ und dicht links neben A ist die negative Spannung am grössten. Dies gilt für alle Curven oder Leitungsbahnen. Auf jeder derselben gibt es einen Punkt, wo die Spannung 0 ist, rechts von ihm, wo die Spannung $+ 1$ ist, noch weiter rechts einen, wo die Spannung $+ 2$ ist, bis zur grössten Spannung bei A, und ebenso gibt es auf jeder Curve links von dem Nullpunkte Punkte von der Spannung $— 1, — 2$ u. s. w. Verbinden wir nun alle Punkte gleicher Spannung miteinander, so erhalten wir ein zweites System von Curven, welche auf den Strömungscurven senkrecht stehen, und welche in unserer Figur durch punktirte Linien dargestellt sind. Wir haben eine Curve, welche alle Punkte der Spannung 0 verbindet, eine andere für die Spannung $+ 1$ u. s. f. Diese Curven mögen Spannungscurven oder isoelektrische Curven genannt werden. In dem Cylinder, dessen Durchschnitt hier gezeichnet ist, entsprechen

---

* Um für diese elektromotorische Kraft eine physikalische Unterlage zu haben, können wir uns denken der Cylinder bestehe aus einer Flüssigkeit, und im Punkte A sei ein Körper, welcher halb aus Zink, halb aus Kupfer besteht, angebracht.

diesen Curven offenbar gekrümmte Flächen, welche die vorher erwähnten Strömungsflächen durchschneiden, und welche Spannungsflächen oder isoelektrische Flächen heissen mögen. An der Oberfläche des Cylinders treten diese isoelektrischen Flächen zu Tage und schneiden die Oberfläche in krummen Linien, welche in unserm einfachen Falle lauter Parallelkreise sind, d. h. Kreise, die die Cylinderoberfläche parallel den Endflächen durchschneiden. Die isoelektrische Fläche von der Spannung 0 schneidet den Cylinder nahe seiner Mitte und theilt ihn in zwei ungleiche Hälften, von denen die rechte positiv, die linke negativ ist. Die andern isoelektrischen Curven schneiden die Cylinderfläche in Parallelkreisen und die isoelektrischen Curven grösster positiver und grösster negativer Spannung treffen die Oberfläche in den Mittelpunkten der Endflächen des Cylinders, welche in unserer Figur mit $+ b$ und $- b$ bezeichnet sind.

So einfach wie in diesem Falle sind nun die Verhältnisse nicht immer. Wenn der betreffende Körper kein regelmässiger Cylinder ist, und wenn die elektromotorische Kraft nicht genau in der Achse ihren Sitz hat, ist die Anordnung der isoelektrischen Flächen eine verwickeltere. Immer aber ist der betreffende Körper von einem System ineinander geschachtelter Strömungsflächen erfüllt und ein System von isoelektrischen Flächen kann construirt werden, welche die Oberfläche des Körpers in irgendwelchen Curven schneiden. Auf jeder solchen Curve der Oberfläche, die einer isoelektrischen Fläche entspricht, herrscht immer dieselbe Spannung; auf zwei benachbarten solchen Curven sind die Spannungen verschieden. Berücksichtigen wir deshalb nur die Oberfläche, so können wir sagen, dass, wenn im Innern des Körpers eine elektromotorische Kraft vorhanden ist, dieser eine bestimmte Anordnung der Spannungen an der Oberfläche des Körpers entsprechen muss. Studiren wir diese Anordnung der Spannungen an der Oberfläche, so können wir daraus

Schlüsse auf den Sitz der elektromotorischen Kraft im Innern ziehen.

3. Die oben beschriebenen Ableitungsgefässe von Zink (Fig. 38) reichen für die Untersuchung nicht immer aus. Abgesehen davon, dass die Zwischenlagerung thierischer Theile zwischen die Bäusche nicht immer bequem auszuführen ist, gelingt es auch nicht, einzelne Punkte derselben mit den Bäuschen in Berührung zu bringen. Das ist ohne Bedeutung, wenn die isoelektrischen Curven einander parallel verlaufen, wie in dem von uns im §. 2 behandelten Falle, an der Mantelfläche des Cylinders. Es gelingt dann immer, die scharfe Kante der Thonschilder so an die Fläche anzulegen, dass alle mit derselben in Berührung kommenden Punkte derselben isoelektrischen Curve angehören. Anders ist dies schon bei der Untersuchung der Endflächen dieses Cylinders. An diesen bilden die isoelektrischen Curven concentrische Kreise. In solchen Fällen ist es unerlasslich, die theoretische Forderung, dass der ableitende Bogen den zu untersuchenden Leiter in zwei Punkten berühre, etwas genauer zur Ausführung zu bringen. Zu diesem Behuf wendet man dann eine andere Art von Ableitungsgefässen an, welche von du Bois-Reymond sowol zu diesem Zweck als auch zur Zuleitung von Strömen, in Fällen, wo es auf Vermeidung der elektrischen Polarisation ankommt, angegeben wurden. Diese, gewöhnlich als „unpolarisirbare Elektroden" bezeichnete Vorrichtung ist in Fig. 45 dargestellt. Auf dem Stativ A ist die etwas plattgedrückte Glasröhre a befestigt. Das Gelenk e und die Verschiebung an der Säule h gestatten, der Glasröhre jede wünschenswerthe Lage zu geben. In dieser Röhre steckt ein amalgamirter Zinkblechstreifen b, der mittels eines Drahts mit dem Multiplicator verbunden werden kann. Das Glasrohr ist unten geschlossen durch einen Stopfen von plastischem, mit verdünnter Kochsalzlösung angerührtem Thon, dessen hervorragenden Theil man in eine Spitze formen

kann, welche den zu untersuchenden Leiter in möglichst
geringer Ausdehnung berührt. Der Raum der Glasröhre wird mit concentrirter Lösung von Zinkvitriol
gefüllt und so die unpolarisirbare und gleichartige Leitung zwischen dem Zinkstreif und der Thonspitze hergestellt. Ein zweiter, ganz gleicher Apparat (in der
Figur nur theilweise dargestellt) besorgt die Ableitung
von dem andern Punkte des Leiters.

Mit welcher Art von Ableitungsvorrichtung man auch
arbeiten möge, immer wird die Entscheidung, ob die
beiden mit den Fusspunkten des ableitenden Bogens

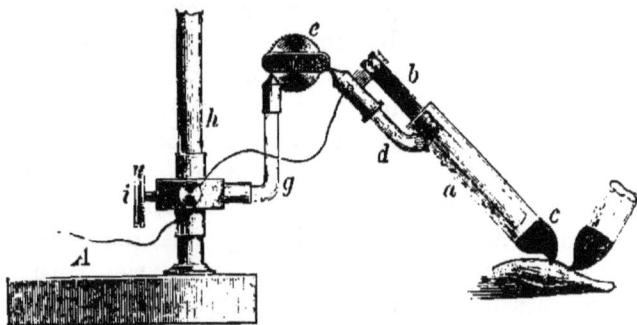

Fig. 45. Ableitungsröhren von du Bois-Reymond.

berührten Punkte gleiche oder ungleiche Spannung
haben, um so genauer ausfallen, je empfindlicher der
in den ableitenden Bogen eingeschaltete Multiplicator
ist. Indem wir den zu untersuchenden Körper nach
und nach mit den verschiedenen Punkten seiner Oberfläche auf die Bäusche der oben beschriebenen Ableitungsgefässe (s. Kap. IX, §. 5) auflegen oder mit den
Spitzen der eben erwähnten Ableitungsröhren berühren,
erkennen wir, welche Punkte gleiche Spannung haben
(denn in diesem Falle darf der Multiplicator keine Ablenkung zeigen), oder bei ungleicher Spannung der
berührten Punkte, welchem derselben die grössere positive Spannung zukommt. Denn von diesem letztern
Punkte her muss ein Strom durch den Multiplicator

zu dem Punkte geringerer positiver (oder, was dasselbe ist, grösserer negativer) Spannung fliessen, was wir aus der Richtung der Ablenkung am Multiplicator erkennen. Um aber die Lage der isoelektrischen Curven ganz vollständig zu übersehen, müssten wir auch noch die absolute Grösse der elektrischen Spannungen an jedem Punkte kennen. Statt dessen genügt es aber, die Differenz der Spannungen zwischen je zwei Punkten zu bestimmen, und dazu gibt es sehr genaue und zuverlässige Methoden.*

4. Die Berechnung dieser Differenzen aus der Grösse der Ablenkung am Multiplicator würde aus Gründen, die wir hier nicht weiter erörtern können, unbequem und ungenau sein. Dagegen können wir jene Differenzen mit Hülfe eines Verfahrens, welches von Poggendorff ersonnen und von du Bois-Reymond verbessert wurde, mit jeder wünschenswerthen Schärfe messen.

Will man die Schwere irgendeines Körpers bestimmen, so legt man ihn auf eine Wagschale und legt auf die andere so lange Gewichte, bis die Wage wieder im Gleichgewicht ist. Da in diesem Falle die beiden Gewichte in ihren Wirkungen auf den Wagbalken sich gegenseitig aufheben, so müssen sie einander gleich sein. Dieses allgemein bekannte Princip ist aber einer bedeutenden Verallgemeinerung fähig. Wir wollen z. B. die Anziehung bestimmen, welche ein Magnet auf ein Stück Eisen ausübt. Wir hängen das Eisen an das eine Ende des Wagbalkens und an das andere Gewichte, bis der Wagbalken wieder im Gleichgewicht ist. Nun legen wir den Magneten unter das Eisen; durch die magnetische Anziehung wird das Gleichgewicht gestört, und wir müssen am andern Ende des Wagbalkens Gewichte hinzufügen, um es wieder herzustellen. Die Grösse der dazu erforderlichen Gewichte ist dann offen-

---

* S. Anmerkungen und Zusätze Nr. 10.

bar ein Maass für die Anziehungskraft zwischen Magnet und Eisen.

In unserm Falle haben wir eine gewisse Ablenkung am Multiplicator als Folge des Unterschiedes der Spannungen an den Fusspunkten des ableitenden Bogens. Diesen Unterschied wünschen wir zu messen. Können wir durch irgendeine Wirkung die Ablenkung des Multiplicators in entgegengesetztem Sinne beeinflussen und zwar gerade so stark, dass der Multiplicator eben gerade keine Ablenkung mehr zeigt, so müssen die beiden Wirkungen einander gleich sein, und die eine kann als Maass der andern dienen.

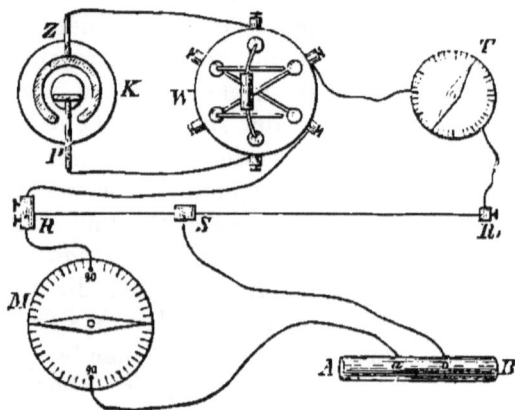

Fig. 46. Messung von Spannungsdifferenzen durch Compensation.

Ein Verfahren, wie es in diesen Beispielen angedeutet worden, bezeichnet man als **Messung durch Compensation.** Um es auf den vorliegenden Fall anzuwenden, hebt man die Wirkung der einen Spannungsdifferenz durch die einer andern Spannungsdifferenz auf, welche man beliebig verändern kann. Dazu gibt das früher schon beschriebene Rheochord ein bequemes Mittel ab.

Sei RR' (Fig. 46) ein geradlinig ausgespannter Draht (die Rheochordsaite), durch welchen von der Kette K

ein Strom geleitet wird. W bedeutet eine Vorrichtung, mittels deren der Strom dieser Kette nach Belieben in der Richtung von R nach R' oder in umgekehrter Richtung geleitet werden kann. T ist ein Multiplicator, durch dessen Ablenkungen wir uns überzeugen können, dass der Strom dieser Kette in seiner Stärke constant bleibt. Die übrigen in der Figur angegebenen Theile wollen wir vorderhand noch als nicht vorhanden betrachten. Nach dem, was wir früher gesehen haben (Kap. IX, §. 7), muss auf der Rheochordsaite ein bestimmtes elektrisches Gefälle bestehen; nehmen wir an, der Strom gehe von R' nach R, die Spannung in R sei gleich Null und nehme nach R' hin zu. Diese Zunahme muss, da die Saite ganz gleichartig ist, ganz regelmässig erfolgen, das heisst, die Spannung irgendeines Punktes der Saite muss proportional sein der Entfernung dieses Punktes von R. Nun denken wir uns irgendeinen zu untersuchenden Körper AB, in dessen Innerm eine elektromotorische Kraft steckt. Zwei Punkte der Oberfläche, a und b, haben infolge dessen verschiedene Spannungen, deren Differenz gemessen werden soll. Wir verbinden a durch einen Draht unter Einschaltung eines möglichst empfindlichen Multiplicators mit R, b verbinden wir durch einen Draht mit einem Schieber S, welcher auf der Rheochordsaite gleitet. Auf den Multiplicator wirken nun zwei Spannungsdifferenzen. Erstens die Spannungsdifferenz zwischen den Rheochordpunkten R und S, zweitens die Spannungsdifferenz zwischen den Punkten a und b. Hat b eine grössere positive Spannung als a, so wirken beide Spannungsdifferenzen in entgegengesetztem Sinne.* Da wir nun durch Verschiebung von S die Spannungsdifferenz zwischen R und S verändern können, so lässt sich eine Stellung des Schiebers finden, wo die beiden

---

* Hätte a eine grössere positive Spannung als b, so müsste man die Richtung des Stromes im Rheochord umkehren. Darum ist der Stromwender W eingeschaltet.

Wirkungen sich gerade compensiren, d. h. wo der Multiplicator gar keine Ablenkung zeigt. Es ist dann offenbar

$$S - R \quad\quad - \quad\quad b - a \quad = 0$$

Spannungsdifferenz der   Spannungsdifferenz der
beiden Rheochordpunkte.   beiden Leiterpunkte.

oder $S - R = b - a$

das heisst: die Differenz der Spannungen zwischen b und a ist gleich der Differenz der Spannungen zwischen

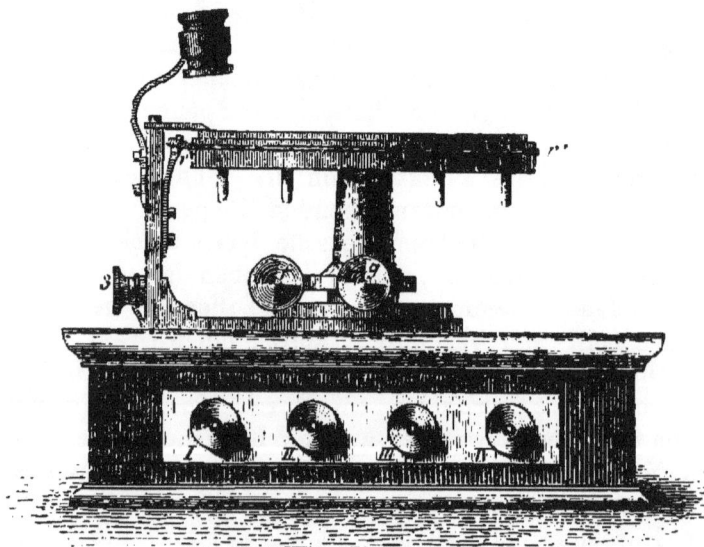

Fig. 47. Runder Compensator von du Bois-Reymond.

S und R. Letztere aber ist in Millimetern ausgedrückt, und jeder Millimeter bedeutet bei einem bestimmten Rheochorddraht und einer bestimmten Stärke des durch ihn geleiteten Stromes eine bestimmte constante Grösse.

Zur bequemen Ausführung solcher Messungen hat du Bois-Reymond einen „runden Compensator" (Fig. 47) angegeben, bei welchem der Rheochorddraht rr' auf dem Umfang einer kreisrunden Scheibe von Hartkaut-

schuk angebracht ist. Anfang und Ende des Drahtes
stehen mit den Klemmen *I* und *II* in Verbindung;
vom Anfang geht ausserdem ein Draht zur Klemme *IV*.

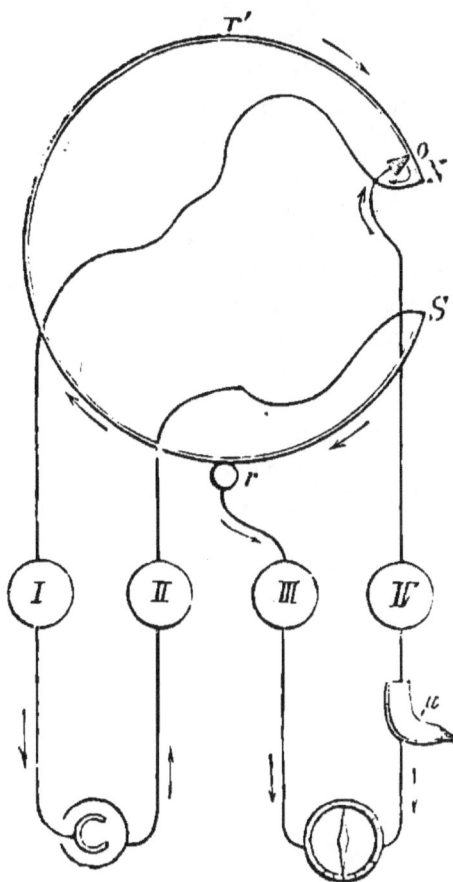

Fig. 48. Schema einer elektrischen Maassbestimmung mit dem runden
Compensator.

Die Klemme *III* ist mit dem Röllchen *r* in Verbindung, welches durch Federkraft gegen den Draht
angepresst wird und die Stelle des Schiebers vertritt.
Indem man die Scheibe dreht, wird die Länge des ein-
geschalteten Rheochordantheils verändert.

Die ganze Anordnung wird durch Fig. 48 noch deutlicher werden, welche zugleich als ein Schema der Versuche an Muskeln und Nerven dienen kann, zu deren
Betrachtung wir jetzt übergehen. $Nr'\ rS$ ist der
kreisrunde Rheochorddraht, durch den der Strom der
„Messkette" in der Richtung der Pfeile fliesst. μ ist
ein Muskel, dessen zwei mit dem Multiplicator verbundene Oberflächenpunkte einen Strom geben, welcher
durch den vom Rheochord in den Punkten r und o
abgezweigten Stromantheil gerade compensirt wird.
Die Länge or des Rheocharddrahtes, bei welcher dies
geschieht, gibt die Differenz der Spannungen der abgeleiteten Muskelpunkte in dem festgesetzten Maass
(„Compensatorgrade") an. Diese Länge wird gefunden,
indem man die runde Scheibe und damit den Platin-
draht dreht, bis der Multiplicator keine Ablenkung
mehr zeigt. Mit Hülfe der Lupe kann man die eingeschaltete Drahtlänge vom Anfangspunkt o bis zur
Rolle r auf einer Kreistheilung ablesen.

ELFTES KAPITEL.

1. Wir beginnen die Untersuchung der elektrischen Erscheinungen an thierischen Geweben mit den Muskeln und zwar wollen wir zunächst nur einzelne ausgeschnittene Muskeln prüfen. Auch diese geben aber zum Theil so verwickelte Erscheinungen, dass es gut sein wird, von einem verhältnissmässig einfachen Fall auszugehen. Wenn dieser nicht gerade ein natürlich gegebener ist, sondern wenn wir den Muskel zum Zweck der vorliegenden Untersuchung künstlich hergerichtet anwenden, so wird sich das durch die Erleichterung, welche es dem Verständniss auch der später zu betrachtenden verwickelten Fälle bietet, hinlänglich rechtfertigen.

Wir nehmen einen regelmässigen, parallelfaserigen Muskel und schneiden aus demselben durch zwei glatte, senkrecht auf die Faserrichtung geführte Schnitte ein Stück heraus. Ein solches Stück wollen wir ein **regelmässiges Muskelprisma** nennen. Es ist je nach der Form des Muskels, den wir benutzen, drehrund, oder mehr oval, oder platt bandförmig; darauf kommt es nicht an, ebenso wenig auf seine Länge oder Dicke. Wesentlich ist nur, dass alle Muskelfasern untereinander parallel sind und dass die beiden Schnitte senkrecht

auf diese Richtung geführt sind. Ein Schema eines
solchen regelmässigen Muskelprismas stellt Fig. 49 dar.
Die wagerechten Streifen stellen die einzelnen Faser-
bündel dar. Die Mantelfläche des Prismas, welche also
der Oberfläche der Faser entspricht, nennen wir den
Längsschnitt des Prismas, die senkrecht darauf
stehenden Endflächen die Querschnitte des Muskelprismas. Die senkrecht auf die Faserrichtung verlau-
fenden Linien sind Spannungscurven, wie wir gleich
sehen werden.

An einem solchen regelmässigen Muskelprisma zeigt
sich nun eine sehr einfache Vertheilung der Spannungen.
Alle Spannungslinien oder isoelektrischen Curven laufen an der Oberfläche den Querschnitten parallel. In

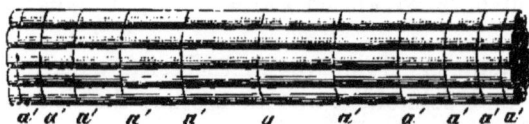

Fig. 49. Regelmässiges Muskelprisma.

der Mitte verläuft eine Linie rund um das Muskelprisma, welche dasselbe in zwei symmetrische Hälften
zerlegt. Wir nennen sie den Aequator. An ihr
herrscht die grösste positive Spannung, welche
überhaupt an der Oberfläche zu finden ist. Jeder
Punkt des Aequators hat eine grössere positive Spannung, als irgendein anderer Punkt des Längs- oder
Querschnittes. Vom Aequator nach beiden Seiten hin
nehmen auf dem Längsschnitt die positiven Spannungen
allmählich und zwar nach beiden Seiten hin gleichmässig
ab, bis sie an der Grenze zwischen Längsschnitt und
Querschnitt 0 werden.

An den Querschnitten selbst ist die Spannung überall negativ, aber in der Mitte derselben herrscht die
grösste negative Spannung und nimmt regelmässig nach
den Grenzen des Längsschnittes hin ab.

2. Aus dieser Vertheilung der Spannungen kann leicht abgeleitet werden, welche Erscheinungen ein Muskel zeigen wird, wenn wir ihn zwischen die Bäusche der oben beschriebenen Ableitungsgefässe, oder zwischen die Ableitungsröhren einschalten, welche die Fusspunkte des ableitenden Bogens darstellen. Wir werden offenbar keinen Strom erhalten, wenn zwei Punkte des Aequators oder zwei Punkte einer beliebigen Spannungscurve abgeleitet werden. Aber wir werden auch keinen Strom erhalten, wenn zwei verschiedene zu beiden

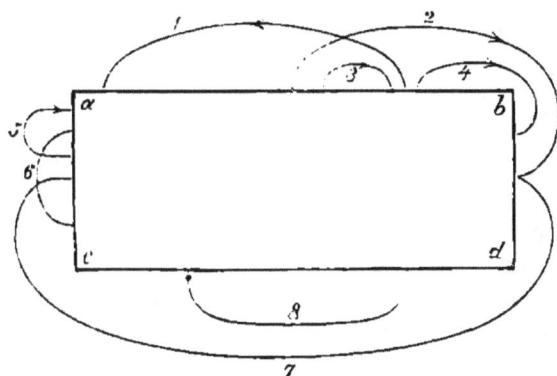

Fig. 59. Ströme des Muskelprismas.

Seiten des Aequators gelegene Punkte miteinander verbunden werden, falls diese Punkte gleich weit vom Aequator abstehen. Ebenso wenig werden wir einen Strom bekommen, wenn die beiden Querschnitte an die Bäusche angelegt werden; dagegen müssen wir einen Strom beobachten, sobald irgendein Punkt des Längsschnitts und irgendein Punkt eines der Querschnitte verbunden werden, oder wenn zwei Punkte des Längsschnitts, welche ungleichweit vom Aequator entfernt sind, die Bäusche berühren, oder endlich wenn zwei Punkte eines und desselben oder auch der beiden Querschnitte miteinander verbunden werden, welche ungleich-

weit von den Mittelpunkten entfernt sind. Die stärksten Ströme werden wir erhalten, wenn wir einen Punkt
des Aequators mit dem Mittelpunkt eines Querschnitts
verbinden; schwächere Ströme bei Verbindung zweier
unsymmetrischer Punkte des Längsschnittes oder zweier
unsymmetrischer Punkte der Querschnitte. Alle diese
Fälle sind in Fig. 50 dargestellt. Das Rechteck $abcd$
stellt einen Schnitt durch das Muskelprisma dar; ab
und cd sind die Durchschnitte durch den Längsschnitt,
ac und bd sind die Durchschnitte durch die Querschnitte. Die gebogenen Linien stellen die ableitenden
Bogen und die Pfeile die Richtung der in diesem entstehenden Ströme vor. Bei den Bogen 6, 7, 8, welche
symmetrische Punkte verbinden, entsteht gar kein Strom.

Die Spannungen nehmen übrigens am Längsschnitt
nicht gleichmässig ab, sondern von dem Aequator nach
den Enden hin immer schneller. Wenn wir daher diejenigen isoelektrischen Curven aufsuchen, deren Spannungen um eine bestimmte Grösse voneinander verschieden sind, so stehen diese in der Mitte des Muskelprismas voneinander entfernt, rücken aber immer näher
aneinander, je weiter wir uns der Querschnittsgrenze
nähern. Stellen wir für eine Längsschnittseite die an
jedem Punkte vorhandene Spannung durch die Höhe
einer geraden Linie dar, die senkrecht auf der Längsschnittseite errichtet wird, so ist die Verbindungscurve
der Köpfe dieser Linien deshalb in der Mitte des
Längsschnittes flach und fällt gegen die Querschnittsgrenze hin steil ab. Etwas Aehnliches findet am Querschnitt statt, wo gleichfalls gegen die Längsschnitts-
grenze hin die Spannungscurven für gleiche Spannungsdifferenzen näher zusammenstehen als in der Mitte.
Bei gleicher Entfernung der Fusspunkte des ableitenden
Bogens sind daher die Ströme sowol am Längsschnitt
wie am Querschnitt um so stärker, je näher an der
Grenze zwischen Längsschnitt und Querschnitt untersucht wird. Um diese Verhältnisse zu übersehen, dient
Figur 51, die bei A die Spannungen an einer Längs-

schnittseite, und an einer Querschnittsseite des in
Fig. 50 dargestellten Durchschnitts darstellt, während
bei *B* die Spannungscurven an einem Querschnitt selbst
dargestellt sind. Letztere sind, wenn das Muskelprisma
drehrund gedacht wird, concentrische Kreise. Um die
Richtung und Stärke des Stromes zu beurtheilen, welche
bei Anlegung eines leitenden Bogens an zwei beliebigen
Punkten des Muskelprismas entsteht, hat man nur nöthig die Differenz der Spannungen an den Fusspunkten
des Bogens zu bestimmen und dabei zu beachten, dass
für den Fall, wo an einem dieser Punkte positive, am

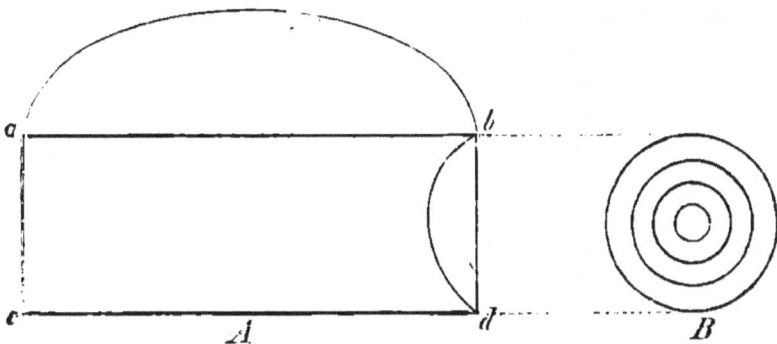

Fig. 51. Spannungen am Längsschnitt und am Querschnitt des regelmässigen Muskelprismas.

andern aber negative Spannung herrscht, der Strom
stets von dem positiven Punkte durch den Bogen zum
negativen gerichtet ist; für den Fall aber, dass beide
Fusspunkte positiv oder beide negativ sind, der Strom
im Bogen von dem positivern Punkte zum weniger
positiven oder von dem weniger negativen zum nega-
tivern Punkte geht. Aus den Curven der Figur 51 *A*
und *B*, welche die Spannungen angeben, lassen sich
daher die Ströme, welche in Fig. 50 angedeutet sind,
leicht ableiten.

3. Nehmen wir wieder einen parallelfaserigen Muskel

und schneiden aus demselben ein Stück heraus, aber
so, dass die Querschnitte nicht senkrecht auf die Richtung der Fasern, sondern schräg gegen dieselbe ge-
neigt sind. Ein solches Stück wollen wir einen
Muskelrhombus nennen, und zwar einen regelmässigen Muskelrhombus, wenn die Querschnitte
einander parallel sind, sonst aber einen unregelmässigen Muskelrhombus. An einem solchen Muskelrhombus ist die Vertheilung der Spannungen und
die daraus folgende Form der isoelektrischen Curven
eine viel verwickeltere als an den Muskelprismen. Die
isoelektrischen Curven laufen hier nicht, wie bei dem
Muskelprisma, einander parallel, sondern haben eine zuweilen sehr verwickelte Form.

Zwar bleibt auch in diesem Falle der grosse Gegensatz zwischen Längsschnitt oder Mantelfläche des Rhombus und den Querschnitten bestehen. Erstere sind
immer positiv und letztere negativ. Aber am Längsschnitt sowol wie am Querschnitt macht sich ein Gegensatz zwischen den stumpfen und den spitzen Ecken
bemerklich. An den stumpfen Ecken des Längsschnitts
ist die positive Spannung grösser als an den spitzen
Ecken, und ebenso ist an den spitzen Ecken des Querschnitts die negative Spannung grösser als an den
stumpfen. Am regelmässigen Muskelrhombus entsteht
infolge dessen eine eigenthümliche Verschiebung der
Spannungscurven, von denen Fig. 52 eine Vorstellung
zu geben sucht. Stellen wir uns vor, der Muskel, aus
welchem wir den Rhombus geschnitten haben, sei cy-
lindrisch gewesen. Dann werden die beiden Querschnitte Ellipsen darstellen, und zwar bei einem regelmässigen Muskelrhombus zwei gleiche Ellipsen. Ein
durch die langen Achsen dieser beiden Ellipsen gelegter
Schnitt stellt dann ein ungleichseitiges Parallelogramm
mit zwei stumpfen und zwei spitzen Ecken (Rhomboid)
vor. Unsere Figur zeigt einen solchen Durchschnitt. ab
und cd entsprechen darin dem Längsschnitt, ac und
bd den Querschnitten. Letztere sind identisch mit den

langen Achsen der wirklichen Querschnitte. Auf den
Längsschnittseiten finden wir nun die grössten positiven
Spannungen nicht mehr in der Mitte, sondern nach den
stumpfen Ecken hin verschoben, bei *e* und *e'*. Die
Spannungen fallen von da nach den stumpfen Ecken
hin sehr steil, nach den spitzen Ecken hin allmählich
ab. Auf den Querschnitten finden wir die grösste negative Spannung in der Nähe der spitzen Ecken; der
Abfall ist nach den spitzen Ecken hin ein sehr steiler,
nach den stumpfen Ecken hin ein allmählicher.

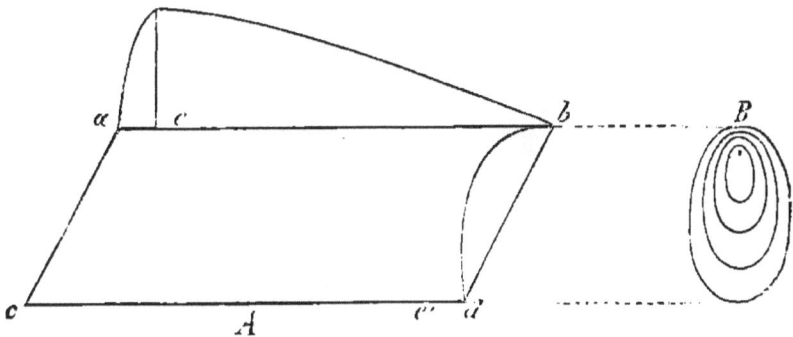

Fig. 52. Spannungen an einem regelmässigen Muskelrhombus.

Die isoelektrischen Curven eines solchen regelmässigen
Muskelrhombus haben auf den Querschnitten die Gestalt
von Ellipsen, deren einer Pol mit dem einen Brenn-
punkt der Querschnittsgrenze in der Nähe der spitzen
Ecke zusammenfällt. Am Längsschnitt sind es gewundene Linien, welche schräg um den Cylindermantel
herumlaufen. Der elektromotorische Aequator, welcher
die Punkte grösster positiver Spannung verbindet, stellt
eine gewundene Linie vor, die den Rhombus in zwei
symmetrische Hälften theilt.

Denken wir uns durch einen solchen regelmässigen
Muskelrhombus eine Ebene durch die kleinen Achsen
der elliptischen Querschnitte gelegt, so erhalten wir

die Figur eines Rechtecks. Die in einem solchen Schnitt
liegenden Muskelfasern sind alle in gleicher Weise abgeschnitten und verhalten sich alle gleichartig. Deshalb liegt auch auf einem solchen Schnitt die grösste

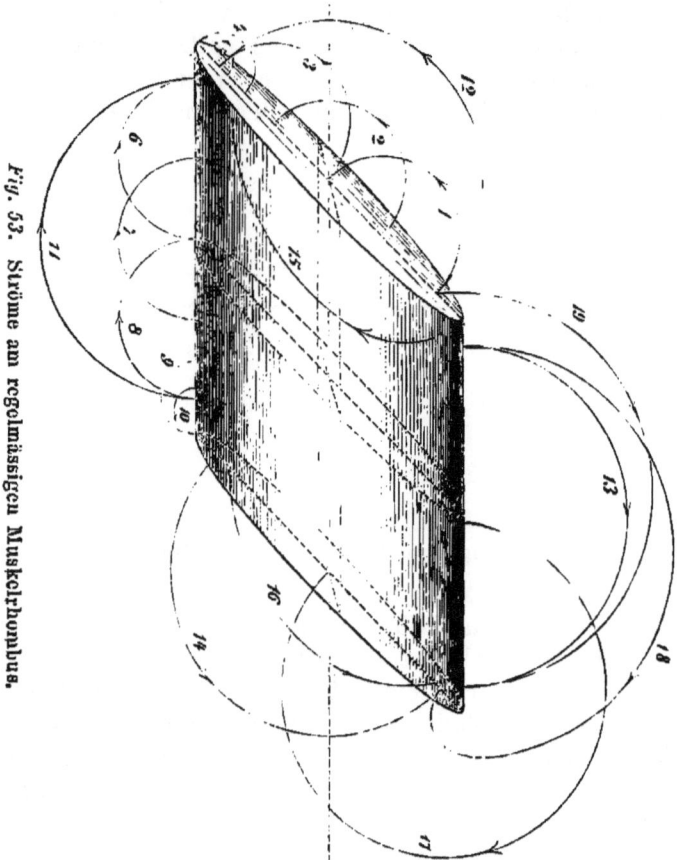

Fig. 53. Ströme am regelmässigen Muskelrhombus.

Spannung am Längsschnitt sowol wie am Querschnitt
in der Mitte und wir finden hjer genau dieselben An-
ordnungen der Spannungen wie beim Muskelprisma.

Nach dem Gesagten wird es leicht sein, die Richtung

und Stärke der Ströme, welche bei Verbindung irgendwelcher Punkte eines Muskelrhombus durch einen angelegten Bogen entstehen, abzuleiten. Fig. 53 gibt
eine Darstellung derselben. Die Richtung der Ströme
in dem angelegten Bogen ist überall durch die Pfeile
angedeutet; wo kein Pfeil ist, da verbindet der Bogen
zwei Punkte gleicher Spannung, da besteht also kein
Strom (Bogen 4 und 9). Die Ströme gehen überall von
der stumpfen nach der spitzen Ecke hin durch den angelegten Bogen, nur bei Bogen 5 und 10 ist die Richtung umgekehrt.

4. Die Erscheinungen an unregelmässigen Muskelrhomben unterscheiden sich nicht wesentlich von
den eben geschilderten; nur dass hier die Symmetrie
in der Anordnung der Spannungen fehlt. Gehen wir
nun über zur Betrachtung unregelmässig gefaserter
Muskeln, so leuchtet ein, dass jeder Schnitt, welchen
wir anlegen, immer einen Theil der Fasern schräg
treffen muss, dass wir also die eben erörterten Verhältnisse stets im Auge behalten müssen, um die zuweilen sehr verwickelten Erscheinungen zu verstehen.
Ohne uns nun zu sehr in Einzelheiten zu vertiefen,
brauchen wir nur zu sagen, dass bei allen Muskeln
dasselbe Grundgesetz sich bestätigt, überall ist der
Längsschnitt positiv gegen den Querschnitt, und überall
ist am Längsschnitt ein Punkt oder eine Linie am positivsten, am Querschnitt ein Punkt am negativsten, sodass also in den angelegten Bögen Ströme von Längsschnitt zu Querschnitt und schwächere Ströme zwischen
Punkten des Längsschnitts unter sich und zwischen
Punkten des Querschnitts unter sich entstehen. Die
Lage dieser positivsten und negativsten Punkte richtet
sich nach den Winkeln, welche die Fasern mit den
Querschnitten machen, und kann nach den im vorigen
Paragraphen gegebenen Regeln über den Einfluss des
schrägen Querschnitts gefunden werden.

Unter den vielen Muskeln des Thierkörpers nimmt

einer unsere besondere Aufmerksamkeit in Anspruch
weil er aus rein praktischen Gründen am häufigsten
zu physiologischen Versuchen gebraucht wird, nämlich
der Wadenmuskel (*Musculus gastrocnemius*). Er ist
leicht zu präpariren, auch im Zusammenhang mit seinem
Nerven, was aus später zu erörternden Gründen sehr
wichtig ist. Er gibt, wie wir gleich sehen werden,
einen kräftigen Strom, bleibt sehr lange wirkungsfähig,
kurz er hat eine Reihe von Vorzügen, die uns schon
beim Studium der Muskelthätigkeit wie bei dem über
Nervenerregung veranlassten, ihn fast ausschliesslich zu
benutzen. Da nun aber dieser Muskel einen sehr verwickelten Bau hat, ist seine elektrische Wirksamkeit
gar nicht leicht zu verstehen. Wir müssen sie jedoch,
wenigstens in ihren Grundzügen erörtern, da wir den
Muskel noch zu wichtigen Versuchen gebrauchen.

Um diese Wirkung zu verstehen, müssen wir die
Bemerkung vorausschicken, dass es nicht unbedingt
nothwendig ist, aus einem Muskel Stücke herauszuschnei-
den, sondern dass auch ganze Muskeln Ströme liefern
können. Als wir von dem Muskelprisma und dem
Muskelrhombus handelten, stellten wir uns zunächst
vor, dass Stücke aus einem parallelfaserigen Muskel
herausgeschnitten waren. Solche Schnitte waren an
ihrem Längsschnitt noch von der Muskelscheide (*Peri-
mysium*) bekleidet, der Längsschnitt entsprach der natürlichen Oberfläche des Muskels. Die Querschnitte
aber waren in der Muskelsubstanz selbst angelegt,
legten das Innere derselben bloss. Solche Querschnitte
können wir also als künstliche bezeichnen, während
die Längsschnitte jener Muskelprismen und Muskelrhomben natürliche waren. Wir können aber auch
künstliche Längsschnitte darstellen, indem wir
Muskeln in der Richtung ihrer Fasern spalten, und
wir können von natürlichen Querschnitten sprechen, worunter wir die noch von der Sehnensubstanz
bekleideten natürlichen Enden der Muskelfasern verstehen. Nun verhalten sich die künstlichen Längs-

schnitte ganz wie die natürlichen und die natürlichen
Querschnitte wie die künstlichen.* Es ist daher immer
möglich, von einem unversehrten Muskel Ströme zu
erhalten, ganz in der gleichen Weise wie von den
künstlich angefertigten Muskelprismen und Muskelrhomben.

5. Diesem Umstande, im unversehrten Zustande kräftige Ströme geben zu können, verdankt der Gastroknemius seine besondere Bedeutung. Wir können diesen
Muskel im wesentlichen zu den gefiederten Muskeln
rechnen; doch verhält er sich eigentlich nur gegen
seine obere Sehne als solcher, gegen seine untere Sehne
aber eher als ein halbgefiederter. Um seinen Bau zu
verstehen, denke man sich zwei Sehnenblätter, ein oberes und ein unteres, durch schräg zwischen beiden aus-
gespannte Muskelfasern verbunden, sodass wir einen
halbgefiederten Muskel hätten. Nun denke man sich
das obere Sehnenblatt in der Mitte zusammengefaltet,
wie man ein Blatt Papier faltet, und die beiden Blatt-
hälften miteinander verwachsen. Wir haben dann ein
oberes, im Innern des Muskels gelegenes Sehnenblatt,
von welchem nach beiden Seiten hin Muskelfasern
schräg abgehen; die untere Sehne aber ist durch jenes
Zusammenfalten der obern gekrümmt worden, sodass
der ganze Muskel die Gestalt einer der Länge nach
gespaltenen Rübe erhält, dessen flache (dem Unter-
schenkelknochen zugewandte) Seite ganz von Muskelfasern gebildet wird und nur einen zarten Längsstreif
als Andeutung der im Innern verborgenen Sehne zeigt,
während die gewölbte Rückseite in ihren untern zwei
Drittheilen von Sehnensubstanz bedeckt ist, die sich
nach unten in die sogenannte Achillessehne fortsetzt.
Ein solcher Muskel hat, wie man sieht, von Natur
einen schrägen Querschnitt, welcher eben durch jenen

---

* Ausnahmen von dieser Regel sollen später besprochen
werden.

sehnigen Ueberzug dargestellt wird, und einen Längsschnitt, welcher die ganze flache und einen kleinen
Theil der gewölbten Fläche einnimmt. Ein solcher
Muskel kann daher schon ohne alle Präparation Ströme
geben, und das ist gerade der Grund, warum wir ihn
für eine grosse Reihe von Versuchen mit grossem Vortheil benutzen können.

Wenn wir nun diesen Bau des Gastroknemius berücksichtigen, wie er eben beschrieben worden, so erkennen
wir an ihm einen natürlichen Längsschnitt (an der
ganzen flachen und einem geringen obern Theil der

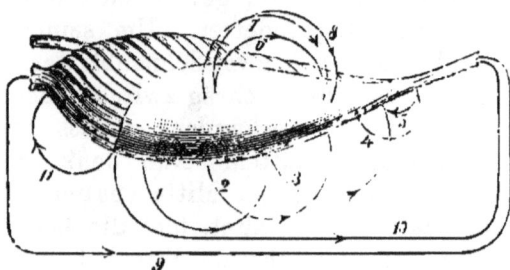

Fig. 54. Ströme des Gastroknemius.

gewölbten Oberfläche) und einen natürlichen schrägen
Querschnitt (an dem grössern, untern Theil der gewölbten Oberfläche). Einen zweiten Querschnitt gibt es an
diesem Muskel nicht, denn die obere Sehne ist ja im
Innern des Muskels verborgen. Die Ströme, welche
der Muskel bei Verbindung verschiedener Punkte seiner Oberfläche durch einen angelegten Bogen sendet,
wie sie in Fig. 54 dargestellt sind, werden danach
leicht verständlich sein. Vor allen Dingen ist zu beachten, dass bei Verbindung des obern und untern
Endes dieses Muskels ein starker Strom entstehen muss,
welcher im Bogen von dem obern nach dem untern
Ende gerichtet ist. Das obere Ende muss stark posi-

tiv sein, denn es stellt die Mitte des Längsschnittes
dar; das untere Ende muss stark negativ sein, denn es
ist die spitze Ecke eines schrägen Querschnitts. Untereinander gleichartige Punkte, deren Verbindung gar
keinen Strom gibt, kommen nur' wenige vor.   Der
Bogen 4 in unserer Figur zeigt einen solchen Fall.

ZWÖLFTES KAPITEL.

1. Negative Schwankung des Muskelstromes; 2. Nur lebende Muskeln wirken elektrisch; 3. Parelektronomie; 4. Secundäre Zuckung und secundärer Tetanus; 5. Die Drüsen und ihre Ströme.

1. Der kräftige Strom, welchen ein unversehrter Gastroknemius liefert, setzt uns nun in den Stand, eine wichtige Frage zu stellen und zu beantworten: wie verhalten sich die elektrischen Erscheinungen der Muskeln während der Zusammenziehung? Wir haben nur nöthig, den Wadenmuskel mit seinem Nerven zu präpariren, den Muskel mit seinem obern und untern Ende zwischen die Bäusche der uns bekannten Ableitungsgefässe einzuschalten, den Nerven auf zwei Drähte zu legen, damit er durch Inductionsströme gereizt werden kann — dann muss es sich zeigen, ob die Thätigkeit des Muskels auf seine elektrische Wirksamkeit einen Einfluss hat oder nicht.

Um den Versuch auszuführen, denken wir uns den Wadenmuskel, wie Fig. 55 zeigt, zwischen die Bäusche der Ableitungsgefässe gebracht, und diese Bäusche etwas genähert, sodass die Anlagerungsstellen des Muskels, wenn dieser sich verkürzt, keine Verschiebung erleiden. Der mit dem Muskel herauspräparirte Nerv wird über zwei Drähte gelegt, die mit der secundären Spirale des Inductoriums verbunden sind. Ein zwischen der Spirale und dem Nerven eingeschalteter Schlüssel blendet die Inductionsströme ab, sodass der Nerv nicht erregt wird. Nachdem alles geordnet, und der Multiplicator eine feste Ablenkung angenommen hat, welche je nach der Stärke des Muskelstromes grösser oder geringer ausfällt, wird der Schlüssel S geöffnet. Die Inductionsströme gehen durch den Nerven, der Muskel verkürzt sich. In demselben Augenblick sehen wir die Ablenkung des Multiplicators kleiner werden. Hören wir auf, den Nerven zu reizen, so wird die Multiplicatorablenkung wieder grösser, reizen wir von neuem, so wird sie wieder kleiner, und so fort, solange der Muskel noch kräftige Zusammenziehungen zeigt.

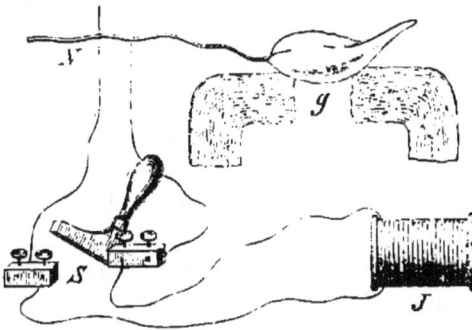

Fig. 55. Muskelstrom bei der Zusammenziehung.

Aus diesem Versuch geht also hervor, dass der Strom des Wadenmuskels während der Zusammenziehung schwächer wird. In besonders schlagender Weise können wir dies durch eine Abänderung des eben beschriebenen Versuchs zeigen. Nachdem der Muskel aufgelegt und eine Ablenkung des Multiplicators erfolgt ist, compensiren wir den Muskelstrom in der oben Kap. X, §. 4 angegebenen Weise. Durch den Multiplicator gehen also jetzt zwei gleiche, aber entgegengesetzt gerichtete Ströme, die einander aufheben, der Strom des Muskels und der Strom vom Compensator. Solange diese beiden Ströme gleich blei-

ben, kann keine Ablenkung des Multiplicators erfolgen.
Wenn wir nun den Nerven reizen und der Muskel sich
zusammenzieht, wird sein Strom schwächer; der vom
Compensator gelieferte Strom erlangt dadurch das
Uebergewicht und bewirkt eine Ablenkung, welche natürlich gerade die entgegengesetzte Richtung hat, wie
die ursprünglich vom Muskel bewirkte.

Es lässt sich nun strenge beweisen, dass diese Aenderung in der Stärke des Muskelstromes wirklich von
dem Act der Thätigkeit des Muskels abhängt und nicht
durch zufällige Umstände bedingt ist. Es ist gleichgültig, durch welche Art von Reizung die Thätigkeit
herbeigeführt wird. Statt der elektrischen Reizung
können wir chemische, thermische oder sonstige Reize
auf den Nerven wirken lassen, wir können den Muskel
noch im Zusammenhang mit dem ganzen Nervensystem
untersuchen und die Zusammenziehung durch Einwirkungen, welche vom Rückenmark und Gehirn ausgehen,
bewirken, stets ist der Erfolg derselbe. Aber auch,
wenn die Verkürzung des Muskels durch äussere Hin-
dernisse ganz unmöglich gemacht wird, zeigt der gereizte Muskel ohne alle Gestaltveränderung doch diese
Abnahme seiner Ströme, sobald in ihm durch die Reizung der Zustand der Thätigkeit entsteht. Wenn wir
z. B. durch Einspannen des Muskels in eine passende
Klemme dafür Sorge tragen, dass die Form des Muskels unverändert bleiben muss und den eingespannten
Muskel zur Thätigkeit reizen, tritt jene Stromabnahme
ebenso ein, wie bei der erstbeschriebenen Anordnung
des Versuchs.

Von besonderm Interesse ist es, dass wir dieselbe
Erscheinung auch an den Muskeln des lebenden unversehrten Menschen beobachten können. Dass die
Muskeln lebender Thiere in ihrer gewöhnlichen Lage
ebenso wie ausgeschnittene Muskeln elektrisch wirken
können, ist sehr schwer nachzuweisen, dass aber bei
der Zusammenziehung in ihnen ganz dieselben elektrischen Vorgänge stattfinden wie in den ausgeschnittenen,

das ist ganz sicher. Dies am Menschen nachzuweisen, gelingt nach E. du Bois-Reymond auf folgende Weise. Man
verbindet die Enden des Multiplicatordrahts mit zwei
mit Flüssigkeit gefüllten Gefässen und taucht die Zeige-
finger der beiden Hände in diese Gefässe, wie Fig. 56
zeigt. Ein vor den Gefässen aufgestellter Stab dient
zur sichern und ruhigen Haltung der Hände. In den

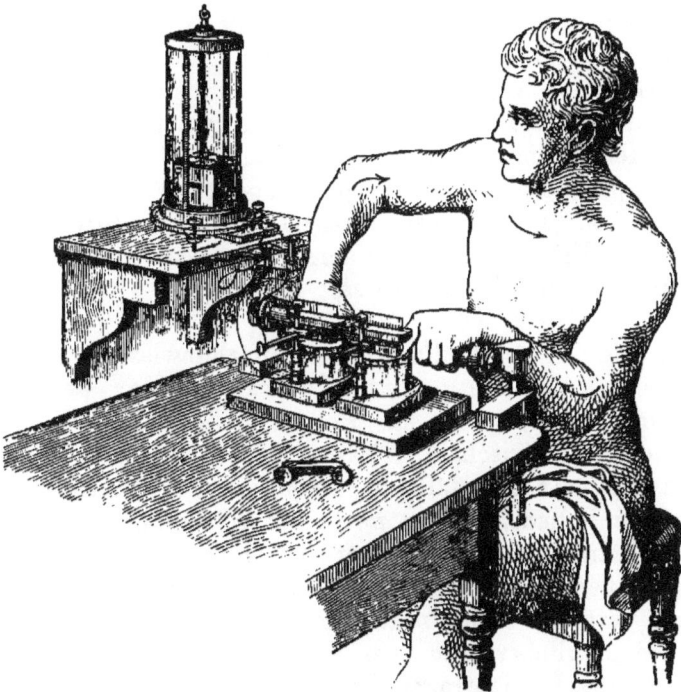

Fig. 56. Ablenkung der Magnetnadel durch den Willen.

Muskeln der beiden Arme und der Brust werden Ströme
vorhanden sein, die sich im grossen und ganzen aufheben, da die Muskelgruppen symmetrisch angeordnet
sind. Bleibt noch aus irgendwelchen Gründen ein
Strom übrig, so kann man ihn in bekannter Weise
compensiren. Wenn nun alles in dieser Weise angeordnet ist, und der Mensch zieht die Muskeln des einen

Arms kräftig zusammen, so erfolgt sofort eine Ablenkung des Multiplicators, welche einen in dem zusammengezogenen Arm von der Hand zur Schulter aufsteigenden
Strom anzeigt. Werden die Muskeln des andern Arms
zusammengezogen, so erfolgt die Ablenkung nach der
entgegengesetzten Richtung. Wir können also allein
durch unsern Willen einen elektrischen Strom erzeugen und die Magnetnadel in Bewegung versetzen.

Fassen wir alles Gesagte zusammen, so folgt daraus,
dass während der Zusammenziehung des Muskels die
in demselben wirksamen elektrischen Kräfte eine Veränderung erleiden, welche unabhängig von der Gestaltveränderung mit dem Act der Thätigkeit als solchem
verknüpft ist. Da bei dieser Veränderung der in einem
angelegten Bogen nachweisbare Strom schwächer
wird, so hat man ihr den Namen „negative Schwankung des Muskelstromes" beigelegt.

2. Die im vorigen Paragraphen nachgewiesene negative Schwankung des Muskelstromes bei der
Zusammenziehung ist ein Beweis dafür, dass wir es
bei den elektrischen Wirkungen der Muskeln nicht
blos mit einer zufälligen physikalischen Erscheinung
zu thun haben, sondern mit einer Wirkung, die zu der
eigentlichen physiologischen Thätigkeit derselben in
sehr naher Beziehung stehen muss. Eine solche Wirkung verdient daher noch genauer verfolgt zu werden,
da sie möglicherweise zum Verständniss der Thätigkeit
des Muskels beizutragen im Stande ist.

Wir können nun zunächst feststellen, dass alle Muskeln aller Thiere, soweit sie bisher untersucht wurden,
gleichmässig dieselben elektrischen Wirkungen zeigen.
Auch die glatten Muskeln wirken ebenso elektrisch,
doch sind an ihnen die Erscheinungen weniger regelmässig, weil ihre Fasern nicht so regelmässig angeordnet sind wie die der quergestreiften Muskeln. Auch
scheint die elektrische Wirksamkeit der glatten Muskelfasern etwas schwächer zu sein.

Weiter ist zu bemerken, dass die elektrische Wirksamkeit der Muskeln an ihre physiologische Leistungsfähigkeit gebunden ist. Wenn die Muskeln absterben, werden auch die elektrischen Erscheinungen schwächer und hören zuletzt, wenn die Todtenstarre eintritt, ganz auf. Muskeln, welche durch sehr starke Reize nicht mehr zu Zuckungen veranlasst werden, können wol noch Spuren elektrischer Wirkungen zeigen, aber diese verschwinden auch bald. Und die einmal verschwundene elektrische Wirksamkeit eines todtenstarr gewordenen Muskels kehrt unter keinen Umständen wieder. Ist somit als erwiesen anzusehen, dass die elektrische Wirksamkeit der Muskeln an den Lebenszustand des Muskelgewebes gebunden ist, so können wir daraus doch nicht schliessen, dass diese Wirksamkeit nothwendig immer während des Lebens vorhanden sein müsse. Es wäre immerhin möglich, dass die zur Untersuchung der elektrischen Wirkungen nothwendigen Vorkehrungen (Blosslegen der Muskeln, Anlegen des Bogens u. dgl.) an dem lebenden Muskel Veränderungen hervorbringen, welche erst die elektrische Wirksamkeit bedingen. Um diese Frage zu entscheiden, wäre es nöthig, das Vorhandensein der elektrischen Wirkung womöglich am unversehrten lebenden Thier oder Menschen nachzuweisen. Wir haben schon die grossen Schwierigkeiten angedeutet, welchen dieser Nachweis begegnet. Je mannichfaltiger die Faserrichtung und die Lagerung der einzelnen Muskeln, welche in einem Körpertheil vorhanden sind, sich gestaltet, desto schwieriger wird es, vorauszusagen, wie die einzelnen Ströme vieler Muskeln sich zusammensetzen müssten. Dazu kommt aber noch, dass die Haut, durch welche hindurch die elektrischen Wirkungen beobachtet werden müssen, theils selbst elektrisch wirksam ist*, theils auf andere Weise den Nachweis der Muskel-

---

* Von diesen Hautströmen wird an einer spätern Stelle die Rede sein.

ströme erschwert. Berücksichtigt man nun alle diese
Umstände, so muss man die Ueberzeugung gewinnen, dass die ganz unversehrten, in ihrer normalen
Lage befindlichen Muskeln schon elektrisch wirksam
sind. Dies ist zwar von verschiedenen Forschern zu
wiederholten malen bestritten worden. Wenn wir uns
dennoch dafür aussprechen, so leitet uns dabei die Er-
wägung, dass die Erklärung der Erscheinungen unter
der Voraussetzung des Nichtvorhandenseins der elektromotorischen Gegensätze im unversehrten Muskel sehr
gezwungene und verwickelte Annahmen nöthig macht,
während die von uns vertretene Anschauung alle bekannten Thatsachen auf einfache und durchaus befrie-
digende Weise zu erklären vermag.

3. Auch ausgeschnittene, aber unversehrte Muskeln
wirken häufig sehr schwach elektrisch, ja zuweilen in
umgekehrter Richtung, d. h. der natürliche Querschnitt
ist, statt negativ, positiv gegen den Längsschnitt. Besonders häufig findet man dieses Verhalten bei Muskeln
von Fröschen, welche während des Lebens starker
Kälte ausgesetzt waren. Es genügt aber, den von der
Sehne bekleideten natürlichen Querschnitt durch irgendein Mittel zu entfernen, um sofort die gewöhnliche
starke Wirkung hervorzurufen. Bei parallelfaserigen
Muskeln ist es zuweilen nöthig, eine kurze Strecke
von 1—2 mm. Länge vom Ende der Muskelfasern ab-
zutragen, ehe man auf einen künstlichen Querschnitt
stösst, der stark wirksam ist.

Diese Erscheinung, welche von E. du Bois-Reymond
als Parelektronomie bezeichnet wird, d. h. als eine
von den gewöhnlichen elektrischen Wirkungen der Muskeln abweichende, war die Veranlassung zu jener Deutung der elektrischen Erscheinungen, wonach der elektrische Gegensatz verschiedener Theile des Muskels im
normalen Muskel nicht vorhanden sei, sondern erst
durch die Blosslegung des Muskels entstehe. Die oben
geschilderte Schwierigkeit des Nachweises der Muskel-

ströme am unversehrten Thier erleichterte diese Deutung. Doch ist die Beweiskraft der hierfür vorgebrach-
ten Gründe nicht ausreichend, um an dem Vorhandensein der elektrischen Wirkungen in den unversehrten
lebenden Muskeln zu zweifeln.

Für die physiologische Auffassung der Beziehungen
dieser Wirkungen zu den übrigen Lebenseigenschaften
ist übrigens diese Frage ohne wesentliche Bedeutung.
Ob die einzelnen Theile der Oberfläche eines Muskels
gleiche oder ungleiche Spannung haben, ist an sich
unwesentlich. Wesentlich ist nur, ob im Innern des
Muskels elektromotorische Kräfte vorhanden sind, und
ob diese in Beziehung zu den physiologischen Leistungen des Muskels stehen. Für diese Frage wird aber
vor allem die sogenannte „negative Schwankung" von
Bedeutung sein, zu deren genauerer Erforschung wir
nach dieser Abschweifung zurückkehren wollen.

4. Es ist nicht nöthig, den Muskel zu tetanisiren,
um die negative Schwankung nachzuweisen. Bei hinlänglich empfindlichen Multiplicatoren genügt dazu eine
einzelne Zuckung. Ohne Multiplicator aber lässt sich
die negative Schwankung auf folgende Weise sehr schön
nachweisen:

Auf einen, mit seinem Nerven präparirten Gastroknemius (Fig. 57), oder auch auf einen ganzen Schenkel B (Fig. 58), legt man den Nerven eines zweiten
Gastroknemius oder Schenkels A so, dass ein Theil des
Nerven die Sehne und ein anderer Theil die Muskel-
faserfläche berührt. Der Nerv stellt dann eine Art
von angelegtem Bogen dar, welcher negativen Querschnitt und positiven Längsschnitt verbindet, und ein
Strom, welcher dem Spannungsunterschied der berührten Stellen entspricht, geht durch den Nerven.* Wenn

---

* Dieser Strom kann bei seinem Entstehen, das heisst
beim plötzlichen Anlegen des Nerven, reizend auf den Nerven

man nun den Nerven des Muskels *B* reizt, sei es durch
Schliessung oder Oeffnung eines Stromes, durch einen
Inductionsschlag, durch Schnitt, Quetschung oder sonst-
wie, so sieht man den Muskel *A* auch zucken. Man
nennt dies die „secundäre Zuckung". Ihre Erklärung ist leicht. Der Muskelstrom von *B* hat während
seiner Zuckung eine negative Schwankung erlitten.
Diese Schwankung erfolgte auch in dem Stromantheil,
welcher durch den angelegten Nerven ging, und da
jeder Nerv durch plötzliche Veränderungen in der
Stromstärke gereizt wird, so erfolgte die secundäre
Zuckung.

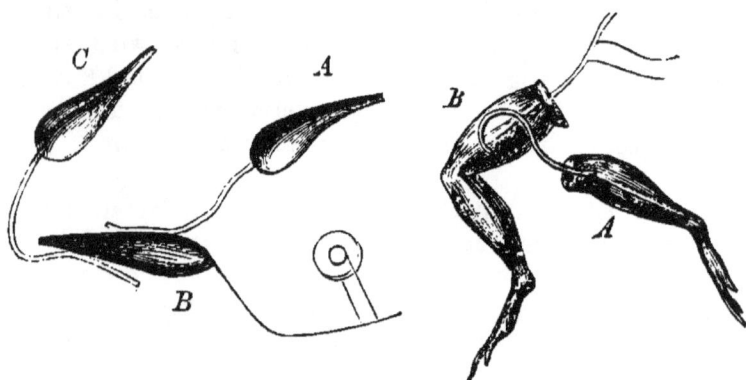

Fig. 57 und 58. Secundäre Zuckung.

Eine Abart dieses Versuchs ist sehr interessant.
Das ausgeschnittene Herz eines Frosches schlägt noch
längere Zeit fort. Legt man auf dasselbe den Nerven
eines Muskels so, dass er Herzbasis und Herzspitze
berührt, so zuckt der Muskel bei jedem Pulsschlag.
Der Herzmuskel liefert hier den Muskelstrom, dessen
negative Schwankung den angelegten Nerven reizt und
die secundäre Zuckung bewirkt.

---

wirken und eine Zuckung des Muskels hervorrufen. Es ist
dies die durch Volta, Humboldt u. a. berühmt gewordene
„Zuckung ohne Metalle".

Legt man auf einen Muskel den Nerven eines andern
so, dass kein merklicher Stromantheil durch ihn gehen
kann (wie der Nerv des Muskels C in Fig. 58 zeigt),
dann erfolgt in diesem Muskel auch keine secundäre
Zuckung.

Reizt man den Nerven des ersten Muskels nicht
blos ein mal, sondern so, dass der Muskel B in Tetanus verfällt, so geräth der Muskel A in secundären
Tetanus. Dieser wichtige Versuch lehrt, dass in
dem tetanisirten Muskel schnell aufeinanderfolgende
Schwankungen der elektrischen Wirksamkeit stattfinden.
Denn nur durch solche schnell aufeinanderfolgende
Schwankungen der Stromstärke kann im zweiten Nerven eine anhaltende, tetanisirende Reizung zu Stande
kommen. Wie wir schon früher aus dem Muskel-
geräusch die Folgerung gezogen haben, dass der Tetanus des Muskels trotz der vollkommenen Gleichmässigkeit in der äussern Form kein Zustand der
Ruhe sei, sondern dass die Moleküle des Muskels
während des Tetanus in fortwährender innerer Bewegung sein müssen, sehen wir also auch aus der Erscheinung des secundären Tetanus, dass dabei eine
fortwährende Schwankung in dem elektrischen Verhalten stattfindet, und können daraus ableiten, dass
die elektrische Schwankung mit der Bewegung der
Moleküle zusammenhängen müsse, welche die Zusammenziehung bedingen.

Genauere Untersuchungen der negativen Schwankung
haben ferner gelehrt, dass dieselbe schon im Stadium
der latenten Reizung auftritt, also zu einer Zeit, wo
die Form des Muskels äusserlich sich noch gar nicht
geändert hat. Weiter hat man gefunden, dass die
elektrische Veränderung, welche bei der Reizung auftritt, bei theilweiser Reizung der Muskelfaser sich in
derselben mit einer Geschwindigkeit fortpflanzt, welche
der Fortpflanzungsgeschwindigkeit der Contraction (3 —
4 Mt. in der Secunde; vgl. Kap. VI, §. 5, S. 97)
gleich ist. Wenn also eine längere Muskelfaser an

einer Stelle gereizt wird, so entsteht zunächst nur an
dieser Stelle eine elektrische Veränderung, die eine
ausserordentlich kurze Zeit dauert und die, wie eine
Welle, in der Muskelfaser entlang läuft; und dieser
elektrischen Veränderung folgt dann erst die mechanische Veränderung der Verkürzung und Verdickung,
welche wir Zuckung nennen, und die sich dann gleichfalls wellenartig fortpflanzt. Wenn aber die ganze
Faser auf einmal gereizt wird, dann entsteht überall
gleichzeitig die elektrische Veränderung und dieser
folgt dann die mechanische nach.

5. Den Muskeln in vielfachen Beziehungen ähnlich
sind die Drüsen, so abweichend auch ihr Bau sein
mag. In ihrer einfachsten Form stellt eine Drüse einen
mit Zellen ausgekleideten Hohlraum dar, welcher durch
einen längern oder kürzern Ausführungsgang an der
Oberfläche der Schleimhaut oder Oberhaut, unter welcher die Drüse liegt, mündet. Der Hohlraum kann
halbkugelig, flaschenförmig oder röhrenartig sein; im
letztern Fall ist die Röhre zuweilen sehr lang und
entweder knäuelartig aufgewickelt oder gewunden und
am geschlossenen Ende zuweilen kolbig aufgetrieben.
Alle diese Drüsen sind einfache. Zusammengesetzte
Drüsen entstehen, wenn mehrere röhren- oder kolben-
artige Drüsen in einen gemeinschaftlichen Ausführungsgang münden. In den Drüsen werden Stoffe, zuweilen
von ganz besonderer Beschaffenheit, bereitet und durch
den Ausführungsgang an die Oberfläche befördert oder
abgesondert. Dahin gehört u. a. der Schweiss und der
Hauttalg, welche in den Schweiss-, bez. Talgdrüsen der
Haut bereitet werden, der Speichel, Magensaft, Bauch-
speichel, welche durch die in ihnen enthaltenen Fer-
mente bei der Verdauung eine wichtige Rolle spielen,
die Galle, welche in der Leber bereitet wird u. s. w.
Was nun die von uns behauptete Aehnlichkeit der
Muskeln und der Drüsen anlangt, so besteht sie in
der gleichen Abhängigkeit beider von den Nerven.

Wenn man einen Nerven reizt, der mit einem Muskel
in Verbindung steht, so geräth der Muskel in Thätigkeit, d. h. er verkürzt sich; und wenn man einen
Nerven reizt, der mit einer Drüse in Verbindung steht,
so geräth die Drüse in Thätigkeit, d. h. sie sondert
ab. So kann man z. B. durch Reizung der Nerven,
welche in eine Speicheldrüse hineintreten, bewirken,
dass der Speichel in einem Strome aus dem Ausführ-
rungsgang der Drüse hervorquillt. Es ist nun gewiss
von Wichtigkeit, dass neben dem Muskel (und abgesehen von den Nerven, von denen im folgenden Kapitel die Rede sein wird) die Drüsen das einzige Gewebe
sind, an welchem regelmässige elektrische Wirkungen
nachgewiesen worden sind. Freilich gilt dies nicht
von allen Drüsen, sondern nur von den einfachen Formen, den sogenannten flaschenförmigen oder Balgdrüsen.
Ueberall, wo solche in grösserer Zahl nebeneinander
regelmässig angeordnet sind, findet man, dass die untere, dem Drüsengrunde entsprechende Fläche positiv,
die obere, dem Drüsenausführungsgange entsprechende
Fläche negativ elektrisch ist. Am schönsten kann man
das an der drüsenreichen Haut der nackten Amphibien
sowie an der Schleimhaut des Mundes, Magens und
Darmkanals aller Thiere sehen. Hier stehen alle Drüsen in gleicher Anordnung nebeneinander und wirken
alle in gleicher Richtung elektrisch.* Bei den zusammengesetzten Drüsen aber stehen die einzelnen
Drüsenelemente in allen möglichen Richtungen, ihre
Wirkungen sind daher unregelmässig und unberechenbar.

An den Hautdrüsen des Frosches, wie an den Drü-

---

* Diese Hautdrüsenströme sind einer der schon oben im
§. 2 angedeuteten Gründe, weshalb am lebenden, unversehrten Thier der Nachweis der Muskelströme auf Schwierigkeiten stösst. Da an zwei Hautstellen, von welchen der
Muskelstrom abgeleitet werden soll, die Hautdrüsenströme
nicht immer gleich stark sind, so mischen sich die Wirkungen der Haut störend in die der daruntergelegenen Muskeln
ein und erschweren den Nachweis der letztern.

sen der Magen- und Darmschleimhaut lässt sich mit
Bestimmtheit nachweisen, dass die elektrischen Kräfte
wirklich in den Drüsen ihren Sitz haben. Reizt man
nun die Nerven, welche in die Haut hineingehen, wodurch die Drüsen zur Thätigkeit angeregt werden, so
nimmt der Drüsenstrom an Stärke ab, zeigt eine negative Schwankung, gerade wie der Muskelstrom
abnimmt, wenn der Muskel zur Thätigkeit veranlasst
wird. Wir finden also auch hier eine Beziehung zwischen der Thätigkeit und dem elektrischen Verhalten,
welche die Aehnlichkeit von Muskeln und Drüsen noch
erhöht.

Engelmann hat versucht, die Absonderung der Drüsen durch die in ihnen vorhandenen elektrischen Ströme
physikalisch zu erklären. Wir halten jedoch diesen
Versuch für noch nicht hinlänglich begründet, um an
dieser Stelle näher auf ihn einzugehen.

DREIZEHNTES KAPITEL.

1. Der Nervenstrom; 2. Negative Schwankung des Nervenstromes; 3. Doppelsinnige Leitung im Nerven; 4. Fortpflanzungsgeschwindigkeit der negativen Schwankung; 5. Elektrotonus; 6. Elektrisches Gewebe der Zitterfische; 7. Elektrische
Wirkungen an Pflanzen.

1. Bei den vielen Aehnlichkeiten, welche Muskel
und Nerv in ihrem Verhalten gegen Reize darbieten,
kann es gewiss nicht auffallen, dass auch die Nerven
elektrische Erscheinungen zeigen und zwar in einer
dem Muskel ganz ähnlichen Weise. Bei der Zusammensetzung der Nerven aus einzelnen untereinander
parallelen Fasern sind diese Erscheinungen denen am
regelmässigen Muskelprisma ganz analog; nur dass am
Querschnitt des Nerven wegen seiner geringen Ausdehnung etwaige Spannungsunterschiede seiner einzelnen
Punkte nicht nachweisbar sind, sondern dass dieser
Querschnitt für unsere Betrachtung einfach als ein ein-
ziger Punkt anzusehen ist.

An einem ausgeschnittenen Nervenstück sind nun in
der That alle Punkte der Oberfläche oder des Längsschnitts positiv gegen die Querschnitte, welche untereinander gleichartig sind. An dem Längsschnitt aber
ist stets die grösste positive Spannung in der Mitte
und die Spannung fällt nach den Querschnitten hin,
genau wie beim Muskelprisma, erst langsam, dann steiler ab, wie es Fig. 59 zeigt.

14*

Unterschiede von geradem und schrägem Querschnitt,
wie wir sie am Muskel kennen gelernt haben, kann es
natürlich an den dünnen Nervenstämmen nicht geben;
ebenso wenig Erscheinungen wie die an den Muskeln
durch schiefen Verlauf der Fasern hervorgerufenen.
Wo grössere Massen von Nervensubstanz vorkommen,
wie im Rückenmark und Gehirn, ist aber der Verlauf
der Fasern ein so verwickelter, dass nichts weiter
constatirt werden kann, als dass überall die Querschnitte negativ gegen die natürliche Oberfläche (Längsschnitt) sind.

2. Leitet man einen Nerven an zwei beliebigen
Punkten seines Längsschnittes oder an einem Punkt des
Längsschnittes und einem Querschnitt ab, und reizt

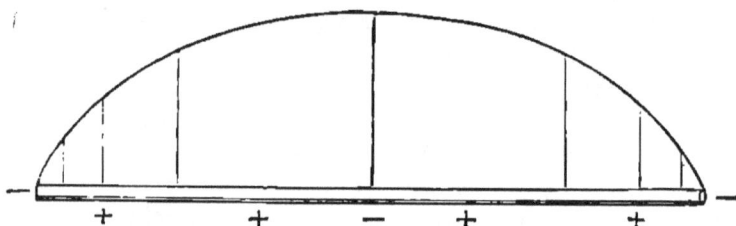

Fig. 59. Spannungen am Nerven.

dann den Nerven, so beobachtet man, dass der Nervenstrom schwächer wird. Es ist dabei gleichgültig,
wodurch die Reizung des Nerven geschieht, wenn sie
nur hinreichend stark ist, um eine kräftige Thätigkeit
des Nerven zu veranlassen. Wir sehen also, dass im
Nerven ebenso wie im Muskel mit der Thätigkeit eine
Aenderung in dem elektrischen Verhalten und zwar
eine Abnahme oder negative Schwankung des
Nervenstromes verbunden ist. Danach müssen wir jetzt
auch die früher (Kap. VII, §. 2) gethane Aeusserung
zurücknehmen, dass der thätige Zustand des Nerven
sich durch gar keine Veränderung am Nerven selbst
darthun lasse. Damals mussten wir, um die Thätigkeit des Nerven zu erkennen, denselben in Verbindung

mit dem Muskel lassen. Wir benutzten den Muskel
gleichsam als Reagens für den Nerven, da wir an diesem selbst weder optische, noch chemische, noch sonst
irgendwie nachweisbare Veränderungen beobachten konnten. Nun aber haben wir in den elektrischen Eigenschaften ein Mittel gefunden, den Nerven selbst auf
sein Verhalten zu prüfen. Welche Ansichten man auch
über die Ursachen der elektrischen Wirkungen des
Nerven haben mag, so viel steht fest, dass jede Aenderung in dem elektrischen Verhalten auf einer Aenderung in der Anordnung oder Beschaffenheit der
Nervensubstanz begründet sein muss, dass also die von
uns beobachtete negative Schwankung des Nervenstromes ein Zeichen und zwar bisjetzt das einzige bekannte Zeichen der innern Vorgänge im Nerven während der Thätigkeit ist. Es bietet uns also dieses
Zeichen eine Gelegenheit, die Thätigkeit des Nerven
an ihm selbst, unabhängig vom Muskel, zu erforschen.

3. Eine wichtige Anwendung hiervon hat E. du Bois-
Reymond gemacht zur Entscheidung der Frage, ob die
Erregung in der Nervenfaser nur nach einer oder nach
beiden Richtungen hin fortgepflanzt werde. Reizt man
einen unverletzten Nervenstamm an irgendeiner Stelle
seines Verlaufs, so beobachtet man in der Regel zweierlei Wirkungen: die Muskeln, welche mit dem Nerven
zusammenhängen, zucken und zugleich entsteht Schmerz.
Die Erregung ist also von der gereizten Stelle sowol
nach der Peripherie als nach dem Centrum hin fortgeleitet worden und hat hier wie dort ihre Wirkung
ausgeübt. Nun lässt sich aber nachweisen, dass in
diesen Fällen zweierlei Nerven nebeneinander im Nervenstamm vorhanden sind, motorische oder Bewegungsnerven, deren Reizung auf den Muskel wirkt, und
sensible oder Empfindungsnerven, deren Reizung den
Schmerz verursacht. An manchen Stellen kommen diese
beiden Fasergattungen getrennt vor und dann hat Reizung der einen nur Bewegungen, Reizung der andern

nur Empfindungen zur Folge. Wenn wir nun einen
Bewegungsnerven reizen, wird die Erregung nur nach
der Peripherie hin oder auch nach dem Centrum fortgeleitet? Und wenn wir einen Empfindungsnerven reizen, wird die Erregung nur nach dem Centrum oder
auch nach der Peripherie fortgeleitet? Offenbar sagt
der Versuch darüber nichts aus. Denn wenn die Erregung im Empfindungsnerven nach der Peripherie
fortgeleitet wird, woran sollten wir das erkennen, da
diese Nerven dort nicht in Muskeln hineingehen, mittels deren sie ihre Wirkung sichtbar machen könnten?
Die Erfahrung aber, welche wir über die elektrischen
Veränderungen bei der Thätigkeit gemacht haben, bietet ein Mittel, die Frage zu entscheiden. Denn diese
Veränderungen werden am Nerven selbst, unabhängig
von Muskeln und andern Endapparaten beobachtet.
Wenn wir nun einen rein motorischen Nerven reizen
und an einer centralen Stelle beobachten, so sehen
wir auch an dieser die negative Schwankung auftreten,
und wenn wir einen rein sensiblen Nerven reizen, können wir ebenso an einer peripherisch von der Reiz-
stelle gelegenen Strecke die negative Schwankung nachweisen. Also ist es erwiesen, dass die Erregung in
einer jeden Nervenfaser nach beiden Richtungen hin
sich fortzupflanzen vermag, und wenn nur an einem
Ende eine Wirkung auftritt, so liegt dies daran, dass
nur dort ein Endorgan vorhanden ist, welches die
Wirkung kenntlich zu machen im Stande ist.*

4. Ist die negative Schwankung des Nervenstromes
wirklich ein nothwendiges und stets vorhandenes Zeichen der im Nerven vorhandenen Zustände, welche wir
mit dem Namen „Thätigkeit des Nerven" bezeichnen,
so muss sie ebenso wie die Erregung sich mit einer
messbaren Geschwindigkeit im Nerven fortpflanzen.
Bernstein ist es gelungen, dies nachzuweisen und die

---

* S. Anmerkungen und Zusätze Nr. 11.

Geschwindigkeit zu messen, mit der diese Fortpflanzung vor sich geht. Wenn wir einen langen Nerven an seinem einen Ende reizen und sein anderes Ende mit dem Multiplicator verbinden, so muss eine gewisse Zeit verstreichen, ehe die Reizung und somit auch die negative Schwankung an diesem andern Ende anlangt. Bei unsern gewöhnlichen Versuchen geschieht die Reizung dauernd und ebenso ist das andere Ende des Nerven dauernd mit dem Multiplicator verbunden. Die Zeit, welche zwischen dem Beginn der Reizung und dem Beginn der negativen Schwankung verstreicht, ist aber selbst für die längsten Nerven, mit denen wir den Versuch anstellen können, viel zu kurz, um diese Verspätung bemerken zu können. Bernstein verfuhr nun folgendermaassen: An einem mit gleichmässiger Geschwindigkeit sich drehenden Rade waren zwei vorspringende Drähte befestigt. Der eine schloss bei jedem Umgange für ganz kurze Zeit einen elektrischen Strom und bewirkte dadurch die immer in gleichen Zeiträumen wiederkehrende Reizung des einen Nervenendes. Der andere Draht aber stellte für eine ganz kurze Zeit die Verbindung des andern Nervenendes mit dem Multiplicator her. Geschahen nun die Reizung und die Verbindung mit dem Multiplicator gleichzeitig, so sah man keine Spur von der negativen Schwankung, denn ehe dieselbe von der gereizten Stelle zu dem andern Ende des Nerven gelangen konnte, war die Verbindung des letztern mit dem Multiplicator schon wieder unterbrochen. Durch Verschiebung der Drähte konnte man aber bewirken, dass die Verbindung des Nerven mit dem Multiplicator erst etwas später erfolgte als die Reizung. Wenn nun dieser Zeitunterschied einen gewissen Werth erreichte, so trat die negative Schwankung auf. Aus diesem Zeitwerthe und der Länge des Weges zwischen der gereizten und der abgeleiteten Strecke liess sich offenbar die Fortpflanzungsgeschwindigkeit der negativen Schwankung im Nerven berechnen. Bernstein fand so eine Ge-

schwindigkeit von 28 Mt. in der Secunde. Dieser
Werth stimmt so genau mit dem für die Fortpflanzung
der Erregung im Nerven gefundenen (24,8 Mt.; vgl.
Kap. VII, §. 3), als es bei derartigen Versuchen nur
erwartet werden kann, und wir können unbedingt aus
dieser Uebereinstimmung schliessen, dass negative Schwankung und Erregung des Nerven zwei innig miteinander
verbundene, stets zusammengehende Vorgänge oder vielmehr zwei durch verschiedene Mittel beobachtete Seiten desselben Vorgangs sind.*

5. Die negative Schwankung des Nervenstromes ist
nicht die einzige elektrische Veränderung, welche am
Nerven bekannt ist. Wir haben schon früher (Kap. VIII,
§. 1, S. 122) unter dem Namen „Elektrotonus" Veränderungen der Erregbarkeit kennen gelernt, welche
in der Nervenfaser auftreten, sobald man durch einen
Theil derselben einen elektrischen Strom leitet. Diesen Erregbarkeitsveränderungen, entsprechen nun auch
Veränderungen in dem elektrischen Verhalten des Nerven, welche wir gleichfalls als elektrotonische bezeichnen. Sei nn' (Fig. 60) ein Nerv, a und k zwei
an den Nerven angelegte Drähte, durch welche ein
elektrischer Strom in der Richtung von a nach k geleitet wird; a ist also die Anode, k die Kathode des
zur Erzeugung des Elektrotonus angewandten Stromes.
Sobald dieser Strom geschlossen wird, werden alle
Stellen des Nerven zur Seite der Anode (von
n bis a) positiver, alle Stellen des Nerven zur
Seite der Kathode (von k bis n') negativer, als
sie vorher waren. Der Grad dieser Veränderungen ist
aber nicht an allen Stellen gleich, sondern die Veränderung ist dicht an der Elektrode am grössten und
nimmt mit der Entfernung von derselben ab. Stellen
wir von a nach n hin den Grad des positiven Zu-
wachses durch Linien dar, deren Höhe den Zuwachs

---

* S. Anmerkungen und Zusätze Nr. 12.

ausdrückt und verbinden die Kuppen dieser Linien, so
erhalten wir die Curve n p, deren Gestalt uns ein anschauliches Bild von der an jeder Stelle auftretenden
Veränderung der Spannung gewährt. In gleicher Weise
stellen wir die Veränderungen an der Kathodenseite
dar, nur ziehen wir, um gleich anzudeuten, dass hier
die Spannungen negativer werden, die betreffenden
Linien nach abwärts vom Nerven. Wir erhalten so
das Curvenstück $q n'$. Die beiden Curvenstücke np und
$q n'$ lehren uns nur das Verhalten der extrapolaren
Nervenstrecken. In der That wissen wir nicht, wie

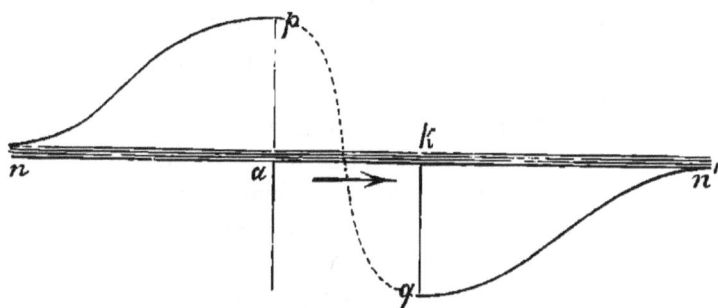

Fig. 60. Spannungsänderungen im Elektrotonus.

sich der Nerv in der intrapolaren Strecke verhält, weil
es aus äussern technischen Gründen unmöglich ist, diese
Strecke zu untersuchen.* Wir können nur vermuthen,
dass die Spannungsveränderungen sich dort ähnlich gestalten, wie es das durch eine punktirte Linie dargestellte Curvenstück pq darstellt.

Vergleicht man die Curve Fig. 60 mit der bildlichen
Darstellung der Erregbarkeitsveränderungen im Elektrotonus, wie sie in Fig. 31, S. 126 gegeben wurde, so
fällt die Analogie beider Erscheinungen sofort in die
Augen. Beide stellen ja in der That nur zwei verschiedene Seiten desselben Vorgangs dar, der Veränderungen nämlich, welche im Nerven durch einen con-

---

* S. Anmerkungen und Zusätze Nr. 13.

stanten elektrischen Strom hervorgerufen werden. Die
Vergleichung beider Curven zeigt aber, dass da, wo
die Spannung positiver wird, die Erregbarkeit verrin-
gert wird, und da, wo die Spannung negativer wird,
die Erregbarkeit zunimmt. Die Veränderung der Spannungen und die Veränderung der Erregbarkeit beruhen
wahrscheinlich beide auf molekularen Veränderungen
im Innern des Nerven, über deren Natur wir zwar zunächst noch nichts weiter auszusagen im Stande sind,
deren gleichzeitiges Auftreten unter der Einwirkung
von aussen zugeleiteter elektrischer Ströme aber immerhin sehr interessant ist und uns möglicherweise dereinst
den Schlüssel zum Verständniss der bei der Erregung
stattfindenden Nervenvorgänge liefern kann.

Bei der Untersuchung der Spannungsänderungen,
welche im Elektrotonus entstehen, muss man natürlich
auf die schon vorher vorhandenen Spannungsdifferenzen
der verschiedenen Punkte Rücksicht nehmen. Legt
man den ableitenden Bogen an zwei symmetrischen
Punkten des Nerven an, so sind diese gleichartig. Bei
anderweitiger Anlegung kann man die bestehenden
Spannungsdifferenzen durch die oben (Kap. X, §. 4)
beschriebene Compensationsmethode aufheben. In diesen Fällen sieht man dann die durch den Elektrotonus
hervorgerufenen Spannungsdifferenzen rein auftreten.
In allen andern Fällen äussern sie sich als eine Verstärkung oder Schwächung des zufällig vorhandenen
Nervenstromes, doch bleibt das Gesetz der Spannungsveränderungen dadurch unberührt.

6. Wie wir zwischen Muskeln und Drüsen gewisse
Aehnlichkeiten aufgefunden haben, so können wir den
Nerven das Gewebe der elektrischen Organe zur
Seite stellen, in welchen bei den schon früher erwähn-
ten elektrischen Fischen die so mächtigen elektrischen
Wirkungen entstehen. Ohne auf die noch nicht voll-
kommen abgeschlossenen Untersuchungen über den Bau
dieser elektrischen Organe hier näher einzugehen, können

wir doch so viel als sicher festgestellt betrachten, dass
als Grundlage des Organs die sogenannte elektrische
Platte anzusehen ist, ein zartes häutiges Gebilde, welches in regelmässiger Anordnung vielfach neben- und
übereinander geschaltet das ganze Organ darstellt. Zu
jeder elektrischen Platte tritt eine Nervenfaser und
unter dem Einfluss der Reizung, möge sie nun durch
den Willen des Thieres oder durch künstliche Reizung
des Nerven erfolgen, wird stets die eine Seite dieser
Platte positiv, die andere Seite negativ. Da dies bei
allen Platten in gleichem Sinne erfolgt, so summiren
sich die elektrischen Spannungen wie in einer Volta'-
schen Säule und daraus erklärt sich die ausserordentlich starke Gesammtwirkung eines solchen Organs im
Vergleich zu den Wirkungen von Muskeln, Drüsen und
Nerven.

Ein durchgreifender Unterschied freilich besteht zwischen den eben genannten Geweben einerseits und dem
elektrischen Gewebe der Zitterfische andererseits. Muskeln, Nerven, Drüsen entwickeln in der Ruhe elektrische Kräfte, und diese erleiden während der Thätigkeit
eine Veränderung. Elektrisches Gewebe andererseits
ist in der Ruhe völlig unwirksam und wird erst bei
der Thätigkeit elektrisch wirksam. Ohne diesen Unterschied erklären zu können, müssen wir doch bemerken,
dass aus ihm kein Grund abzuleiten ist, die Wirkungen
dieser Gewebe für grundsätzlich verschieden zu erklären. Ob ein Gewebe nach aussen hin nachweisbare
elektrische Wirkungen ausübt, hängt von der Anordnung seiner wirksamen Elemente ab. Die Veränderungen aber, welche bei der Thätigkeit auftreten, sind
offenbar bei Muskeln, Drüsen, Nerven und elektrischem
Gewebe so ähnlich, dass sie als zusammengehörig zu
betrachten sind. Im nächsten Kapitel wollen wir versuchen, für alle diese Erscheinungen eine gemeinsame
Anschauung zu gewinnen.

7. Dass auch an Pflanzen elektrische Erscheinungen

beobachtet werden, haben wir schon bemerkt, doch
glaubten wir denselben keine grössere physiologische
Bedeutung zuschreiben zu können. Es musste daher
mit Recht grosses Aufsehen erregen, als vor einigen
Jahren der englische Physiologe Burdon-Sanderson mit
Beobachtungen hervortrat, nach welchen an den Blättern der Venus-Fliegenfalle (*Dionaea muscipula*) regelmässige elektrische Ströme vorhanden sind, die bei den
Bewegungen dieser Blätter gerade so wie die Muskelströme eine negative Schwankung zeigen. Er war zu
diesen Beobachtungen von Charles Darwin angeregt
worden, welcher mit Untersuchungen über die insekten-
fressenden Pflanzen beschäftigt, die Analogie der bei
der Dionaea vorkommenden Blattbewegungen mit den
Muskelbewegungen der Thiere zu begründen versuchte.
Darwin's Untersuchungen sind seitdem ausführlich ver-
öffentlicht worden.* Sie haben das interessante Er-
gebniss geliefert, dass bei verschiedenen Pflanzen drü-
sige Organe vorkomman, welche Säfte absondern, die
eiweissartige Körper zu verdauen vermögen. Die in
Rede stehende Pflanze, *Dionaea muscipula*, besitzt
solche Drüsen; sie ist ausserdem reizbar, wie die im
ersten Kapitel beschriebene *Mimosa pudica*. Wenn ein
Insekt das Blatt berührt, schliessen sich die Blattflügel,
und das gefangene Insekt wird durch den abgesonder-
ten Saft verdaut und resorbirt. Was haben wir nun
von dieser Bewegung des Blattes zu halten? Ist sie
wirklich der Muskelbewegung gleichartig und erstreckt
sich die Gleichartigkeit selbst auf die elektrischen Erscheinungen, wie es nach den Angaben von Burdon-
Sanderson der Fall zu sein scheint? Neuere Untersuchungen von Professor Munk in Berlin haben dies nicht
bestätigt. Die Bewegungen des Dionaeablattes müssen
denen der *Mimosa pudica* durchaus gleich erachtet
werden. Es handelt sich bei diesen Bewegungen nicht

---

* *On insectivorous plants* (London 1875; deutsch von
Carus, Stuttgart 1876).

um Zusammenziehungen nach Art der Muskelbewegung,
sondern um Krümmungen, welche am Blatt auftreten,
infolge veränderter Quellung der verschiedenen Zell-
schichten. Das Blatt wirkt allerdings elektrisch, freilich nicht in der einfachen Weise, wie es Burdon-Sanderson darstellt, und es treten auch Veränderungen der
elektrischen Wirkung bei der Krümmung auf, aber
diese sind nicht der negativen Schwankung des Muskelstromes gleichartig; sie rühren wahrscheinlich von den
Saftströmungen im Innern des Blattes her. Zu ähnlichen Anschauungen war ich selbst durch Untersuchung
der *Mimosa pudica* gekommen. Regelmässige elektrische Wirkungen während der Ruhe konnte ich an
dieser nicht nachweisen, aber bei dem Zusammenknicken
der Blattstiele sah ich elektrische Ströme, welche als
Folge der Saftströmungen gedeutet werden konnten.
Wir werden also wol dabei stehen bleiben müssen, dass
die elektrischen Erscheinungen an Pflanzen mit den an`
Muskeln, Nerven, Drüsen und den elektrischen Organen
der Fische beobachteten nicht in gleiche Reihe zu
stellen sind.

VIERZEHNTES KAPITEL.

1. Zusammenfassung der Thatsachen; 2. Grundsätze für die Erklärung derselben; 3. Vergleich des Muskelprismas mit einem Magneten; 4. Erklärung der Spannungen am Muskelprisma und Muskelrhombus; 5. Erklärung der negativen Schwankung und der Parelektronomie; 6. Anwendung auf die Nerven; 7. Anwendung auf die elektrischen Organe und Drüsen.

1. Fassen wir das Thatsächliche zusammen, das in den vorhergehenden Kapiteln erörtert wurde, so können wir folgende Sätze aufstellen.

1) Jeder Muskel und jeder Theil eines Muskels ist im Ruhezustand am Längsschnitt positiv, am Querschnitt negativ. Die positiven Spannungen nehmen an regelmässigen Muskelprismen von der Mitte des Längsschnitts nach den Enden hin in regelmässiger Weise ab, ebenso die negativen Spannungen am Querschnitt; an Muskelrhomben ist die Vertheilung der Spannungen etwas anders gestaltet, indem die grösste positive Spannung am Längsschnitt nach der stumpfen Ecke, die grösste negative Spannung am Querschnitt nach der spitzen Ecke hin verschoben ist.

2) Bei der Thätigkeit des Muskels nehmen die Spannungsdifferenzen ab.

3) Unversehrte Muskeln zeigen häufig geringe oder gar keine Spannungsdifferenzen, dennoch müssen wir an-

nehmen, dass die elektrischen Gegensätze in ihnen schon vorhanden sind.

4) Nerven sind am Längsschnitt positiv, am Querschnitt negativ; die grösste positive Spannung ist in der Mitte des Längsschnitts. — Bei der Thätigkeit nehmen die Spannungsdifferenzen ab.

5) Die elektrische Platte der Zitterfische ist in der Ruhe elektrisch unwirksam; unter der Einwirkung der Nerven wird die eine Fläche positiv, die andere negativ elektrisch.

6) An den Drüsen ist der Grund positiv, die Mündung oder innere Fläche negativ; bei der Thätigkeit der Drüse werden die Spannungsdifferenzen geringer.

Diese Sätze stellen nur den thatsächlichen Ausdruck der hauptsächlichsten, durch den Versuch nachgewiesenen Verhältnisse dar. Wir fanden an der Oberfläche der untersuchten Gewebe elektrische Spannungsdifferenzen und wir haben uns überzeugt, dass die Ursache dieser mit grosser Regelmässigkeit auftretenden Spannungsdifferenzen in den Geweben selbst ihren Sitz haben müsse. Diese Ursache aufzufinden, ist jetzt unsere Aufgabe. Aber diese Aufgabe ist nicht so leicht, als sie vielleicht auf den ersten Blick erscheint. So schwierig es sein mag, bei einem gegebenen Körper, wenn innerhalb desselben eine elektromotorische Kraft ihren Sitz hat, zu berechnen, welche Spannungen an der Oberfläche desselben in jedem Punkte herrschen müssen, ein gewandter Rechner kann diese Schwierigkeiten überwinden. Anders aber, wenn das umgekehrte Problem gegeben ist, wenn die Vertheilung der Spannungen durch den Versuch gegeben und der Sitz der elektromotorischen Kraft gesucht werden soll. Die Schwierigkeit besteht in diesem Falle darin, dass die Aufgabe eine unbestimmte ist, dass es viele sehr verschiedene Lösungen für dieselbe gibt. Die Aufgabe wird noch besonders erschwert, weil wir nicht wissen, ob nur eine oder ob viele, an verschiedenen Orten des Körpers gelegene elektromotorische Kräfte vorhanden sind.

2. Denken wir uns nämlich in dem Kap. X, §. 2
dargestellten Körper die Vertheilung der Spannungen,
welche als Folge der dort angenommenen elektromotorischen Kraft an der Oberfläche herrschen, festgestellt.
Denken wir uns jetzt die betreffende elektromotorische
Kraft entfernt und an deren Stelle eine andere an
irgendeinem andern Punkte des Körpers gesetzt. Infolge dieser wird der Körper von anders gestalteten
Strömungscurven erfüllt sein, denen andere isoelektrische
Curven entsprechen. Demgemäss ist auch die Vertheilung der Spannungen an der Oberfläche eine ganz andere. Einer dritten, anderswo gelegenen elektromotorischen Kraft würde wieder eine ganz andere Vertheilung
der Spannungen entsprechen und so fort. Nun hat
Helmholtz nachgewiesen, dass, wenn viele solche elektromotorische Kräfte gleichzeitig in einem Körper vorhanden sind, die Spannung, welche an jedem Punkte
der Oberfläche wirklich herrscht, gleich ist der Summe
aller der Spannungen, welche an diesem Punkte durch
jede der elektromotorischen Kräfte für sich allein erzeugt würde. Haben wir nun durch den Versuch eine
gewisse Vertheilung der Spannungen aufgefunden, so
ist es möglich, sehr viele Combinationen elektromotorischer Kräfte auszusinnen, welche eine solche Vertheilung der Spannungen, wie sie der Versuch ergeben hat,
liefern könnten.

Welcher von diesen möglichen Vorstellungen sollen
wir nun den Vorzug geben? Die Regeln der wissen-
schaftlichen Logik geben uns hier einen Anhalt für die
Wahl. Die von uns bevorzugte Annahme muss erstens
im Stande sein, nicht nur eine, sondern alle durch
den Versuch bekannt gewordenen Umstände zu erklären. Werden durch neue Untersuchungen neue Thatsachen bekannt, so muss sie auch diese zu erklären im
Stande sein, andernfalls muss sie verlassen und durch
eine bessere Annahme ersetzt werden. Zweitens, wenn
mehrere Annahmen scheinbar gleich gut den eben aufgestellten Forderungen genügen, so geben wir der ein-

fachern vor der verwickeltern Annahme den Vorzug. Auf alle Fälle aber müssen wir uns immer vor Augen halten, dass es sich hier nur um Annahmen oder Hypothesen handelt, deren Werth eben darin besteht, dass sie alle beobachteten Thatsachen unter einen gemeinschaftlichen Gesichtspunkt bringen, die aber nicht den Werth wissenschaftlich festgestellter Thatsachen beanspruchen. Wir bedürfen solcher Hypothesen, einerseits, weil sie uns Fingerzeige für weitere Forschungen bieten und somit ein mächtiges Hülfsmittel für den Fortschritt der Wissenschaft bilden, und andererseits weil der menschliche Geist an dem blossen Sammeln vereinzelter Thatsachen keine Befriedigung findet, sondern überall, wo er eine Reihe solcher zusammengehöriger Thatsachen kennen gelernt hat, dahin strebt, sie, wenn auch nur vorläufig, in einen geistigen Zusammenhang zu bringen, sie unter einen gemeinsamen Gesichtspunkt zusammenzufassen.

3. Gehen wir nun mit diesen Vorstellungen ausgerüstet an unsere Aufgabe, und halten wir uns vorläufig nur an den Muskel. Das regelmässige Muskelprisma zeigt eine bestimmte Vertheilung der Spannungen. Aber jedes kleinere Prisma, das wir aus dem grössern herausschneiden, zeigt dieselbe Vertheilung der Spannungen. Wir kennen dafür bisher keine Grenze, denn selbst das kleinste Stückchen einer einzelnen Muskelfaser, das man untersuchen kann, verhält sich in dieser Beziehung wie ein grosses Bündel langer Fasern. Dies zu erklären, kann man zwei Wege einschlagen: Entweder nimmt man an, die elektrischen Spannungen entstehen erst durch die Herstellung des Muskelprimas, oder man ersinnt eine Anordnung elektromotorischer Kräfte, welche im Muskel als schon vorhanden gedacht im Stande wäre, alle am Muskel bekannten Erscheinungen zu erklären. Den erstern Weg haben schon Mateucci u. a. versucht. Als aber du Bois-Reymond die Erforschung dieses Gebietes unternahm und mit

einer in der Geschichte der Wissenschaft einzig da-
stehenden Ausdauer und Beharrlichkeit eine grosse
Reihe von Thatsachen entdeckte, von welchen wir nur
einen kleinen Theil in den vorhergehenden Kapiteln
darstellen konnten, genügte ihm dieser Weg nicht und
er versuchte deshalb den zweiten. Und in der That
gelang es ihm so, eine Hypothese aufzustellen, welche
bisher alle Thatsachen zu erklären im Stande war,
auch solche, welche erst nach Aufstellung der Hypothese aufgefunden wurden und welche zum Theil aus
jener Hypothese vorhergesagt und dann durch den Versuch bestätigt wurden. Zwar ist seitdem von anderer
Seite wieder versucht worden, die erstere Hypothese
wieder zur Geltung zu bringen, doch ohne Erfolg.
Wir werden daher uns hier ganz der von du Bois-Reymond aufgestellten Hypothese anschliessen, als der einzigen, welche alle elektrophysiologischen Thatsachen
von einem einheitlichen Standpunkt aus zu umfassen
vermag.

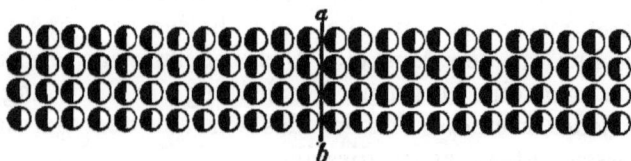

Fig. 61. Theorie des Magnetismus.

Die Erscheinung, dass nach Durchschneidung eines
Muskelprismas in zwei Hälften jeder Theil eine ganz
analoge Anordnung der elektrischen Spannungen zeigt,
wie vorher das ganze Prisma, erinnert an eine entsprechende Erscheinung an Magnetstäben. Ein jeder
Magnetstab hat bekanntlich zwei Pole, einen Nordpol
und einen Südpol. Die magnetische Spannung ist an
diesen beiden Polen am grössten und nimmt nach der
Mitte hin ab; in der Mitte selbst ist sie gleich Null.
Schneiden wir nun den Magneten in der Mitte durch,
so ist jede Hälfte wieder ein vollständiger Magnet mit

einem Nord- und einem Südpol und einer regelmässigen
Abnahme der magnetischen Spannungen von den Polen
nach der Mitte hin. Wie wir auch den Magneten theilen, jedes kleine Bruchstück ist immer ein vollständiger
Magnet mit zwei Polen und regelmässiger Abnahme der
Spannungen. Um dies zu erklären, stellt man sich
vor, der ganze Magnet bestehe aus lauter kleinen
Theilchen (Molekülen), von denen jedes ein kleiner
Magnet mit einem Nord- und einem Südpol sei. Indem
alle diese kleinen Molekularmagnete in gleicher
Richtung angeordnet sind, etwa so wie es Fig. 61 anschaulich macht, wirken sie in dem ganzen Magneten
gemeinschaftlich, jeder Bruchtheil aber muss wieder in
derselben Weise wirken.

Diese Art der Vorstel-
lung können wir nun
auf den Muskel über-
tragen. Ein quergestreif-
ter Muskel besteht aus
Fasern, welche in dem
regelmässigen Muskel-
prisma alle parallel lau-
fen und gleich lang sind.
Jede Faser aber haben
wir uns nach dem im
Kap. II, §. 2 Gesagten als
eine regelmässige Anord-
nung kleiner Theilchen
zu denken, welche alle
aus einer kleinen Ab-
theilung der einfach
brechenden Grundsub-
stanz und einer darin

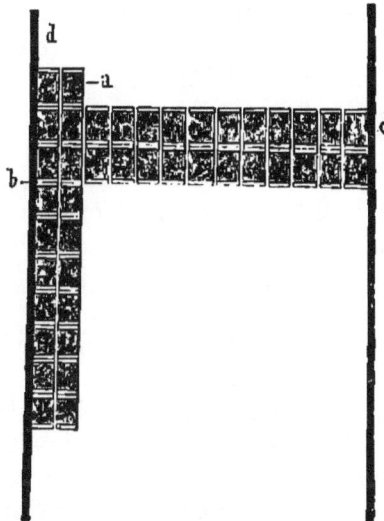

Fig. 62. Schematische Darstellung eines
Stücks Muskelfaser.

eingelagerten Gruppe der doppelbrechenden Disdiaklasten bestehen würden. Ein solches kleines Theilchen
wollen wir ein Muskelelement nennen. Die Muskelfaser bestände danach aus regelmässig angeordneten
Muskelelementen, deren Aneinanderreihung der Länge

nach die früher erwähnten Fibrillen, der Quere nach
die Querscheiben bilden, in welche die Muskelfaser
unter gewissen Umständen zerfallen kann. Eine schematische Darstellung eines Stücks der Muskelfaser würde
also ein Bild geben, wie es Fig. 62 darstellt, in welchem jedes der kleinen Rechtecke ein Muskelelement
vorstellt. Ein solches Muskelelement ist also im wesentlichen schon ein ganzer Muskel, denn die Faser
ist ja weiter nichts als eine Anhäufung solcher untereinander gleichartiger Muskelelemente, und der ganze
Muskel nichts als ein Bündel gleichartiger Muskelfasern.
Dem Muskelelement müssen wir also schon alle Eigenschaften zuerkennen, welche dem ganzen Muskel zukommen. Es besitzt die Fähigkeit, kürzer und dabei
dicker zu werden, es besitzt endlich, und das ist der
Kern der hier in Frage stehenden Lehre, schon alle
elektrischen Eigenschaften, welche wir am ganzen
Muskel beobachten.

4. Wir nehmen also an, dass jedes Muskelelement
der Sitz einer elektromotorischen Kraft sei, vermöge
deren es an seiner Längsschnittseite positiv, an seinen
Querschnitten negativ ist. Wäre ein solches Muskelelement für sich allein von einer leitenden Masse umgeben, so müssten in dieser Systeme von Stromcurven
von den Längsschnitt- zu den Querschnittseiten vorhanden sein. Sind viele solche Muskelelemente in der
von uns angenommenen regelmässigen Anordnung neben-
und hintereinander gelagert, so muss, wie man durch Rechnung nachgewiesen hat, das Ganze an seiner ganzen Längsschnittseite gleichmässig positiv, an seinen Querschnitts-
flächen gleichmässig negativ sein. Denken wir uns nun
dieses ganze Aggregat von Muskelelementen von einer
dünnen Schicht einer leitenden Masse umgeben, so müssen in derselben Ströme vorhanden sein, wie sie Fig. 63
darstellt. Diesen Stromcurven entspricht dann genau
diejenige Vertheilung der Spannungen, welche durch
den Versuch nachgewiesen worden ist. In der Mitte

des Längsschnitts muss die grösste positive Spannung sein, in der Mitte des Querschnitts die grösste negative Spannung; beide müssen nach der Grenze hin in regelmässiger Weise abnehmen.

Haben wir nun ein Bündel von Muskelfasern, begrenzt durch zwei gerade künstliche Querschnitte, mit andern Worten ein regelmässiges Muskelprisma. Die einzelnen Muskelfasern, welche das Bündel zusammenhalten, sind umgeben vom Sarkolemma, zusammengehalten und eingehüllt vom Bindegewebe. Ausserdem müssten die äussersten Schichten offenbar schneller als die im Innern des Bündels gelegenen den ungünstigen Einwirkungen des Absterbens unterliegen, welche ja,

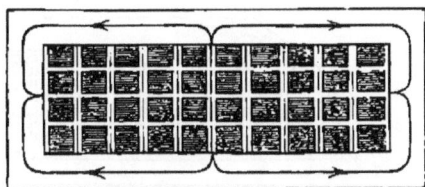

Fig. 63. Schema der elektrischen Wirkungen eines Aggregats von Muskelelementen.

wie wir gesehen haben, zum schliesslichen Verlust aller elektrischen Eigenschaften führen; sie werden also ganz unwirksam oder weniger wirksam sein als die innern. Noch erheblicher muss dieser schädliche Einfluss sich am Querschnitt gestalten, wo eine Schicht gequetschter, also todter Muskelsubstanz die wirksam gebliebenen Theile überziehen muss. Alles dies gibt also einen Mantel unwirksamer, aber leitender Masse, welche die wirksamen Muskelelemente umhüllt, und die Vertheilung der Spannungen am regelmässigen Muskelprisma ist vollkommen erklärt. Zerschneiden wir aber ein solches Muskelprisma, so bleiben die Verhältnisse immer dieselben. Jedes Stückchen eines Muskelprismas muss wirken wie das Ganze.

Unsere Hypothese ist also vollkommen im Stande,

die elektrischen Erscheinungen am regelmässigen Muskelprisma zu erklären. Wir haben jetzt zu untersuchen,
wie sie sich den übrigen uns bekannt gewordenen Thatsachen gegenüber verhält. Geben wir dem künstlichen
Querschnitt eine schräge Richtung gegen die Achse der
Muskelfasern, wie es bei dem regelmässigen oder unregelmässigen Muskelrhombus der Fall ist, so werden
die von uns angenommenen Muskelelemente am Querschnitt treppenförmig übereinander geschichtet sein, bekleidet von einer Schicht zerquetschten und deshalb
unwirksamen Gewebes, wie es Fig. 64 darstellt. An
einem solchen Querschnitt müssen offenbar Theilströme
von den positiven Längsschnitt- zu den negativen Quer-

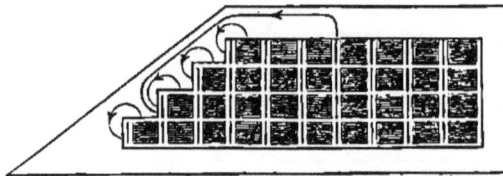

Fig. 64. Schema des schrägen Querschnitts.

schnittseiten der einzelnen Muskelelemente kreisen, welche
sich zu den vom eigentlichen Längsschnitt zum Quer-
schnittkreisenden hinzuaddiren und machen, dass die
stumpfe Ecke positiver ist als die negative.

5. Die zweite Frage ist, wie nach unserer Hypothese
die negative Schwankung des Muskelstromes bei der
Thätigkeit erklärt werden kann. Dass die Contraction
des Muskels auf einer Bewegung seiner kleinsten Theilchen beruhen müsse, haben wir schon aus den Erscheinungen des Muskeltons geschlossen. Die Beobachtung
der Muskelzusammenziehung unter dem Mikroskop lehrt
uns, dass diese Bewegung innerhalb jedes Muskelelements vor sich geht, da wir die Formänderung an jedem
Muskelelement schon ganz in derselben Weise vor sich
gehen sehen, wie an der ganzen Muskelfaser. Es hat

daher gar keine Schwierigkeit, sich vorzustellen, dass
bei diesen Bewegungen der kleinsten Theilchen innerhalb jedes Muskelelements die elektromotorischen Gegensätze zwischen seinen Längs- und Querschnittsseiten eine
Aenderung erfahren. Ob wir uns dies so vorstellen
wollen, dass die Moleküle des Muskels bei der Zusammenziehung schwingende Bewegungen ausführen, oder
ob wir eine andere Vorstellung bevorzugen, darauf
kommt es nicht weiter an. Wo thatsächliche Anhaltspunkte für oder gegen gewisse Annahmen nicht vor-
liegen, kann die Phantasie frei spielen und sich irgendeinen Vorgang ausmalen, durch welchen möglicherweise derartige Veränderungen zu Stande kommen
könnten. Aber der nüchtern denkende Naturforscher
bleibt sich dabei immer dessen bewusst, dass solche
freien Spiele der Phantasie keinen wirklich wissen-
schaftlichen Werth beanspruchen können, weder einen
didaktischen zu klarerer Darstellung der schon bekannten Thatsachen, noch einen heuristischen zur Leitung
und Anregung zu neuen Untersuchungen. Gute Hypothesen haben immer diesen doppelten Werth; bei ihnen
bleibt daher der Forscher stehen. Sie weiter auszu-
spinnen, wo die thatsächlichen Anhaltspunkte fehlen,
das unterhält ihn vielleicht, als ein gefälliges Spiel seines Witzes, in einer müssigen Viertelstunde, aber er
hat nicht die Anmaassung, andere damit unterhalten
zu wollen.

Wir haben zuletzt noch zu untersuchen, wie die
von uns vorgetragene Hypothese gegenüber den am unversehrten Muskel beobachteten Erscheinungen sich bewährt. Den sehnigen Ueberzug an den Enden der
Muskelfasern können wir als eine Schicht unwirksamer
leitender Substanz ansehen. Insofern also am unversehrten Muskel dieselben Erscheinungen auftreten, wie
am Muskelprisma oder Muskelrhombus mit künstlichen
Querschnitten, haben wir den frühern Auseinandersetzungen nichts hinzuzufügen. Nun ist dies aber, wie
wir gesehen haben, zwar gewöhnlich, aber doch nicht

immer der Fall. Der natürliche Querschnitt des Muskels ist gegen den Längsschnitt meist sehr schwach,
zuweilen gar nicht negativ, während die Negativität
sofort hervortritt, sobald der natürliche Querschnitt auf
irgendeine Weise, sei es mechanisch, thermisch oder
chemisch, zerstört wird. Dieses Verhalten der natürlichen Enden der Muskelfasern zu erklären, können wir
annehmen, dass die Anordnung der Moleküle in dem
letzten oder den letzten Muskelelementen einer jeden
Muskelfaser zuweilen eine andere sein kann als in allen
übrigen. Wenn z. B. in dem letzten Muskelelement
der Querschnitt nicht negativ wäre, so könnte eine solche
Muskelfaser gar keine Ströme geben, solche müssten
aber sofort hervortreten, wenn dieses letzte Muskelelement entfernt oder in einen unwirksamen Leiter verwandelt wird. E. du Bois-Reymond ist es neuerdings
gelungen, für dieses abweichende Verhalten der Muskel-
faserenden einen sehr wahrscheinlichen Grund aufzufinden, welchen wir aber hier, ohne uns zu sehr in Einzelheiten einzulassen, nicht entwickeln können.*

6. Wir wenden uns nun zur Betrachtung des Nerven.
Bei der ausserordentlichen Aehnlichkeit der Erscheinungen am Nerven und am Muskel liegt es nahe, die
für letztere angenommene Hypothese ohne weiteres auf
erstern zu übertragen. Zwar haben wir am Nerven
nicht die uns am Muskel zum Anhalt dienenden, mi-
kroskopisch sichtbaren Abtheilungen (die von uns sogenannten „Muskelelemente"), in welche wir den Sitz
der elektromotorischen Kräfte verlegt haben. Aber
aus dem, was wir früher über die Erregungsvorgänge
im Nerven erfahren haben, geht jedenfalls so viel hervor, dass auch im Nerven in der Länge der Faser
hintereinander einzelne Theilchen mit selbstständiger
Beweglichkeit und selbstständigen Kräften gelegen sein
müssen. Wenn wir diese Theilchen, ohne über ihre

---

* S. Anmerkungen und Zusätze Nr. 14.

Natur etwas weiteres aussagen zu können, der Analogie
wegen als „Nervenelemente" bezeichnen und annehmen,
dass in jedem solchen Nervenelement eine elektromotorische Kraft ihren Sitz habe, durch welche der Längsschnitt positive, die Querschnitte negative Spannung
erhalten, so erklären sich dadurch ganz auf dieselbe
Weise wie beim Muskel die Erscheinungen am ruhenden Nerven, und die negative Schwankung des Nervenstromes bei der Thätigkeit. Das ganz gleiche Verhalten des Nerven und des Muskels gegen Reize zeigen
ja schon zur Genüge, dass beide in ihrem physikalischen
Gefüge grosse Aehnlichkeit haben müssen, und das
gleichartige Verhalten beider hinsichtlich der elektromotorischen Wirksamkeit ist ganz dazu angethan, uns
in der Annahme gleichartiger Anordnung in ihren kleinsten Theilchen zu bestärken.

Aber Nerv und Muskel zeigen neben sehr vielen
Uebereinstimmungen doch auch Unterschiede. Der Muskel verändert bei der Thätigkeit seine Form und vermag Arbeit zu leisten, der Nerv ist dessen nicht fähig.
Der Nerv hingegen zeigt unter dem Einflusse constanter
elektrischer Ströme die uns unter dem Namen des
Elektrotonus bekannt gewordenen Veränderungen der
Erregbarkeit, welchen, wie wir gesehen haben, Aenderungen in der Vertheilung der Spannungen an der
Oberfläche des Nerven entsprechen. Von alle dem ist
am Muskel nichts nachgewiesen. Es müssen also innerhalb der Nervenelemente noch andere Veränderungen
vorgehen können, welche diese Spannungsänderungen
bewirken.

Bekanntlich denkt man sich alle raumerfüllende Masse
aus kleinen Theilchen zusammengesetzt, welche als Moleküle bezeichnet werden. In einem chemisch einfachen
Körper, wie Wasserstoff, Sauerstoff, Schwefel, Eisen
u. s. w. bestehen diese Moleküle alle aus untereinander
gleichen Atomen; in einem chemisch zusammengesetzten
Körper, wie Wasser, Kohlensäure u. dgl. ist jedes Molekul aus mehrern Atomen verschiedener Art zusammen-

gesetzt. Ein Wassermolekul z. B. besteht aus einem
Atom Sauerstoff und zwei Atomen Wasserstoff, ein
Kohlensäuremolekul besteht aus einem Atom Kohlenstoff und zwei Atomen Sauerstoff, ein Molekul Kochsalz besteht aus einem Atom Natrium und einem Atom
Chlor u. s. w.* In einem Stück Kochsalz nun sind
ausserordentlich viele solche aus Chlor und Natrium
zusammengesetzte Moleküle enthalten, aber alle diese
sind (sofern wir es mit reinem Kochsalz zu thun haben) untereinander gleichartig. Ein Muskel aber, ein
Nerv oder sonst ein organisches Gewebe sind viel zusammengesetzter gebaut. In ihm sind Moleküle von
Eiweiss, von Fetten, Salzen aller Art, Wasser u. s. w.
untereinander gemengt. Ein kleines Stückchen eines
solchen Gewebes ist in chemischer Beziehung noch als
ein Gemenge sehr vieler verschiedener Stoffe anzusehen.
Um Verwechselungen zu vermeiden, haben wir diese
kleinen Theilchen, von denen wir annehmen, dass in
ihnen schon alle Eigenschaften des Muskels oder Nerven enthalten seien, mit dem Namen „Muskelelement"
oder „Nervenelement" bezeichnet, ein Name, welcher
eben nichts weiter ausdrücken sollte, als eben ein Bruchstück eines Muskels oder eines Nerven. Ein solches
Bruchstück ist also noch als sehr zusammengesetzt anzusehen. In ihm können sehr verwickelte chemische
und physikalische Vorgänge platzgreifen, und die in
ihrem eigensten Wesen uns noch völlig unbekannten
Vorgänge der Muskel- und Nerventhätigkeit sind jedenfalls an solche Vorgänge gebunden. Wenn nun in einem
solchen Muskel- oder Nervenelement auch elektrische
Kräfte auftreten, so kann es nicht wundernehmen, dass
diese auch allerlei Veränderungen eingehen können.
Solcher Art müssen die Veränderungen sein, welche
bei der Thätigkeit und bei dem Elektrotonus auftreten.

---

* Näheres über die atomistische und die Molekulartheorie
findet man in: Cooke, Die Chemie der Gegenwart („Internationale wissenschaftliche Bibliothek", XVI. Bd.).

Wenn wir nun im Vorhergehenden hier und da von
Muskel - oder Nervenmolekülen gesprochen haben, so
deckte sich eigentlich dieser Begriff nicht ganz genau
mit dem ganz klaren und festen Begriff des Molekuls
im Sinne der Chemiker. Wir stellten uns dabei vielmehr etwas vor, was noch aus mannichfachen chemischen Substanzen gemengt eine Einheit anderer Ordnung
darstellt. In diesem Sinne werden wir auch ferner
noch der Kürze wegen zuweilen diesen Ausdruck gebrauchen, und nach der vorausgeschickten Auseinandersetzung wird dies wol gestattet sein, ohne Misverständ-
nisse hervorzurufen. Ein Muskel- oder Nervenmolekul
soll also eine auf bestimmte Art vereinigte Gruppe von chemischen Molekülen bedeuten, deren viele zusammen wieder ein Muskel-, beziehentlich Nervenelement ausmachen.

Die negative Schwankung des Muskel- und Nervenstromes haben wir uns als eine Bewegung dieser Muskel-
beziehentlich Nervenmoleküle innerhalb unserer „Elemente“ vorgestellt, vermöge deren die Spannungsunterschiede zwischen Längsschnitt- und Querschnittseiten
der Elemente geringer werden. Zur Erklärung der
elektrischen Erscheinungen des Elektrotonus machen
wir nun die Annahme, dass unter dem Einfluss der
constanten elektrischen Ströme die Nervenmoleküle eine
andere Lagerung annehmen, wodurch die Vertheilung
der Spannungen an der Oberfläche des Nerven geändert
wird. Diese Lageveränderung hält so lange an, als der
elektrische Strom durch den Nerven fliesst, und verliert
sich nach der Oeffnung des Stromes mehr oder weniger
schnell. Sie findet zunächst nur innerhalb der Elektroden statt, pflanzt sich aber auf die extrapolaren
Strecken fort und zwar mit der Entfernung von den
Elektroden immer schwächer werdend. Zur Erläuterung
dieser Vorstellung können wir das schon früher ge-
brauchte Beispiel anziehen, welches die Nervenmoleküle
mit einer Reihe von Magnetnadeln vergleicht. Wenn
in einer solchen Reihe einige in der Mitte durch eine
äussere Einwirkung eine Lageveränderung erfahren, so

müssen auch die nach aussen gelegenen eine mit der
Entfernung abnehmende Drehung vollführen. Oder
wir können auch an die Vorstellung erinnern, welche
sich die Physiker von der sogenannten Elektrolyse, der
Zersetzung einer Flüssigkeit durch einen elektrischen
Strom, gemacht haben. Alle diese Analogien können
aber den Vorgang nicht weiter aufklären, als dass wir
erkennen, wie ein elektrischer Strom in der That im
Stande sein kann, zunächst innerhalb der Elektroden,
dann aber auch ausserhalb derselben eine Lageveränderung der Muskel- und Nervenmoleküle hervorzubringen,
welcher dann eine Aenderung der Spannungsvertheilung
an der Oberfläche entsprechen muss.

7. Es bleibt uns noch übrig, zu erwägen, wie weit
die erörterten Hypothesen auch zur Erklärung der
elektrischen Erscheinungen bei den elektrischen Fischen
und an den Drüsen verwerthet werden können. Den
elektrischen Schlag der Zitterfische haben wir offenbar
als ein Analogon zur negativen Schwankung des
Muskel- und Nervenstromes aufzufassen. Der scheinbar schreiende Gegensatz, dass bei letzterm ein in der
Ruhe vorhandener Strom bei der Thätigkeit schwächer
wird, während bei den elektrischen Fischen ein in der
Ruhe ganz unwirksames Organ bei der Thätigkeit einen
Strom entwickelt, ergibt sich bei genauerer Betrachtung
vom Standpunkt unserer Hypothese aus als ganz neben-
sächlich. Wenn nämlich in einem Organ äusserlich gar
kein Strom nachweisbar ist, so folgt daraus noch nicht,
dass im Innern desselben keine elektromotorischen
Kräfte vorhanden seien. Ein Stück weiches Eisen ist
an sich vollkommen unmagnetisch. Da es aber durch
Annäherung eines Magneten oder durch Einwirkung
eines elektrischen Stromes jederzeit in einen Magneten
verwandelt werden kann, so stellen wir uns vor, dass
schon im weichen Eisen die Molekularmagnete enthalten
seien, nur nicht in so regelmässiger Anordnung, wie
dies in Fig. 61, S. 226 von einem wirklichen Magneten

dargestellt wurde. Die Wirkung des angenäherten
Magneten oder des elektrischen Stromes besteht also
nach dieser Vorstellung nur darin, die im weichen
Eisen unregelmässig gelagerten Molekularmagnete zu
ordnen und dadurch ihre Wirkung nach aussen sichtbar hervortreten zu lassen. Wären uns am weichen
Eisen gar keine magnetischen Wirkungen bekannt, so
würde niemand jemals auf den Gedanken gekommen
sein zu behaupten, dass in ihm dennoch magnetische
Kräfte bestehen. Die Vergleichung aber mit den per-
manenten Magneten und die Möglichkeit, das ganz un-
magnetische weiche Eisen jederzeit in einen Magneten
verwandeln zu können, lässt uns die entwickelte Vorstellung ganz natürlich erscheinen. Ganz ebenso ist
es nun mit den elektrischen Organen der Zitterfische.
Die Thatsache, dass sie, an sich elektrisch unwirksam,
unter dem Einfluss des Nerven elektrisch wirksam werden, zusammengehalten mit dem, was wir vom Nerven
und Muskel wissen, führt uns ganz natürlich zu der
Annahme, dass in der elektrischen Platte elektromotorische Kräfte vorhanden seien, aber in einer Anordnung,
welche an der Oberfläche keinerlei merkliche Spannungsdifferenzen hervorruft. Unter der Einwirkung des thätigen Nerven erfahren nun die mit elektromotorischen
Kräften begabten Theilchen eine Lageveränderung, es
treten Spannungsdifferenzen zwischen den beiden Flächen der elektrischen Platte auf, und da alle elektrischen Platten eines Organs in demselben Sinne wirksam
werden, so ist die Folge ein starker elektrischer Schlag,
der trotz seiner mächtigen Wirkung doch von der negativen Schwankung des Muskel- und Nervenstromes
sich nicht anders unterscheidet, als der starke Strom
einer vielgliederigen galvanischen Batterie von dem
schwachen Strom einer kleinen Kette.

Um die Uebereinstimmung zwischen dem elektrischen
Organ einerseits und den Muskeln und Nerven auf der
andern Seite noch deutlicher hervortreten zu lassen,
wollen wir den Vergleich mit den magnetischen Er-

scheinungen noch weiter ausführen. Es sei AB (Fig. 65)
ein Stück weiches Eisen, NS ein Magnet, welchen wir
aus grosser Entfernung an den Eisenstab AB heran-

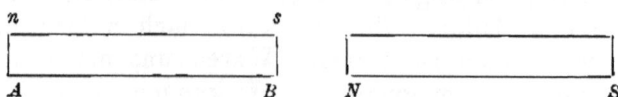

Fig. 65. Magnetische Induction.

bringen. Dadurch entsteht in AB Magnetismus, und
zwar in A ein Nord-, in B ein Südpol. Nun denken
wir uns statt des unmagnetischen Eisenstabes AB einen
ganz gleichen, aber schon an sich magnetischen Stab
$N_1 S_1$ (Fig. 66). In dem Augenblick, wo wir den

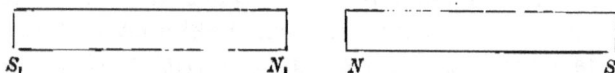

Fig. 66. Magnetische Induction.

Magneten NS annähern, wird der Magnetismus von
$N_1 S_1$ schwächer werden, ganz aufhören oder sogar
einem umgekehrten Platz machen. In beiden Fällen
haben wir es mit demselben Vorgang der magnetischen
Induction zu thun. Der ganze Unterschied ist der, dass
die Induction das eine mal in einem Eisenstab platzgreift, dessen Molekularmagnete unregelmässig gelagert
sind und der deshalb unmagnetisch erscheint, während
im zweiten Fall der Eisenstab schon an sich magnetisch ist. So wird also durch die Induction das eine
mal Magnetismus hervorgerufen, das andere mal vorhandener Magnetismus geschwächt; aber die Induction
ist in beiden Fällen dieselbe. Ebenso werden durch
den Nerveneinfluss in der elektrischen Platte elektrische
Spannungen hervorgerufen, in dem Muskel die vorhandenen Spannungen verkleinert, aber der Vorgang in
der elektrischen Platte und in dem Muskel ist doch
derselbe.

Es bleibt uns nur übrig, wenige Worte von den

Drüsen zu sagen. Die Erscheinungen an diesen sind, soweit wir dies aus den wenigen bekannten Thatsachen zu schliessen vermögen, denen am Muskel so vollkommen gleich, dass die für den Muskel entwickelte Vorstellung ohne weiteres auf die Drüsen übertragen werden kann. In jedem Drüsenelement sind elektrische Kräfte vorhanden, welche den Grund der Drüse positiv, die offene Mündung negativ machen. Bei der Thätigkeit der Drüse werden diese Spannungsunterschiede kleiner. Wie viel dies mit dem Vorgange der Absonderung zu thun haben möge, darüber Vermuthungen aufzustellen, hat keinen Werth, da es den Vorgang doch nicht weiter aufzuklären vermöchte.

FUNFZEHNTES KAPITEL.

1. Zusammenhang von Nerv und Muskel; 2. Isolirte Erregung einzelner Muskelfasern; 3. Entladungshypothese; 4. Princip der Auslösung von Kräften; 5. Irritabilität der Muskelsubstanz; 6. Curare; 7. Chemische Reize; 8. Theorie der Thätigkeit des Nerven.

1. In den vorhergehenden Kapiteln haben wir die Eigenschaften der Muskeln und Nerven im einzelnen kennen gelernt. Der Muskel ist ausgezeichnet durch seine Fähigkeit sich zu verkürzen und dadurch Arbeit zu leisten. Der Nerv kann dies nicht, er ist nur im Stande, seinerseits die Thätigkeit des Muskels anzuregen. Wie kommt diese Anregung oder die Uebertragung der Thätigkeit von dem Nerven auf den Muskel zu Stande? Das ist die Frage, mit welcher wir uns zunächst zu beschäftigen haben.

Wollen wir das Spiel einer Maschine, eines Mechanismus verstehen, so müssen wir ihren Bau, die gegenseitige Lagerung der einzelnen Bestandtheile kennen. In unserm Falle kann uns nur die mikroskopische Untersuchung Aufschluss geben. Verfolgen wir den Nerven innerhalb des Muskels, so sehen wir, wie die einzelnen Fasern, welche in einem Bündel vereinigt eintreten, sich trennen und zwischen den Muskelfasern verlaufend sich im ganzen Muskel ausbreiten. Sodann sieht man, wie einzelne Nervenfasern sich theilen, und es erklärt sich so, wie jede Muskelfaser zuletzt von

einer Nervenfaser (lange Muskelfasern sogar von zweien)
versorgt werden kann, obgleich die Zahl der in den
Muskel eintretenden Nervenfasern meistens sehr viel
geringer ist als die Zahl der den Muskel zusammensetzenden Muskelfasern. Bis der Nerv an die Muskelfaser herantritt, besitzt er noch alle drei charakteristi-
schen Merkmale: Neurilemma, Markscheide und Achsen-

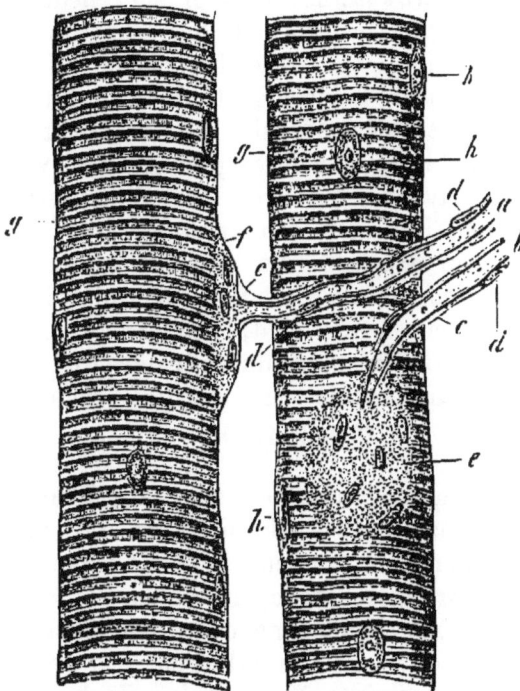

Fig. 67. Nervenendigung in den Muskeln eines Meerschweinchens.

cylinder. In der Nähe der Muskelfaser verschmälert
er sich plötzlich, verliert die Markscheide, dann ver-
breitert er sich wieder, das Neurilemma verschmilzt
mit dem Sarkolemma der Muskelfaser und der Achsencylinder geht unmittelbar in ein Gebilde über, das
innerhalb des Sarkolemmaschlauchs in unmittelbarer
Berührung mit der eigentlichen Muskelsubstanz liegt, und

welches Nervenendplatte genannt wird. Fig. 67
stellt diesen Uebergang des Nerven in den Muskel dar,
wie er bei Säugethieren vorkommt. Bei andern Thieren
ist die Form der Endplatte etwas abweichend, das
Verhältniss zwischen Nerv und Muskel aber ist das
gleiche. Das, worauf es ankommt, ist überall dasselbe:
der Nerv tritt in unmittelbare Berührung mit
der Muskelsubstanz. Darüber sind heutzutage alle
Forscher einig. Unsicherheit herrscht nur über das,
was aus der Endplatte weiter hervorgeht. Beim Frosch
nämlich sieht man keine eigentliche Endplatte, sondern
der Nerv theilt sich innerhalb des Sarkolemmas in eine
Reihe von netzförmig verzweigten Aesten, welche man
eine kurze Strecke weit von der Eintrittsstelle nach
beiden Seiten hin verfolgen kann. In neuerer Zeit hat
nun Professor Gerlach die Ansicht aufgestellt, dass
dieses Netz sowol als die Nervenendplatte nicht das
eigentliche Nervenende sind, sondern dass der Nerv
die ganze Muskelsubstanz durchdringe und überall im
Innern der Muskelfaser eine innige Vermengung von
Nerv und Muskel vorhanden sei.

2. Wie dem nun auch sein mag, die Thatsache, dass
Nervensubstanz und Muskelsubstanz in unmittelbare
Berührung kommen, müssen wir als Ausgangspunkt für
unsere Erklärungsversuche annehmen. Solange man
glaubte, der Nerv bleibe an der Aussenfläche der Muskelfaser, war es schwer zu erklären, wie durch Reizung
einzelner Fasern eines Nerven eine Zuckung einzelner
Muskelfasern innerhalb des Muskels möglich sein soll.
Denn die Nervenfasern berühren in ihrem Verlauf
innerhalb des Muskels viele Muskelfasern von aussen,
indem sie über diese wegziehen, um schliesslich an
einer andern Muskelfaser zu enden. Man kann sich
aber bei platten dünnen Muskeln überzeugen, dass bei
geeigneter Reizung eines solchen Nervenfäserchens diejenigen Muskelfasern, über welche es wegzieht, in
Ruhe bleiben und nur diejenigen zucken, in welchen

die Nervenfaser endigt. Sobald wir aber davon ausgehen, dass die in der Nervenfaser vorhandene Erregung nicht durch die Scheiden hindurchzudringen vermag, so ist es ganz klar, dass jede Erregung nur da
auf die Muskelsubstanz einwirken kann, wo Nervensubstanz und Muskelsubstanz sich wirklich unmittelbar
berühren, also innerhalb des Sarkolemmaschlauchs. Die
Nervenscheide ist aber, wie wir schon wissen, ein wirklicher Isolator für den im Innern der Faser sich ab-
spielenden Erregungsvorgang; denn eine Erregung einer
Nervenfaser bleibt in dieser isolirt und überträgt sich
nicht auf eine benachbarte Nervenfaser. Wie sollte sie
sich also gar auf die Muskelsubstanz übertragen können, wenn sie von dieser nicht nur durch die Nervenscheide, sondern noch obendrein durch das Sarkolemma
geschieden ist.

Wenn aber die Nervenfaser das Sarkolemma durch-
bricht, wie aus dem oben geschilderten mikroskopischen
Befund hervorgeht, und wenn Nervensubstanz und Muskelsubstanz in unmittelbare Berührung kommen, dann
ist die Uebertragung der im Nerven vorhandenen Erregung auf die Muskelsubstanz begreiflich. Dabei ist
es zunächst gleichgültig, ob wir annehmen, dass der
Nerv unmittelbar nach seinem Eintritt in das Sarkolemma mit einer Nervenplatte oder mit einem kurzen
Nervennetz endigt, oder ob er, wie Gerlach will, sich
weiter ausbreitet. Alles, was wir brauchen, um den
Vorgang der Uebertragung begreiflich zu machen, ist
zunächst nur unmittelbare Berührung, und diese ist,
nach der einen wie nach der andern Anschauung gegeben. Aber, wenn auch begreiflich, ist der Vorgang
doch noch nicht erklärt. Ein Erklärungsversuch muss
aber an die festgestellten Thatsachen anknüpfen und
diese alle berücksichtigen.

3. Es liegt nun sehr nahe, an die elektrischen Eigenschaften der Nerven und Muskeln zu denken und von
diesen aus die Erklärung zu versuchen. Im Nerven

sind elektrische Spannungen vorhanden, welche während seiner Thätigkeit eine plötzliche Abnahme, eine sogenannte negative Schwankung erfahren. Solche plötzliche Schwankungen elektrischer Ströme sind aber, wie wir wissen, geeignet, den Muskel zu erregen. Danach können wir uns also den Vorgang etwa folgendermaassen vorstellen. Die im Nerven auf irgendeine Weise entstandene Erregung pflanzt sich in der Nervenfaser fort, bis sie an deren Ende anlangt; mit ihr ist ein elektrischer Vorgang verbunden, wodurch in dem Endapparat der Nervenfaser eine plötzliche elektrische Schwankung entsteht, und diese wirkt auf die Muskelsubstanz erregend, gerade wie ein unmittelbar von aussen auf den Muskel einwirkender Schlag denselben erregt haben würde.

Wir können die hier entwickelte Vorstellung mit E. du Bois - Reymond die Entladungshypothese nennen. Nach ihr stellen wir uns das Muskelende der Nervenfaser ähnlich wie eine elektrische Platte in den elektrischen Organen der Zitterfische vor. In dieser wird ja auch unter dem Einfluss der Nervenerregung eine elektrische Entladung hervorgerufen, welche im Stande ist, andere erregbare Gebilde, wie Muskeln u. dgl. zum Zucken zu bringen. Auf die zufällige äussere Aehnlichkeit der Nervenendplatte mit der elektrischen Platte legen wir dabei gar kein Gewicht. Die Frösche und viele andere Thiere haben ja gar keine Endplatte, und doch sind bei ihnen die Verhältnisse dieselben. Und auch wenn sich die Anschauungen von Gerlach bewähren und die Nervensubstanz in noch innigere Berührung mit der Muskelsubstanz kommt, als blos an ihrer Eintrittsstelle in den Muskelschlauch, so wird dadurch nichts in der Sache geändert. Alles, was wir voraussetzen, ist, dass in der Endausbreitung des Nerven, sie mag eine Form haben, welche sie wolle, eine elektrische Entladung entstehe, durch welche dann die Muskelsubstanz gereizt wird.

Nun aber scheint sich gegen diese Vorstellung wieder

dieselbe Schwierigkeit zu erheben, dass ein solcher
elektrischer Schlag, wenn er im Nervenende entsteht,
nicht blos die Muskelfaser, in welcher der Nerv endet,
sondern auch die benachbarten Muskelfasern erregen
müsste. Denn im Muskel und seinen Hüllen haben
wir nirgends elektrische Isolatoren und ein irgendwo
entstehender elektrischer Schlag kann und muss sich
durch die ganze Muskelmasse verbreiten. Wenn wir
aber die Gesetze der Stromausbreitung in unregelmässigen Leitern berücksichtigen, wie sie im zwölften Kapitel
in ihren wesentlichen Zügen angedeutet wurde, so sehen
wir, dass die Stärke der Ströme in unmittelbarer Nähe
des Ortes, an welchem die Entladung vor sich geht, eine
erhebliche sein kann, mit der Entfernung aber so schnell
abnimmt, dass es leicht erklärlich ist, wie sie selbst in
einer Muskelfaser, welche Wand an Wand mit der unmittelbar gereizten gelegen ist, ganz unmerklich werden kann..
Gerade aus diesem Grunde müssen wir auf den Umstand, dass der Nerv in das Innere der Muskelfaser
eindringt und dort in unmittelbare Berührung mit der
Muskelsubstanz kommt, einen solchen Werth legen.
Nur so ist es verständlich, dass eine im Nerven entstehende Entladung den Muskel reizt. Einmal in der
Muskelsubstanz an einem Punkte entstanden kann aber
die Erregung, wie wir schon wissen, innerhalb der
Muskelfaser sich ausbreiten. Dies kann vielleicht ganz
ohne Zuthun der Nervensubstanz erfolgen, und darum
ist die von Gerlach behauptete Ausbreitung des Nerven
innerhalb der Muskelsubstanz zur Erklärung der Vorgänge im Muskel nicht nothwendig.*

4. Wir nehmen also an, dass die im Nerven entstandene Erregung ihrerseits zu einem Reiz wird, der
dann den Muskel erregt. Die im Muskel dadurch ins
Spiel kommenden Kräfte vermögen, wie wir wissen,
eine beträchtliche Arbeit zu leisten, welche in gar

---

* S. Anmerkungen und Zusätze Nr. 15.

keinem Verhältniss steht zu den geringfügigen Kräften,
welche auf den Nerven wirken, und welche im Nerven
selbst, während er die Erregung leitet, thätig sind.
Der Nerv ist, um ein vielgebrauchtes, aber treffendes
Gleichniss zu gebrauchen, nur der Funke, welcher die
Pulvermine zur Explosion bringt, oder um das Gleichniss noch weiter fortzuspinnen, der Schwefelfaden, welcher an einem Ende entzündet wird, und dann die
Entzündung bis zur Mine fortleitet, um diese zur Explosion zu veranlassen. Die Kräfte, welche im Muskel
frei werden, sind chemische, aus der Oxydation seiner
Stoffe entstandene; der vom Nerven ausgehende Reiz
ist nur die Veranlassung, dass die im Muskel vorhandenen chemischen Kräfte ins Spiel kommen. Solche
Vorgänge nennen die Physiker: Auslösung von
Kräften. Der Nervenreiz löst also die Muskelkräfte
aus; diese setzen sich in Wärme und mechanische Arbeit um. Bei jeder Auslösung ist die auslösende Kraft
meistens sehr klein gegen die Kräfte, welche ausgelöst
werden und unberechenbare Zeiten in träger Ruhe
verharren können, wenn sie aber einmal ausgelöst werden, ungeheuerer Wirkungen fähig sind. Ein mäch-
tiger Felsblock kann am Rande eines Abgrundes in
labilem Gleichgewicht jahrelang liegen, bis irgendeine
geringfügige Erschütterung ihn zum Fallen bringt und
er ins Thal hinunterstürzend alles auf seinem Wege
zertrümmert. Man behauptet sogar, die schwache Erschütterung der Luft durch den Schall eines Maulthier-
glöckchens sei ausreichend, den Schneeball zum Sturz
zu veranlassen, der schliesslich als mächtige, alles ver-
heerende Lavine ins Thal hinunterdonnert. Um solche
Auslösung durch geringe Kräfte möglich zu machen,
ist labiles Gleichgewicht nöthig. Es gibt aber auch
ein chemisches labiles Gleichgewicht. Kohle
und Sauerstoff können Jahrtausende nebeneinanderlie-
gen, ohne sich miteinander zu verbinden. Innig miteinander gemengt, wie im Schiesspulver, oder noch
näher aneinander, wie im Nitroglycerin, sind sie aber

im labilen Gleichgewicht; der geringste Anstoss genügt,
ihre Verbindung zu Kohlensäure herbeizuführen, welche
durch ihre Expansion die ungeheuere Arbeitsleistung
ermöglicht.* Auch im Muskel liegen Kohlenstoff und
Sauerstoff in solchem chemischen labilen Gleichgewicht
nebeneinander und der Reiz des Nerven bewirkt die
Auslösung, welche das Gleichgewicht stört. Eine Anordnung von der hier beschriebenen Art nennen wir
empfindlich, weil eben schon ein geringfügiger Anstoss ausreicht, das labile Gleichgewicht zu stören und
die Kraftentwickelung herbeizuführen. Der Muskel ist
also eine empfindliche Maschine. Aber der Nerv ist
in noch höherm Grade empfindlich, da die geringste
Störung seines Gleichgewichts das Spiel der in ihm
vorhandenen Kräfte herbeiführt. Nur sind diese Kräfte
selbst keiner grossen Wirkungen fähig. Sie würden
kaum nachweisbar sein, wenn diese empfindliche Maschine, welche wir Nerv nennen, nicht mit der ebenfalls empfindlichen Maschine, Muskel genannt, in einer
Weise verknüpft wäre, dass die Thätigkeit der einen
auslösend auf die andere einwirkt.

5. Eine empfindliche Maschine ist nicht gegen alle
möglichen Anstösse gleich empfindlich. Dynamit**
kann man mit dem Hammer auf dem Amboss schlagen, ohne dass es explodirt; man kann es mit einer
Cigarre in Brand setzen, es brennt ruhig ab wie ein
Feuerwerkskörper. Wenn es aber mit dem Funken
eines Zündhütchens in Berührung kommt, explodirt es
und entfaltet seine gewaltigen Wirkungen. Der Nerv
ist empfindlich gegen elektrische Schläge, gewisse me-

---

* S. über diese Vorgänge Balfour Stewart, Die Erhaltung
der Energie („Internationale wissenschaftliche Bibliothek", IX,
183 fg.) und Cooke, Die Chemie der Gegenwart („Internationale wissenschaftliche Bibliothek", XVI, 222).
** Dynamit ist ein Gemenge von Nitroglycerin mit Kiesel-
guhr, einer aus kieselhaltigen Infusorienschalen bestehenden
Erde.

chanische, thermische und chemische Einflüsse. Er ist
unempfindlich gegen viele andere Einflüsse. Diejenigen
Einwirkungen, gegen welche der Nerv empfindlich ist,
haben wir Reize genannt. Der Muskel ist empfindlich
gegen elektrische Schläge, gegen gewisse mechanische,
thermische, chemische Reize, vor allen Dingen aber
gegen die Einwirkung des thätigen Nerven. Diese
kann, wie wir in den vorhergehenden Paragraphen gesehen haben, vielleicht auf elektrische Reizung zurückgeführt werden. Nun verhalten sich, wie man sieht,
Muskel und Nerv gegen Reize im wesentlichen gleich.
Da wir aber jetzt wissen, dass im Innern des Muskels
zwischen seinen Fasern auch Nerven verlaufen, ja, dass
diese sogar in das Innere der Muskelfasern eindringen,
so kommt uns ein Bedenken. Vielleicht ist der Muskel
gar nicht elektrisch, chemisch, thermisch und mechanisch reizbar. Vielleicht sind es, wenn wir diese Reize
auf den Muskel einwirken lassen, immer nur die intramuskulären Nerven, welche wir reizen, und die dann
erst ihrerseits auf die Muskelfasern einwirken. Mit
andern Worten, es ist die Frage zu beantworten: Ist
der Muskel nur reizbar durch Vermittelung
des Nerven oder auch unabhängig von diesem
durch unmittelbare Einwirkung irgendwelcher
Reize?

Die Fragestellung ist durchaus nicht neu. Schon
Albert von Haller, der Dichter und Physiologe (1708
— 77) hat sie aufgeworfen und er war wol auch
nicht der erste, der es that. Haller entschied sich für
die zweite der beiden Möglichkeiten. Er nannte diese
Fähigkeit der Muskeln, gereizt zu werden, Irritabilität, und der Name ist seitdem geblieben. Haller fand
lebhaften Widerspruch unter seinen Zeitgenossen, und
es entspann sich ein Streit, welcher bis in die neueste
Zeit fortgedauert hat. Zu Haller's Zeiten kannte man
natürlich nur die gröbsten Nervenverzweigungen. Je
weiter wir mit Hülfe des Mikroskops die Nerven ver-

folgen können, desto schwieriger wird selbstverständlich
die Entscheidung der aufgeworfenen Frage.

6. Im Jahre 1856 machte der französische Physiologe Claude Bernard Versuche mit einem aus Guiana
eingeführten Gifte, welches die dortigen Indianer zum
Vergiften ihrer Pfeile benutzten. Es kommt unter dem
Namen Curare, Worara oder Wurali als ein brauner
eingedickter Pflanzensaft in ausgehöhlten kürbisartigen
Früchten, sogenannten Kalebassen zu uns. Er fand,
dass die mit solchem Curare vergifteten Thiere gelähmt
werden, dass an den gelähmten Thieren die Reizung
der Nervenstämme selbst mit den stärksten elektrischen
oder andern Reizen ganz wirkungslos ist, während die
Muskeln selbst noch gut reizbar bleiben. Das war
eigentlich nichts Unerhörtes. Schon früher hatte Har-
less in München eine ähnliche Beobachtung an stark
ätherisirten Thieren gemacht. Aber bald nachher fanden Koelliker in Würzburg und gleichzeitig auch Bernard selbst bei der Fortsetzung seiner Versuche etwas
Neues. Wenn man bei einem Frosch die Blutgefässe
in der Kniekehle unterbindet und dann das Thier mit
Curare vergiftet, so wird der Unterschenkel nicht gelähmt. Man kann durch Reizung des Hüftnerven die
Muskeln des Unterschenkels zur Zusammenziehung bringen, da, wo das Gift nicht in den Unterschenkel eindringen konnte, weil die betreffenden Gefässe unter-
bunden waren. Wie steht nun die Frage? Das Curare
lähmt nicht die Muskeln, denn diese bleiben immer
und überall reizbar; es lähmt aber auch nicht die
Nervenstämme, denn diese bleiben reizbar, wenn das
Gift nicht in den Muskel hineingelangen kann. Es
bleibt nur eine Möglichkeit übrig: das Gift lähmt
etwas, was zwischen dem Nervenstamm und der Muskelfaser liegt, darum kann der Nervenstamm nicht mehr
auf den Muskel wirken. Wie, wenn dieses Etwas die
Nervenendigungen wären? — Dann wäre ja die unmittelbare Erregbarkeit der Muskelsubstanz ohne Be-

theiligung der Nerven, die vielbestrittene Irritabilität
bewiesen!

Die auffallende Erscheinung steht nicht allein da.
Ganz wie das Curare verhalten sich auch einige andere
Gifte, z. B. Nicotin, Coniin. Auch von diesen werden
die Nervenstämme und die Muskelsubstanz nicht gelähmt, wol aber ein zwischen beiden gelegener Theil.
Es fragt sich nur, wodurch kann man beweisen, dass
dieser Theil gerade das allerletzte Nervenende sei.
Wenn wir annehmen, dass diese Gifte irgendeinen zwischen Nervenstamm und Muskel gelegenen Theil lähmen,
welcher eben nicht das allerletzte Ende ist, so sind alle
oben auseinandergesetzten Erscheinungen auch vollkommen klar, aber für unsere Irritabilitätsfrage ist dabei nichts gewonnen.

Vergegenwärtigen wir uns nun die Verhältnisse der
Nerven und ihres Uebergangs in die Muskelfaser, so
können wir uns wol erklären, warum das Gift nicht
auf die Nervenstämme wirkt. Die Nervenfasern erhalten
nur wenig Blutgefässe, das im Blute aufgelöste Gift
kann daher nur sehr langsam und in geringem Maasse
zu ihnen kommen; ausserdem bildet wahrscheinlich die
fettreiche Markscheide eine Art von schützender Hülle
um den Achsencylinder. An der Eintrittsstelle des
Nerven in die Muskelfaser aber verliert sich die Markscheide und gerade an dieser Stelle ist ein sehr ent-
wickeltes Netz von Blutgefässen vorhanden. Wahrscheinlich ist es gerade die Nervenendplatte (oder die
entsprechende Nervenverästelung bei den nackten Amphibien), welche so dem Angriff des Giftes am meisten
ausgesetzt ist. Solange wir aber nicht beweisen können, dass dies wirklich das allerletzte Ende der Nervenfaser sei, bleibt den Gegnern der Irritabilitätslehre
immer noch ein Ausweg übrig.

Man hat sich viel Mühe gegeben, Sicherheit über
diesen Punkt zu erlangen. Vergleicht man einen mit
Curare vergifteten Muskel mit einem gleichen, aber
unvergifteten, so zeigt sich, dass der erstere weniger

erregbar ist, d. h. dass man stärkere Reize anwenden
muss, um ihn zur Zuckung zu bringen. Man kann dies
so erklären, dass die Muskelsubstanz zwar reizbar ist,
aber schwerer erregbar als die intramuskulären Nerven.
Für diese selbstständige Reizbarkeit der Muskelsubstanz
können ferner noch folgende Wahrscheinlichkeitsgründe
angeführt werden. Ein Nerv wird durch kurze, plötzliche Stromschwankungen bekanntlich sehr stark erregt,
ein unvergifteter Muskel verhält sich ebenso, aber ein
mit Curare vergifteter Muskel ist gegen sehr kurz
dauernde Stromstösse weniger empfindlich als gegen
langsamer verlaufende. Schreiben wir der Muskelsubstanz selbstständige Reizbarkeit zu, dann würde ihr
nur eine grössere Trägheit innewohnen als der Nervensubstanz, sodass die reizenden Einwirkungen eben längere Zeit brauchen, um wirksam zu werden. Bei den
Nerven ist ferner nachgewiesen worden, dass Ströme,
welche senkrecht auf die Längsrichtung der Nervenfaser verlaufen, ganz unwirksam sind. Bei curarisirten
Muskeln kann man gar keinen Unterschied in dieser
Beziehung nachweisen. Will man trotzdem die Irritabilität leugnen, so muss man annehmen, dass es sich
bei diesen Versuchen um Unterschiede zwischen den
Nervenfasern und ihren letzten Endigungen handle.
Nun sind aber Nerven und Muskeln offenbar einander
sehr ähnlich und man käme leicht dazu, zwischen Nervenfasern und Nervenenden erhebliche Unterschiede anzunehmen, während diese Nervenenden von der Muskelsubstanz sich dann in gar nichts weiter unterscheiden
würden, als dass man eben den erstern die Fähigkeit,
gereizt werden zu können, zugesteht, welche man der
letztern abspricht. Der ganze Streit verflüchtigt sich
also, wie man sieht, in einen leeren Wortstreit, ob man
dieses etwas, das zwischen den Nervenfasern und der
Muskelsubstanz liegen soll, noch zu den Nerven oder
schon zum Muskel zurechnen soll.

7. Die vielbesprochene Irritabilitätsfrage ist, wie aus

dem Vorhergehenden ersichtlich geworden sein wird, hauptsächlich dadurch entstanden, dass dieselben Reize, welche auf den Nerven wirken, auch auf den Muskel, und zwar auch auf den mit Curare vergifteten Muskel einzuwirken vermögen. Kleine Unterschiede haben wir aber schon kennen gelernt, und wenn es gelänge, grössere Unterschiede nachzuweisen, insbesondere wenn es gelänge, Reize aufzufinden, welche auf die Muskelsubstanz wirken, auf die Nervensubstanz dagegen nicht, so wäre damit für die Irritabilitätslehre ein neuer Standpunkt gewonnen. Keine Art der Reizung ist so mannichfaltiger Abwechselungen fähig als die chemische. Aus der unendlichen Zahl von chemischen Körpern können wir diejenigen heraussuchen, welche überhaupt den Nerven oder Muskel reizen und jeden von diesen können wir in den verschiedensten Concentrationsgraden der Probe unterwerfen. Wenn es überhaupt Unterschiede zwischen Nervensubstanz und Muskelsubstanz gibt, so ist hierbei die Wahrscheinlichkeit vorhanden, dass wir sie auffinden. Von diesen Voraussetzungen ausgehend hat Kühne das Verhalten von Nerven und Muskeln gegen chemische Reize untersucht, und es ist ihm in der That gelungen, einige Unterschiede aufzufinden.

Um das Verhalten der Nerven und Muskeln gegen chemische Reize zu untersuchen, verfährt man am besten so, dass man einen Querschnitt anlegt und die zu prüfende Substanz an diesen Querschnitt heranbringt. Zur Prüfung benutzt man am besten einen dünnen, parallelfaserigen Muskel, meistens den *Musculus sartorius* vom Oberschenkel. Man hängt ihn in einer Klemme, die seine untere spitze Sehne festklemmt, auf, also verkehrt und schneidet sein oberes, jetzt nach unten hängendes Ende ab. An den so erzeugten Querschnitt bringt man die Flüssigkeit, welche man prüfen will, und sieht, ob eine Zuckung eintritt oder nicht. Man kann dann die kurze benetzte Strecke abschneiden und den Versuch wiederholen und so fort, solange der

Muskel reicht. Aehnlich verfährt man mit dem Nerven;
man benutzt dazu den Hüftnerven, wie bei allen Reiz-
versuchen, entweder mit dem ganzen Unterschenkel oder
mit dem Wadenmuskel allein. Handelt es sich darum,
flüchtige Körper, Dämpfe oder Gase zu prüfen, so
muss man die Muskeln auf geeignete Weise von den
Nerven abschliessen.

Der Muskel ist gegen einige Stoffe ausserordentlich
empfindlich. Salzsäure, ein Theil mit 1000 bis 2000
Theilen Wasser verdünnt, gibt starke Zuckungen. Von
Ammoniak genügt die geringste Spur, um starke Contraction zu bewirken. Man muss sich deshalb bei
diesen Versuchen des Rauchens enthalten, weil die im
Tabacksrauch enthaltene sehr geringe Ammoniakmenge
ausreicht, fortwährend Zuckungen zu bewirken. Der
Nerv hingegen ist gegen Salzsäure viel weniger empfindlich und gegen Ammoniak durchaus unempfindlich.
Man kann den Nerv in die stärkste Ammoniaklösung
tauchen; er stirbt darin sehr schnell ab, er wird aber
nicht dadurch gereizt. Dies sind die auffallendsten
Unterschiede. Ausserdem ist noch zu erwähnen, dass
Glycerin und Milchsäure in concentrirtem Zustande reizend auf den Nerven wirken, auf den Muskel nicht,
und dass bei vielen andern Stoffen (Alkalien, Salze)
kleine Unterschiede vorkommen, indem bald bei den
Nerven, bald bei den Muskeln eine etwas geringere
Concentration schon ausreicht, Zuckung zu bewirken.

Wie man sieht, sind die Unterschiede ausserordentlich gering. Kühne legt aber dennoch Werth auf dieselben und schliesst aus ihnen zu Gunsten der Irritabilitätslehre. Er stützt diesen Schluss noch durch
folgende Beobachtungen. Für die specifischen Muskelreize (Ammoniak — höchst verdünnte Salzsäure) ist es
ganz gleichgültig, ob man mit gewöhnlichen Muskeln
arbeitet oder mit solchen, die man vorher mit Curare
vergiftet hat. Es macht auch keinen Unterschied, ob
man durch den Nerven eines solchen Sartorius einen
starken aufsteigenden Strom leitet, und dadurch die

intramuskulären Nervenverästelungen in starken Anelektrotonus versetzt, also lähmt. Er sieht darin einen
Beweis, dass eben bei dieser Art der Reizung die im
Muskel sich verbreitenden Nerven ganz unbetheiligt
sind. Er hat ferner gefunden, dass die Nerven im
Sartorius nicht gleichmässig vertheilt sind. Sie treten
etwas unterhalb der Mitte des Muskels ein und vertheilen sich zwischen den Muskelfasern nach oben und
unten, aber man kann sie nicht bis an die Enden des
Muskels verfolgen, sondern an diesen Enden gibt es
2 bis 3 Mmt. lange Strecken, wo wenigstens keine grö-
bern Nervenfasern mehr vorhanden sind. (Ob an diesen
Stellen noch das von Gerlach behauptete, innerhalb des
Sarkolemmas gelegene Nervennetz vorkommt, ist eine
andere Frage, auf die es hier nicht ankommt.) Die
eigentlichen Muskelreize wirken nun an diesen Stellen
genau ebenso wie an den andern Stellen, dagegen die
Nervenreize (concentrirte Milchsäure und Glycerin) können an den Enden niemals wirken, während sie an den
nervenhaltigen Theilen einzelne Zuckungen hervorrufen.
Diese nervenhaltigen Theile sind auch elektrisch erregbarer als die Enden; durch Curare und durch Anelektrotonus wird ihre Erregbarkeit herabgesetzt, die der
nervenfreien Enden aber bleibt unverändert.

Es sind allerlei Einwendungen gegen die Beweiskraft
dieser Schlüsse gemacht worden. Ich für meinen Theil
möchte aber gerade aus der Geringfügigkeit der Unterschiede zwischen Nerv und Muskel auch in dieser Beziehung nur eine neue Stütze für die Ansicht finden,
dass diese beiden sich in allen Stücken so ähnlichen
Organe (wir kennen bisher nur zwei durchgreifende
Unterschiede, nämlich, dass der Muskel contractil ist,
der Nerv nicht, und dass der am Nerven vorkommende
Elektrotonus am Muskel nicht nachgewiesen werden
kann) auch ganz gut in der Eigenschaft der Reizbarkeit
einander gleich sein können, und dass diejenigen, welche
diese Eigenschaft bestreiten, gezwungen sind, zwischen
dem Nerven und dem Muskel eine Zwischensubstanz

anzunehmen, die sich vom Nerven fast mehr unterscheidet als der Muskel selbst.

8. Fassen wir das Vorhergehende zusammen, so können wir sagen: Ein bindender Beweis für die selbstständige Reizbarkeit (Irritabilität) des Muskels ist nicht gegeben; ebenso wenig aber ist sie widerlegt. Um zu verstehen, wie der Nerv auf den Muskel wirkt, muss man annehmen, dass der Muskel durch ihn gereizt wird, und deshalb liegt, bei der sonstigen Aehnlichkeit zwischen Nerv und Muskel, kein zureichender Grund vor, zu bestreiten, dass er auch durch andere Reize (elektrische, chemische, mechanische, thermische) gereizt werden kann. Bei der oben auseinandergesetzten Theorie von der Art der Einwirkung auf den Muskel haben wir angenommen, dass diese Reizung auf elektrischem Wege zu Stande komme. Wir haben also dabei schon stillschweigend vorausgesetzt, dass der Muskel elektrisch reizbar sei. Will man diese Voraussetzung nicht gelten lassen, so kann man nur sagen, dass der im Nerven entstandene Molekularvorgang auf den Muskel übertragen werde, was aber keine Erklärung, sondern ein Verzicht auf jede Erklärung ist. Unsere Hypothese dagegen hat den unbestreitbaren Vortheil, dass sie an einen gut bekannten Vorgang anknüpft, nämlich an die negative Schwankung im Nerven bei der Thätigkeit desselben. Dass die einmal im Nerven entstandene negative Schwankung sich bis an das Nervenende fortpflanzt, ist als selbstverständlich anzusehen, und vorausgesetzt, dass sie die nöthige Stärke hat, kann sie dann auch als Reiz für den Muskel wirken.

Nun haben wir schon an einer frühern Stelle gesehen, dass man den Nerven als aus einer Reihe von hintereinander gelagerten Theilchen zusammengesetzt ansehen muss, deren jedes durch eigene Kräfte und durch die Einwirkung der benachbarten Theilchen in einer bestimmten Lage festgehalten wird. Was auf den Nerven als Reiz wirken soll, muss die Theilchen

aus dieser Lage bringen und eine Erschütterung erzeugen, welche sich dann fortpflanzt, indem die veränderte Lage eines Theilchens eine Störung in dem
Gleichgewicht des Nachbartheilchens verursacht, also
auch dieses in Bewegung setzt. Als die Folge dieser
Bewegung der Nerventheilchen haben wir die negative
Schwankung anzusehen, indem durch die Bewegung die
elektrisch wirksamen Theile in eine veränderte Anordnung gerathen, also nach aussen anders wirken müssen.
Sowie aber diese Lageveränderung der Nerventheilchen
im Stande ist, eine auf geeignete Weise mit dem Nerven verbundene Multiplicatornadel in Bewegung zu
setzen, so muss auch der im Nerven entstandene elektrische Vorgang im Stande sein, auf den Muskel zu
wirken, falls dieser gegen elektrische Schwankungen
empfindlich ist. Und dies war die Voraussetzung, von
welcher wir ausgegangen sind, und welche nach den
obigen Auseinandersetzungen als durchaus zulässig erachtet werden muss. Weiter in die Erklärung des
Vorgangs der Nerven- und Muskelthätigkeit vorzudrin-
gen und die zum Theil noch sehr unbestimmten Vorstellungen durch bestimmtere zu ersetzen, ist aber bei
dem jetzigen Stande der Wissenschaft unmöglich.

SECHZEHNTES KAPITEL.

1. Verschiedene Arten von Nerven; 2. Mangel nachweisbarer Unterschiede der Fasern; 3. Eigenschaften der Nervenzellen; 4. Verschiedene Arten von Nervenzellen; 5. Willkürliche und automatische Bewegung; 6. Reflexbewegung und Mitempfindung; 7. Empfindung und Bewusstsein; 8. Hemmung; 9. Specifische Energien der Nervenzellen; 10. Schluss.

1. Wir haben uns bisher ausschliesslich mit denjenigen Nerven beschäftigt, welche mit Muskeln in Verbindung stehen, und durch deren Thätigkeit die zugehörigen Muskeln in Thätigkeit versetzt werden. Nur gelegentlich haben wir auch auf andere Arten von Nerven hingewiesen. Aber die Schwierigkeit, dass zur Erforschung der Nerventhätigkeit, welche sich durch keinerlei sichtbare Veränderung am Nerven selbst zu erkennen gibt, ein passendes Reagens nöthig ist, zwang uns vorerst zur Beschränkung unserer Studien auf die Muskelnerven oder motorischen Nerven, bei denen uns eben der Muskel den Dienst eines solchen Reagens leistete. Es wird nun unsere Aufgabe sein, zu untersuchen, wieweit die an den motorischen Nerven gewonnenen Erfahrungen und die daraus abgeleiteten Anschauungen auch auf die übrigen Nerven anwendbar sind.

Ausser den eigentlichen motorischen Nerven können wir noch solche unterscheiden, welche auf die glatten Muskelfasern der Blutgefässe wirken, und durch diese eine Verengerung der kleinern Gefässe und damit eine

Regelung des Blutstromes bewirken. Man nennt sie
vasomotorische oder gefässverengernde Nerven.
Sie unterscheiden sich aber von den andern motorischen
Nerven gar nicht. Anders ist es schon mit den secretorischen oder Drüsennerven, welche wir auch
schon zu erwähnen Gelegenheit hatten. Wenn diese
Nerven gereizt werden, so beginnt die zugehörige Drüse
abzusondern. Die Verbindung dieser Nerven mit den
Drüsen muss in physiologischer Beziehung eine ganz
gleiche sein, wie die der motorischen Nerven mit den
Muskeln. Wenn die letztern gereizt werden, so gerathen die mit ihnen zusammenhängenden Muskeln
gleichfalls in Thätigkeit. Ebenso bewirken die Drüsennerven, wenn sie gereizt werden, dass die mit ihnen
zusammenhängenden Drüsen in Thätigkeit gerathen.
Dass diese Thätigkeit eine ganz andere ist als die der
Muskeln, liegt offenbar an dem ganz verschiedenen
Bau der Drüsen und der Muskeln. Eine Drüse kann
sich nicht zusammenziehen, wie ein Muskel; wenn sie
in Thätigkeit geräth, so sondert sie einen Saft ab, das
ist eben ihre Thätigkeit. Bei allen diesen Nerven haben wir also keinen Grund, irgendeine Verschiedenheit
anzunehmen, die Unterschiede in den Endapparaten, in
welchen die Nerven endigen, genügen, um die Unterschiede in den Erscheinungen vollkommen zu erklären.

Nun gibt es aber noch andere Nerven, deren Wirkungen viel schwieriger zu verstehen sind. Hierher
gehören alle Sinnesnerven. Werden diese gereizt, so
bewirken sie Empfindungen, aber diese sind untereinander verschieden, bald Licht-, bald Schallempfindungen
u. s. w. Ausserdem können diese Nerven auf eigenthümliche Weise erregt werden, die einen durch Licht-
wellen, die andern durch Schallschwingungen, noch
andere durch Wärmestrahlen, immer aber nur, wenn
diese Einflüsse an den Enden der betreffenden Nerven
einwirken. Hier ist es nicht so ohne weiteres klar,
dass diese Nerven unter sich und den vorher genannten gleichartig seien. Noch schwieriger endlich ist

die Wirkung einer letzten Klasse von Nerven zu verstehen, welche von den Physiologen als Hemmungsnerven bezeichnet werden. Das Herz schlägt bekanntlich während des ganzen Lebens unaufhörlich. Nun
gibt es einen Nerven, welcher in das Herz hineingeht,
und wenn man diesen Nerven reizt, so hört das Herz
auf zu schlagen, um wieder anzufangen, wenn man mit
der Nervenreizung aufhört. Diese merkwürdige Thatsache wurde von Ed. Weber entdeckt und Hemmung
benannt. Wie kommt es aber, dass ein Nerv durch
seine Thätigkeit einen in Bewegung begriffenen Muskel
zur Ruhe bringen kann?

2. Ehe wir diese und die andern soeben aufgeworfenen Fragen zu beantworten versuchen, wird es nöthig
sein, zu entscheiden, ob an diesen verschiedenen Nerven, die so ganz verschiedene Wirkungen hervorbringen,
irgendwelche Unterschiede nachweisbar sind. Wir haben ja in den vorhergehenden Kapiteln so viele Einzelheiten von den Nerven kennen gelernt, unter andern
auch Eigenschaften, welche unabhängig vom Muskel
untersucht werden können, dass die Hoffnung nicht
als ganz unberechtigt angesehen werden darf, Unterschiede in den Nerven, falls solche vorhanden sind,
auch auffinden zu können. Wenn uns dies aber nicht
gelingt, wenn alle Nervenfasern, nach allen möglichen
Rücksichten untersucht, sich als durchaus gleichartig
ergeben sollten, dann wird es wol gestattet sein, sie
auch für wirklich gleichartig zu halten, und die Erklärung ihrer verschiedenartigen Wirkungen in andern
Umständen zu suchen.

Nun ist es allerdings vollkommen unmöglich, Unterschiede zwischen den verschiedenen Nerven nachzuweisen.
Die mikroskopische Untersuchung zeigt keinerlei Verschiedenheiten, denn der schon früher angegebene Unterschied zwischen markhaltigen und marklosen Fasern ist
für die vorliegende Frage ohne Bedeutung. Wir sind
gezwungen, anzunehmen, dass die Markscheide für die

17 *

Thätigkeit des Nerven überhaupt von untergeordneter
Bedeutung ist. Jedenfalls geht das Vorhandensein oder
Fehlen einer solchen Markscheide durchaus nicht parallel mit Verschiedenheiten in den physiologischen
Wirkungen der Nerven. Ebenso wenig Werth ist auf
die kleinen Unterschiede in den Dickendurchmessern
der einzelnen Nervenfasern zu legen. Auch die experimentelle Prüfung zeigt keine Unterschiede. Gegen
Reize verhalten sich alle Nerven gleich, die elektromotorischen Wirkungen sind bei allen die nämlichen.
Wir können in allen diesen Beziehungen einfach auf
die vorhergehenden Kapitel verweisen, denn was wir
dort auseinander gesetzt haben, gilt für alle Arten von
Nervenfasern in der gleichen Weise.

Wenn aber demnach alle Arten von Nervenfasern
untereinander gleich sind, so bleibt nichts übrig, als
die Verschiedenheit ihrer Wirkungen durch die Verknüpfung mit verschiedenen Endapparaten zu erklären.
Wir haben von dieser Erklärung schon Gebrauch gemacht, um die Unterschiede der motorischen und secretorischen Nerven zu verstehen; versuchen wir nun, ob
dasselbe Princip auch für alle andern Nerven ausreichend ist.

3. Während die motorischen und secretorischen Nerven ihre Endorgane in der Peripherie des Körpers
haben, wirken die sensiblen oder Empfindungsnerven
auf Apparate, welche in den Centralorganen des Nervensystems gelegen sind. Ein Reiz, der einen motorischen Nerven trifft, muss, um zur Erscheinung zu
kommen, sich nach der Peripherie fortpflanzen, bis er
an den dort gelegenen Muskel kommt; ein Reiz hingegen, welcher einen sensiblen Nerven trifft, muss nach
dem Centrum hin fortgepflanzt werden, wenn er eine
Wirkung auslösen soll. Man nennt daher die erstern
Nerven wol auch centrifugale, die letztern centri-
petale. Wir haben jedoch schon früher gesehen, dass
dies nicht etwa auf einem Unterschied der Nerven

selbst beruht, sondern dass jede Nervenfaser, wenn sie
irgendwo an einer Stelle ihres Verlaufs getroffen wird,
die Erregung nach beiden Seiten hin fortleitet, und
wir haben damals schon vorausgesetzt, dass die ein-
seitige Wirkung auf der Art der Verknüpfung der
Fasern mit den Endapparaten beruhen möge. (Vgl.
Kap. XIII, §. 3, S. 213.)

Nachdem wir uns nun mit den an der Peripherie
gelegenen Endapparaten der motorischen Nerven, den
Muskeln nämlich, eingehend beschäftigt hatten, waren
wir in der Lage, die Vorgänge in der motorischen Faser zu erforschen. Um jetzt auch zu einem Verständniss der Wirkung der sensiblen Fasern zu gelangen,
wird es daher nothwendig sein, die nervösen Centralorgane erst etwas genauer kennen zu lernen.

Die Centralorgane des Nervensystems enthalten, wie
wir gesehen haben (Kap. VII, §. 1, S. 102 fg.) neben
Nervenfasern auch noch zellenartige Gebilde, Ganglienzellen, Nervenzellen oder auch Ganglienkugeln genannt. Sie sind nicht immer kugelig, sondern haben meist unregelmässige Formen. Neben den
in Fig. 27 (S. 103) abgebildeten Formen, welche hier
und da zerstreut im Verlauf der peripherischen Nerven
vorkommen, zeigen sich in den Centralorganen viel
häufiger Formen, wie sie Fig. 68 darstellt. Sie haben
meistens viele (4, 6 ja bis zu 20) Fortsätze, welche
sich theilen und miteinander verbinden oder Netze
bilden. Viele Zellen zeigen einen Fortsatz, welcher
sich von den andern unterscheidet und in eine Nervenfaser übergeht (Nervenfortsatz, vgl. Fig. 68 *1a* und
3c). Diese Nervenfortsätze gehen aus dem Centralorgan heraus und bilden ausserhalb die peripherischen
Nerven. Innerhalb der Centralorgane bilden die Fortsätze der Ganglienzellen ein sehr schwer zu entwirren-
des Netz von Fasern; dazwischen aber verlaufen andere
Fasern, welche den peripherischen Nervenfasern durchaus gleichen. Es ist kein zwingender Grund vorhanden,
diesen Fasern der Centralorgane andere Eigenschaften

zuzusprechen, als den peripherischen Fasern. Wenn
wir aber an den Centralorganen Erscheinungen beobachten, welche an peripherischen Nervenfasern niemals vorkommen, so liegt es nahe, diese auf die Anwesenheit der Ganglienzellen zurückzuführen.

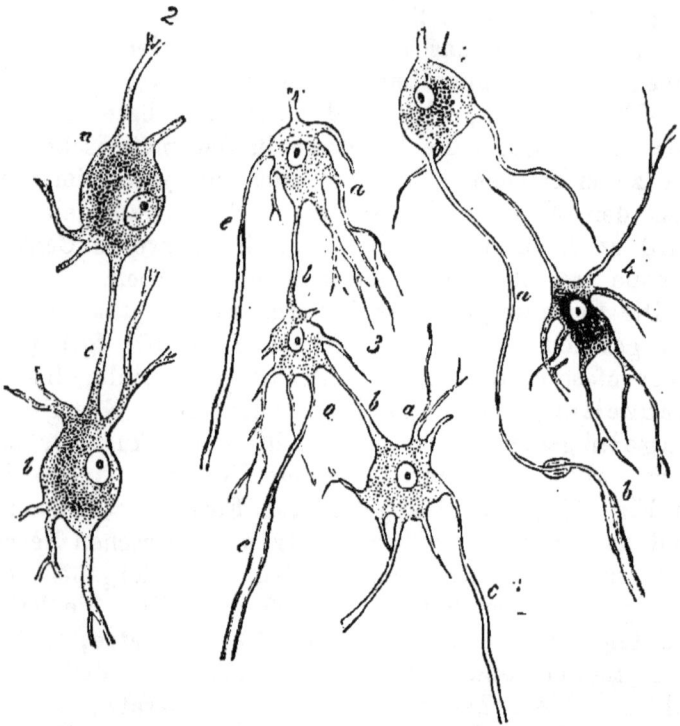

Fig. 68. Ganglienzellen aus dem Gehirn des Menschen.
1) eine Ganglienzelle, deren einer Fortsatz *a* zum Achsencylinder einer
Nervenfaser *b* wird; *2)* zwei Zellen, *a* und *b*, welche untereinander zusammenhängen; *3)* schematische Darstellung dreier zusammenhängender
Zellen, deren jede in eine Nervenfaser (*c*) übergeht; *4)* Ganglienzelle, theilweise mit schwarzem Pigment gefüllt.

In der That weisen nun alle Organe, welche Nervenzellen enthalten, die Centralorgane sowol als die peripherischen Organe, in denen sie, wenn auch spärlicher,
vorhanden sind, eine Reihe von Eigenthümlichkeiten
auf, die wir als durch die Nervenzellen bedingt ansehen

müssen. Und da wir nirgends im Stande sind, die
Nervenzellen allein zu untersuchen, sondern immer nur
im Zusammenhang und gemischt mit Nervenfasern, so
bleibt uns nichts übrig, als sorgfältig die Unterschiede
in dem Verhalten dieser Organe von den gewöhnlichen
Nervenfasern festzustellen und alles, was nicht von den
Nervenfasern geleistet werden kann, als Eigenschaft
der Nervenzellen anzusehen.

Von den Nervenfasern wissen wir, dass sie reizbar
sind, dass sie die in ihnen entstandene Erregung fort-
leiten und am Endorgan auf dieses übertragen können.
Die Erregung kann in einer Nervenfaser niemals von
selbst entstehen, sondern immer nur infolge eines von
aussen einwirkenden Reizes, und kann von einer Nervenfaser niemals auf eine andere übergehen, sondern bleibt
stets in der erregten Faser isolirt.

Wo aber Nervenzellen vorhanden sind, da gelten
diese Gesetze nicht. Solange eine Nervenfaser von
Gehirn und Rückenmark oder einem der peripherisch
gelegenen Nervenzellenhaufen unversehrt zu einem Muskel verläuft, sehen wir ohne nachweisbare äussere Veranlassung Erregungen entstehen, und durch Vermittelung
der Nerven auf die Muskeln wirken, theils in regelmässigen Zeiträumen unabhängig vom Willen, theils
von Zeit zu Zeit durch den Willen veranlasst. Wo
ferner Nervenzellen vorhanden sind, sehen wir, dass Erregungen, welche durch eine Nervenfaser dem Centralorgan zugeführt werden, dort auf andere Nervenfasern
übertragen werden können. Drittens endlich sehen wir,
dass Erregungen, welche durch Nervenfasern dem Centralorgan zugeführt werden, dort einen eigenthümlichen
Vorgang hervorrufen, den wir Empfindung und Bewusstsein nennen. Viertens endlich kommt die oben erwähnte merkwürdige Erscheinung der Hemmung von
Bewegungen auch nur da vor, wo Nervenzellen vorhanden sind. Wir müssen also den Nervenzellen folgende vier Eigenschaften zuschreiben, welche den
Nervenfasern durchaus fehlen:

1) In ihnen kann die Erregung selbstständig entstehen, d. h. ohne nachweisbaren äussern Reiz.

2) Sie können die Uebertragung der Erregung von einer Faser auf eine andere vermitteln.

3) Sie können eine ihnen zugeleitete Erregung aufnehmen und in bewusste Empfindung umsetzen.

4) Sie vermögen die Unterdrückung (Hemmung) einer vorhandenen Erregung zu vermitteln.

4. Das eben Gesagte ist jedoch keineswegs so zu verstehen, dass alle Ganglienzellen alle diese Fähigkeiten zugleich haben. Vielmehr müssen wir annehmen, dass jede Nervenzelle nur eine von diesen Functionen versieht, ja, dass noch feinere Unterschiede zwischen ihnen vorkommen, sodass z. B. diejenigen Nervenzellen, welche die Empfindung vermitteln, unter sich verschieden sind, und jede nur eine ganz bestimmte Art von Empfindung vermittelt. Dies ist keine blosse Hypothese, sondern es sprechen ganz sichere Thatsachen für diese Auffassung. Bewusste Empfindungen kommen nur im Gehirn zu Stande, und die verschiedenen Theile des Gehirns können einzeln entfernt werden oder erkranken, und dann fehlen einzelne Arten von Empfindungen, während andere ungestört bleiben. Wenn das ganze Gehirn entfernt wird, so genügen die Nervenzellen des Rückenmarks allein, um die Erscheinungen der Uebertragung der Erregung von einer Nervenfaser auf die andere in ausgedehntester Weise zu vermitteln. Wiederum gibt es bestimmte Hirngebiete, welche allein im Stande sind, in sich selbstständige Erregungen zu erzeugen, und gewisse Anhäufungen von Nervenzellen, welche ausserhalb der eigentlichen nervösen Centralorgane liegen, haben dieselbe Fähigkeit. Bei den mannichfaltigen Formen, welche die Nervenzellen zei-

gen, kommt es auch oft vor, dass die Zellen gewisser
Regionen, an denen nur bestimmte Fähigkeiten nachweisbar sind, in ihren Formen untereinander übereinstimmen und von denen anderer Gegenden, denen andere
Fähigkeiten zukommen, abweichen. Doch ist es bisher
nicht gelungen, so charakteristische Unterschiede der
Formen und so bestimmte Beziehungen zwischen Form
und Function der Nervenzellen aufzufinden, dass man
aus der Form einer Zelle auf ihre Function einen bin-
denden Schluss ziehen könnte. Wir sind vielmehr
darauf angewiesen, durch Experimente am Thier und
Erfahrungen am Krankenbett Schritt für Schritt zu
ermitteln, welche Functionen den Zellen eines bestimmten Gebietes zukommen. Und bei dem verwickelten,
durchaus noch nicht vollständig erforschten Bau der
nervösen Centralorgane kann es nicht wundernehmen,
dass diese Aufgabe noch durchaus nicht vollständig ge-
löst ist. Da wir nun in diesem Werke nicht von der
Physiologie der einzelnen Theile des Nervensystems
handeln wollen, sondern uns nur mit den allgemeinen
Eigenschaften der Elemente, aus denen das Nervensystem zusammengesetzt ist, zu beschäftigen haben, so
können wir auf die Einzelheiten nicht eingehen, sondern es kommt uns nur darauf an, festzustellen, welcher
Leistungen die Nervenzellen überhaupt fähig sind, und
die Thatsache gebührend hervorzuheben, dass jede einzelne Nervenzelle wahrscheinlich immer nur für eine
bestimmte dieser Leistungen befähigt ist. Wir wollen
nun diese Fähigkeiten noch einzeln durchgehen und
die Thatsachen beleuchten, welche zum Beweis derselben dienen.

5. Die selbstständige Entstehung von Erregungen
tritt entweder willkürlich oder unwillkürlich auf. Wir
können unsere Muskeln zu jeder Zeit willkürlich zusammenziehen, freilich nicht alle; denn manche Muskeln, besonders die glatten, folgen unserm Willen nicht,
sondern contrahiren sich nur auf andere Veranlassungen

hin. Zuweilen ist die mangelnde Fähigkeit zur willkürlichen Zusammenziehung gewisser Muskeln übrigens
nur einem Mangel an Uebung zuzuschreiben, wie wir
daraus sehen, dass manche Menschen ihre Kopfhaut
oder die Ohrmuschel willkürlich zu bewegen im Stande
sind, was den meisten Menschen gar nicht oder doch
nur in sehr beschränktem Grade gelingt. Ebenso ist
es Sache der Uebung, wie weit der Wille eine beschränkte Contraction einzelner Muskeln oder Theile
eines Muskels bewirken kann. Anfängern im Klavier-
spiel fällt es schwer, einzelne Finger unabhängig von
andern zu bewegen, was sie durch Uebung bald erler-
nen. Sobald bei einer von uns beabsichtigten Muskelcontraction eine andere, unbeabsichtigte, gleichzeitig
miterfolgt, so nennen wir das eine Mitbewegung.
Solche Mitbewegungen treten zuweilen krankhaft auf.
Stotterer z. B. zucken, wenn sie sprechen wollen, mit
den Gesichtsmuskeln oder auch gar mit den Armen.
Es ist auch beobachtet worden, dass bei Lähmungen
nach Hirnblutungen die willkürlich nicht möglichen
Bewegungen der gelähmten Glieder als Mitbewegungen
unwillkürlich auftraten. Manche Mitbewegungen sind
ein für allemal im Organismus gegeben, so tritt z. B.
bei der Richtung des Auges nach innen zugleich eine
Verengung der Pupille und eine Zusammenziehung des
Accommodationsmuskels auf, durch welche das Auge für
das Sehen in der Nähe befähigt wird. Man hat diese
Mitbewegung als einen Fall der Uebertragung der Erregung von einer Nervenfaser auf eine andere betrachten wollen; wie mir scheint, jedoch mit Unrecht. Denn
es ist durch nichts bewiesen, dass die Erregung zuerst
in einer Faser entstanden ist, und dann erst auf andere Fasern überging, sondern es ist einfacher anzunehmen, dass durch den Willen zu gleicher Zeit die
verschiedenen Fasern erregt wurden, sei es, dass die
isolirte Erregung einzelner dieser Fasern wegen der
anatomischen Anordnung der Nerven überhaupt unmöglich ist, oder dass es sich nur um eine ungenügende

Beschränkung des willkürlichen Einflusses aus Mangel an Uebung, aus einer Ungeschicklichkeit des Willens handelt. Wenn wir nun fragen, wie überhaupt die willkürliche Erregung der Nervenfasern in den Nervenzellen zu Stande kommt, so muss die Physiologie die Antwort darauf schuldig bleiben. Auf die Frage, ob es überhaupt eine rein willkürliche Erregung gibt in dem Sinne, dass gar keine Anregung von aussen auf das Gehirn einwirkte, sondern es ganz aus sich heraus die Erregung erzeugte, wollen wir hier nicht weiter eingehen. Sicher ist nur, dass in sehr vielen Fällen eine Handlung als eine ganz willkürliche erscheint, welche sich bei genauerer Zergliederung des Vorgangs als die Folge äusserer Einwirkungen herausstellt. Aber der physiologische Vorgang, durch welchen (mit oder ohne jene äussern Einwirkungen) in den Nervenzellen die Erregung entsteht, welche dann durch die Nervenfaser zu den Muskeln geleitet wird, ist uns bislang vollkommen dunkel, und wenn man sagt, dass es eine Molekularbewegung der materiellen Theilchen der Nervenzelle sei, so ist damit nichts erklärt, sondern nur unsere Ueberzeugung ausgedrückt, dass es kein übernatürliches Phänomen, sondern ein physikalischer Process sei, analog dem Erregungsvorgang in den peripherischen Nerven.

Unwillkürliche Bewegungen treten theils in unregelmässiger Weise als Zuckungen, Krämpfe, theils in regelmässiger Weise auf, wie die Athembewegungen, Herzbewegungen, Zusammenziehungen der Gefässmuskulatur, der Darmmuskeln u. dgl. Letztere, welche während des ganzen Lebens mehr oder weniger gleichmässig stattfinden und grösstentheils für das normale Bestehen der Lebenserscheinungen von einschneidender Wichtigkeit sind, wurden natürlich vorzugsweise eingehender Untersuchung unterworfen. Man bezeichnet sie als automatische Bewegungen, d. h. also als solche, welche ohne Zuthun des Willens und scheinbar ohne alle Veranlassung ganz von selbst stattfinden. Nichtsdestoweniger ist es gerade hier gelungen, die Ursachen, welche die Erregung der betreffenden Nervenzellen bedingen, bis zu einem gewissen Grade sicher festzustellen.

Man kann die automatischen Bewegungen eintheilen in rhythmische, bei welchen Zusammenziehung und Erschlaffung der betreffenden Muskeln in regelmässiger Weise abwechseln (Athembewegungen, Herzbewegungen), in tonische, bei denen die Zusammenziehungen mehr gleichmässig anhalten, wenn auch in der Stärke der Zusammenziehung Schwankungen vorkommen (Zusammenziehung der Gefässmuskeln, der Regenbogenhaut des Auges) und in unregelmässige (peristaltische Bewegung der Därme). Unsere Kenntniss der automatischen Bewegungen knüpft hauptsächlich an die Athembewegungen an, aber die dort gewonnenen Anschauungen lassen sich auf die übrigen ohne weiteres anwenden. Es wird daher genügen, die Athembewegungen hier zu besprechen.

Unmittelbar nach der Geburt beginnt der erste Athemzug, und diese Bewegungen dauern dann während des ganzen Lebens fort. Bei den höhern Thieren (Säugern und Vögeln) sind sie zur Unterhaltung des Lebens unbedingt erforderlich, denn ohne sie wird dem Blute nicht genug Sauerstoff zugeführt, um alle Lebensprocesse zu unterhalten. Umgekehrt hören, wenn aus irgendeinem Grunde das Organ, von welchem die Erregung der Athemmuskeln ausgeht, nicht hinreichend ernährt wird oder sonst in seinem Bestand leidet, die Athembewegungen auf, und das Leben ist bedroht. Dieses Organ ist eine beschränkte Stelle im verlängerten Mark, am Boden der sogenannten Rautengrube gelegen, aus einem Haufen von Nervenzellen gebildet, in welchen die Erregungen entstehen und durch die Nerven den Athemmuskeln zugeführt werden. Wir nennen es das Athemcentrum, auch wol Lebensknoten (*nœud vital* der Franzosen), wegen seiner Wichtigkeit

für das Leben. Es ist das die Stelle, welche der
Matador im Stiergefecht mit geschicktem Messerstoss
treffen muss, um das wüthend gemachte Thier sofort
zu Boden zu werfen; es ist die Stelle, welche durch
eine Verrenkung zwischen dem ersten und zweiten
Halswirbel zerquetscht augenblicklichen Tod beim sogenannten Genickbrechen zur Folge hat. Was veranlasst nun die Nervenzellen dieses Athemcentrums zu
dieser unablässigen Thätigkeit? Es ist nachgewiesen
worden, dass die Ursache in der Beschaffenheit des
Blutes liegt. Wenn das Blut ganz vollständig mit
Sauerstoff gesättigt ist, dann stellt das Athemcentrum
seine Thätigkeit ein.* Wenn das Blut sauerstoffärmer
wird, werden die Athembewegungen stärker.

Weit entfernt also, ganz von selbst und ohne äussern
Anlass thätig sein zu müssen, werden die Nervenzellen
des Athemcentrums auch von aussen her zu ihrer
Thätigkeit veranlasst. Sie sind nur viel empfindlicher
wie die Nervenfasern, sodass sie schon durch kleine
Aenderungen im Gasgehalt des sie umspülenden Blutes
beeinflusst werden. Und ganz wie die Zellen des Athemcentrums verhalten sich auch die übrigen automatischen
Nervenzellen. Nur kommen zwischen ihnen geringe
Empfindlichkeitsunterschiede vor, sodass einige schon
bei dem durchschnittlichen Sauerstoffgehalt des Blutes

---

* Man kann jederzeit leicht an sich selbst den Versuch
anstellen, welcher dies beweist. Man achte eine Zeit lang
auf seine Athembewegungen und merke sich ihre Tiefe und
Häufigkeit. Dann athme man acht bis zehn mal hintereinander recht tief und langsam ein und aus. Man bringt dadurch
sehr viel mehr Luft in die Lungen, als bei gewöhnlicher
Athmung, und das Blut kann sich deshalb ganz mit Sauerstoff sättigen. Wenn man nun aufhört, willkürlich zu ath-
men, so wird man finden, dass 20 Secunden und mehr ver-
fliessen, ehe wieder ein Athemzug kommt, so lange nämlich,
als der in Vorrath eingenommene Sauerstoff vorhält. Dann
erst beginnen die Athemzüge, erst ganz schwach, dann immer stärker werdend, bis die frühere regelmässige Athmung
wiederhergestellt ist.

erregt werden, andere erst bei geringern Graden, wie sie im Leben nur zuweilen vorkommen.

Es würde uns zu weit führen, die hier kurz vorgetragene Lehre auch für die andern automatischen Bewegungsvorgänge im einzelnen durchzuführen. Es möge die Bemerkung genügen, dass eine ähnliche Vorstellung von dem Zustandekommen der Herzbewegungen sehr nahe liegt, dass aber ein experimenteller Beweis für ihre Richtigkeit bisher nicht geliefert werden konnte. Nicht ganz so schwierig ist die Frage nach der Ursache der Darmbewegungen; jedenfalls gelten die für die Nervenzellen des Athmungscentrums ermittelten Grundsätze auch für alle andern automatischen Centra.* Beim Herzen und bei dem Darm ist noch zu erwähnen, dass die Nervenzellen, von denen die automatische Wirkung ausgeht, innerhalb der betreffenden Organe selbst gelegen sind. Deshalb können diese Organe noch Bewegungen zeigen, wenn die Nervencentren zerstört oder die Organe aus dem Körper ausgeschnitten sind.

6. Die durch Nervenzellen vermittelte Uebertragung einer Erregung von einer Nervenfaser auf eine andere tritt am klarsten hervor bei den sogenannten Reflexen. Unter Reflex versteht man den Uebergang einer Erregung, welche auf eine sensible Faser eingewirkt hat, und durch diese zu den Nervenzellen fortgeleitet worden ist, auf eine centrifugale Faser, durch welche sie wieder aus dem Centrum zurückgeleitet (gleichsam an demselben wie ein Lichtstrahl an einem Spiegel reflectirt) wird und an einer andern Stelle zur Erscheinung kommt. Der Reflex kann entweder auf eine

---

* Diejenigen, welche sich genauer über den Gegenstand zu unterrichten wünschen, verweise ich auf meine Schrift: Bemerkungen über die Thätigkeit der automatischen Nervencentra, insbesondere über die Athembewegungen (Erlangen 1875).

motorische Faser erfolgen, dann spricht man von einer
Reflexbewegung, oder auf eine secretorische oder
Hemmungsfaser. Der erstere Fall ist der häufigere
und bekanntere. Als Beispiel einer solchen Reflexbewegung führe ich an den Schluss der Augenlider bei
Reizung der Gefühlsnerven des Auges, das Niesen bei
Reizung der Nasenschleimhaut, das Husten bei Reizung
der Schleimhaut der Athmungsorgane. Ueberall, wo
sensible Nerven durch Nervenzellen mit motorischen
Nerven zusammenhängen, können solche Reflexbewegungen zu Stande kommen. Köpft man ein Thier und
kneipt eine Zehe, so wird das Bein angezogen und es
entstehen Zuckungen in ihm. Die Reflexbewegungen
werden hier durch die Nervenzellen des Rückenmarks
vermittelt und die Entfernung des Gehirns wirkt be-
günstigend, abgesehen davon, dass die Einmischung
willkürlicher Bewegungen ausgeschlossen wird.

Dass die Nervenzellen bei diesem Vorgang eine Rolle
spielen, und dass es sich nicht einfach um einen unmittelbaren Uebergang der Erregung von einer sensiblen Nervenfaser auf eine daneben liegende motorische
Nervenfaser handelt, ist unzweifelhaft. Abgesehen davon, dass ein solcher Uebergang immer nur da stattfindet, wo nachweislich Nervenzellen vorhanden sind,
spricht dafür auch der Umstand, dass der Vorgang der
Reflexübertragung eine sehr merkliche Zeit in Anspruch
nimmt, welche sehr viel länger ist als die zur Leitung
in den Nervenfasern erforderliche Zeit. Bei unsern
jetzigen Kenntnissen von dem Bau der nervösen Centralorgane kann es als ausgemacht gelten, dass ein
unmittelbarer Zusammenhang zwischen sensiblen und
motorischen Nervenfasern nirgends besteht, wohl aber
ein mittelbarer, eben durch die Nervenzellen vermittel-
ter. So ist also die Möglichkeit zur Fortpflanzung
einer Erregung von einer sensiblen Nervenfaser durch
eine Nervenzelle hindurch zu einer motorischen Nervenfaser gegeben. Zugleich ist es begreiflich, wie bei dem
Zusammenhang der Nervenzellen untereinander der Ueber-

gang einer Erregung von irgendeiner sensiblen Nervenfaser auf jede beliebige motorische Nervenfaser möglich
ist, indem diese Erregung von Nervenzelle zu Nervenzelle fortschreitet und von jeder wieder in eine motorische Faser übertreten kann. Aus der Länge der
Zeit aber, welche zur Uebertragung des Reflexreizes
nothwendig ist, müssen wir schliessen, dass die Fortleitung der Erregung in den Nervenzellen einen erheblichen Widerstand zu überwinden hat. Dieser
Widerstand wächst natürlich mit der Zahl der zu
durchlaufenden Nervenzellen, deshalb ist die Reflexübertragung von einer bestimmten sensiblen Faser auf
verschiedene motorische Nervenfasern ungleich schwer,
um so schwieriger, je mehr Zellen zwischen beiden
liegen. Alles dies stimmt mit den experimentell festgestellten Thatsachen. Auch erklärt sich so, warum
durch manche Einflüsse die Reflexübertragung nicht
nur an und für sich erleichtert, sondern ganz besonders der Uebergang der Erregung auf entferntere motorische Fasern ermöglicht wird. Der bekannteste
dieser Einflüsse ist die Vergiftung mit Strychnin. Die
Reflexübertragung wird durch dieselbe so erleichtert,
dass die leiseste Berührung einer Hautstelle, ja die
Erschütterung durch einen Luftzug ausreichen kann,
sämmtliche Muskeln des Körpers in einen heftigen
Reflextetanus zu versetzen.

Insofern eine jede zu den Nervencentren gelangende
Erregung einer sensiblen Faser eine bewusste Empfindung veranlassen kann, muss die Ausbreitung der Erregung innerhalb der Centren dieselbe Wirkung haben,
als wenn eine grössere Zahl von Erregungen mehrerer
sensibler Fasern zu gleicher Zeit zum Centrum gelangt
wären. Dieser Vorgang, welcher aber nur bei starken
Erregungen stattfindet, wird mit dem Namen Mitempfindung bezeichnet. Man empfindet neben der
Erregung der unmittelbar betroffenen Nervenzellen eben
noch die Ausbreitung der Erregung auf andere Nervenzellen mit. Man spricht auch von Ausstrahlung

oder Irradiation des sensiblen Reizes, weil die Erregung von dem einen unmittelbar getroffenen Punkte aus sich in einem gewissen Bezirke auszubreiten scheint.

7. Diese Erscheinung wird noch klarer werden, wenn wir uns über das Zustandekommen bewusster Empfindungen überhaupt und die Vorstellungen, die sich an sie knüpfen, näher unterrichtet haben werden. Damit solche bewusste Empfindungen entstehen, scheint es unbedingt nothwendig zu sein, dass die Erregungen bis zum Grosshirn gelangen. Ob auch andere Theile des Gehirns oder gar das Rückenmark fähig seien, bewusste Empfindungen zu vermitteln, ist mindestens sehr zweifelhaft, jedenfalls nicht bewiesen.* Wenn aber die Erregungen ins Gehirn gelangen, so entstehen nicht blos Gefühle, sondern auch ganz bestimmte Vorstellungen über die Art der Erregung, ihre Ursache und den Ort ihrer Einwirkung. Zuweilen allerdings fehlt diese Wirkung, der Reiz tritt nicht ins Bewusstsein, z. B.

---

* Der Streit über die sogenannte Rückenmarksseele, d. h. die Frage, ob auch in den Nervenzellen des Rückenmarks bewusste (mehr oder weniger klare) Vorstellungen zu Stande kommen, wurde eine Zeit lang sehr lebhaft geführt, ruht aber jetzt ganz. Meiner Ueberzeugung nach ist die ganze Fragestellung eine unwissenschaftliche, weil die Frage mit den Hülfsmitteln der Untersuchung, die uns zu Gebote stehen, einfach nicht zu lösen ist. Ueber unsere eigenen Empfindungen und Vorstellungen gibt uns unser Bewusstsein Aufschluss, über diejenigen anderer erhalten wir Aufklärung durch die Sprache. Wo diese fehlt, ist das Urtheil stets unsicher, z. B. wenn wir aus dem Benehmen von Menschen auf ihre Gefühle schliessen wollen. Die Bewegungen eines hirnlosen Thieres zu deuten, ist aber noch viel unsicherer und es kann uns daher nicht wundernehmen, wenn zwei Beobachter aus denselben Thatsachen ganz verschiedene Folgerungen ziehen, der eine sie für einfache Reflexe erklärt, der andere aber der Meinung ist, dass ein solches Benehmen unter solchen Umständen nur durch bewusste Empfindungen und Vorstellungen zu erklären sei. Je niedriger die Entwickelungsstufe des Thieres ist, desto unsicherer ist natürlich das Urtheil.

wenn die Aufmerksamkeit nach einer andern Richtung
sehr in Anspruch genommen ist, oder im Schlaf. Der
Reiz kann dann eine Reflexbewegung hervorrufen, bleibt
aber unbewusst. Dass die Entstehung bewusster Vorstellungen gleichfalls eine Thätigkeit von Nervenzellen
ist, steht fest, und zwar sind es die Zellen der grauen
Hirnrinde, welche diese Thätigkeit besitzen. Dagegen
sind wir vollkommen ausser Stande, auch nur eine Andeutung geben zu können, wie dies Bewusstsein zu
Stande kommt. ·Molekularvorgänge in den Nervenzellen
mögen es sein, welche durch die zugeleitete Erregung
entstehen, aber Molekularvorgänge sind eben nichts
als Bewegungen der Moleküle, und wie solche Bewegungen andere Bewegungen bewirken, können wir verstehen; wie sie aber zum Bewusstsein kommen können,
das ist uns völlig dunkel.*

Die durch verschiedene sensible Nerven zugeleiteten
Erregungen wirken nicht in gleicher Weise auf unser
Gehirn, und die durch sie erzeugten Empfindungen sind
unter sich verschieden. Danach unterscheiden wir die
verschiedenen Sinnesempfindungen und innerhalb eines
und desselben Sinnes auch noch Unterarten, wie die
Farben im Bereich der Lichtempfindungen, die verschiedenen Tonhöhen im Bereich der Schallempfindungen
u. s. w. Da nun alle Nervenfasern, welche die verschiedenen Empfindungen vermitteln, sich in nichts voneinander unterscheiden, so bleibt nichts anderes übrig,
als den Grund der verschiedenen Empfindungen in den
Nervenzellen zu suchen. Wie wir angenommen haben,
dass motorische Nervenzellen sich von empfindenden
unterscheiden, so müssen wir noch weiter annehmen,

---

* E. du Bois-Reymond hat diese Frage in seiner Rede
auf der Naturforscherversammlung in Leipzig weiter erörtert:
Ueber die Grenzen des Naturerkennens (Leipzig 1872). Einige
neuere Naturphilosophen scheinen die Schwierigkeit damit
umgehen zu wollen, dass sie, in Anlehnung an Schopenhauer,
allen Molekülen Empfindung und Bewusstsein zuschreiben,
doch scheint mir damit nichts gewonnen zu sein.

dass unter den empfindenden Nervenzellen einzelne sind, deren Erregung immer die Vorstellung von Licht, andere wieder, deren Erregung immer nur die Vorstellung von Schall, wieder andere, deren Erregung immer nur die Vorstellung eines Geschmacks hervorruft u. s. f. Mit dieser Annahme ist es nun durchaus im Einklang, dass es auf die äussere Ursache, welche eine Erregung irgendeiner Nervenfaser bewirkt, ganz und gar nicht ankommt, sondern dass jede Erregung einer bestimmten Nervenfaser immer eine bestimmte Empfindung zur Folge hat. So können wir den Sehnerven mechanisch oder elektrisch reizen und erhalten dadurch eine Lichtempfindung, mechanische oder elektrische Reizung des Hörnerven bewirkt Hörempfindungen, elektrische Reizung der Geschmacksnerven bewirkt ebensolche Geschmacksempfindungen wie die Einwirkung schmeckender Stoffe. Ja, es kommt vor, dass die erregende Ursache im Gehirn selbst ihren Sitz hat und die Nervenzellen unmittelbar erregt, und die Empfindungen, welche dadurch hervorgerufen werden, sind von denen nicht zu unterscheiden, welche durch Vermittelung der Nerven zu Stande kommen. So entstehen die subjectiven Empfindungen, Hallucinationen u. dgl., welche in veränderter Beschaffenheit des Blutes ihren Grund haben oder in gesteigerter Empfindlichkeit der Nervenzellen.

Wo auch immer die Erregung stattfinden möge, in den Nervenzellen selbst oder irgendwo im Verlauf der zu den Zellen hinführenden Nerven, das Bewusstsein bezieht die Empfindung immer auf eine ausserhalb vorhandene Erregungsursache. Wird der Sehnerv gedrückt, so glaubt man einen Lichtschein ausserhalb des Körpers zu sehen, wird ein Gefühlsnerv irgendwo in seinem Verlauf gereizt (z. B. der Elnbogennerv in der Knochenfurche am Elnbogenbein), so fühlt man etwas in den Ausbreitungen des Nerven in der Haut (in unserm Beispiel an den beiden letzten Fingern und am äussern Rande des Handtellers). Unser Vorstellungs-

vermögen projicirt also jede ihm zum Bewusstsein
kommende Empfindung immer nach aussen, nämlich
dahin, wo in der Regel die Ursache der Erregung zu
sein pflegt. Dieses sogenannte Gesetz der excen-
trischen Empfindungen findet eine ungezwungene
Erklärung in der Annahme, dass die Vorstellung von
dem Ort der einwirkenden Ursache eine durch die
Erfahrung erworbene sei.* Man sieht leicht ein, dass
dies eine nothwendige Folge der von uns angenommenen Eigenschaften der Nervenzellen ist. Wenn die
Nervenzelle erregt wird, muss immer dieselbe Empfindung und dieselbe Vorstellung entstehen. Ebenso
wenig wie es einen Unterschied für einen Muskel
macht, ob die ihm durch einen motorischen Nerven
zugeleitete Erregung von einer höhern oder tiefern
Stelle des Nerven herkommt, und ob der Nerv mechanisch, elektrisch oder durch den Willen erregt worden
ist, ebenso wenig kann der Vorgang in der Nervenzelle abhängen von dem Ort und der Art der Erregung.
Wenn die Umstände, unter denen die Erregung zu
Stande kam, von den gewöhnlichen abweichen, so entsteht daher eine sogenannte Sinnestäuschung, d. h. ein
falsches Urtheil auf Grund einer an sich ganz klaren
und richtigen Empfindung.

8. Die letzte der von uns den Nervenzellen zuge-
schriebenen Fähigkeiten, die Vermittelung der Hemmung
einer Bewegung, ist in ihrem Wesen noch sehr dunkel.
Wir kennen die Thatsache der Hemmung bisher hauptsächlich bei den automatischen Bewegungen, doch kommt
auch eine Hemmung von Reflexen vor, wie schon daraus gefolgert werden kann, dass durch Nerventhätig-

---

* Näheres über diesen Punkt, den wir hier nicht weiter
verfolgen können, findet man bei Bernstein, Die fünf Sinne
des Menschen („Internationale wissenschaftliche Bibliothek“,
XII. Bd.), und bei Huxley, Grundzüge der Physiologie (her-
ausgegeben von Rosenthal), S. 128 fg.

keit, besonders vom Gehirn aus, das Entstehen von
Reflexen erschwert wird. Wie von den automatischen
Bewegungen die Athembewegungen die am besten bekannten sind, so knüpfen auch die gangbaren Vorstellungen
über die Hemmungsnerven an sie an. Wir haben im
§. 5 auseinandergesetzt, wie die Athembewegungen
durch Erregung der Nervenzellen des Athemcentrums
zu Stande kommen. Nun kann man aber diese Bewegungen aufheben oder hemmen, trotz des Vorhanden-
seins aller sonstigen Bedingungen, wenn man gewisse
Nervenfasern reizt, welche von der Schleimhaut der
Luftwege zu diesem Athemcentrum hinziehen. Das
was diese Hemmungsnerven von den zum Herzen gehenden unterscheidet, ist der Umstand, dass man bei den
letztern nicht weiss, ob sie zu den Muskeln des Herzens oder zu den im Herzen gelegenen Nervenzellen
gehen, ein Zweifel, welcher bei den erstern wegen der
anatomischen Anordnung fortfällt. Man hätte von den
Hemmungsfasern des Herzens annehmen können, dass
sie auf irgendeine Weise die Muskeln unfähig machen,
sich zu contrahiren; bei den Hemmungsnerven für die
Athmung kann man solche Annahme sofort von der
Hand weisen, da sie mit den Athemmuskeln in gar
keine Berührung kommen. Es bleibt also nur die
Erklärung übrig, dass die Hemmungsnerven auf die
Nervenzellen wirken, in denen die Erregung entsteht,
sei es, dass sie die Erregung überhaupt nicht zu Stande
kommen lassen, oder dass sie verhindern, dass die Erregung von den Nervenzellen, in welchen sie entsteht,
zu den betreffenden motorischen Nervenzellen gelangt.
Man hat aus mancherlei Gründen dieser letzten Vorstellung den Vorzug gegeben. Man denkt sich, dass
die automatisch wirkenden Ganglienzellen nicht unmittelbar mit den betreffenden Nervenfasern zusammenhängen,
sondern dass dort noch leitende Zwischenapparate vorhanden seien, die einen grossen Widerstand darbieten.
Auf diese Weise kann man das Zustandekommen der
rhythmischen Bewegungen erklären und zugleich die

Hemmung. Die letztere besteht nämlich dann in einer
Vermehrung jenes Widerstandes, wodurch die Bewegungen zeitweise ganz unterbrochen werden.*

Wir kennen Hemmungsnerven fast für alle automatischen Apparate und für alle passt die eben angedeutete Erklärung. Dieselbe kann aber ohne weiteres auf
die Hemmung von Reflexen übertragen werden, denn
auch bei dem Uebergang der Erregung von sensiblen
Nerven auf motorische ist ja ein sehr grosser Widerstand zu überwinden, und eine Vermehrung dieses
Widerstandes muss den Uebergang der Erregung unmöglich machen und somit die Reflexe unterdrücken.
Unsere Kenntniss der hierher gehörigen Thatsachen ist
aber bisher noch keineswegs vollständig und ein ab-
schliessendes Urtheil über den Gegenstand deshalb zur
Zeit noch unmöglich.

Nur andeuten will ich ferner, dass auch die entgegengesetzte Einwirkung, nämlich eine Erleichterung
des Ueberganges der Erregung von den Nervenzellen,
in denen sie entsteht, zu den peripherischen Nerven-
bahnen, vorzukommen scheint.

Endlich beobachtet man zuweilen, dass bei andauernder gleichmässiger Reizung solcher Nerventheile, welche
Nervenzellen enthalten, statt einer gleichmässigen tetanischen Zusammenziehung der betreffenden Muskeln
eine rhythmische oder auch eine unregelmässige Bewegung entsteht, was offenbar auch auf dieselbe Weise
zu erklären ist wie die rhythmische automatische Thätigkeit. Die gleichmässige Erregung wird, da sie Nervenzellen zu passiren hat, durch den in diesen vorhandenen
grossen Widerstand modificirt und in eine rhythmische
Bewegung umgesetzt, während bei unmittelbarer Verbindung von Nerv und Muskel der letztere auf an-
dauernde Erregung des Nerven auch mit gleichmässiger
andauernder Zusammenziehung antwortet.

---

* S. meine oben schon angeführte Schrift über die automatischen Nervencentren.

9. Aus allen diesen Erörterungen geht also mit
Sicherheit hervor, dass die Nervenfasern untereinander
gleichartig sind, und dass die verschiedenen Arten ihrer
Wirkung auf ihre Verbindung mit verschiedenartigen
Nervenzellen zurückzuführen sind. Dieser Auffassung
scheint es aber zu widersprechen, dass die verschiedenen Sinnesnerven durch ganz verschiedene Einflüsse
erregt werden können und zwar jeder von ihnen nur
durch ganz bestimmte, der Sehnerv nur durch Licht,
der Hörnerv nur durch Schall u. s. w. Es wäre aber
trotzdem falsch, daraus zu schliessen, dass der Sehnerv
wirklich von dem Hörnerven verschieden sei. Untersuchen wir nämlich die Sache genauer, so zeigt sich,
dass der Sehnerv durch Licht gar nicht erregt werden
kann. Wir können das stärkste Sonnenlicht auf den
Sehnerven fallen lassen, ohne dass er erregt wird.
Gegen Licht empfindlich ist nicht der Nerv, sondern
ein besonderer Endapparat in der Netzhaut des Auges,
mit welchem der Sehnerv in Verbindung steht. Und
ganz das Gleiche gilt von allen andern Sinnesnerven,
jeder ist an seinem peripheren Ende mit einem besondern Aufnahmeapparat versehen, welcher durch bestimmte Einwirkungen erregt werden kann, und diese
Einwirkungen dann auf den Nerven überträgt. Von
der Verschiedenheit des Baues dieser Endapparate hängt
es ab, welche Einwirkungen auf sie erregend wirken
oder nicht. Einmal in den Nerven eingetreten ist die
Erregung immer ein und dieselbe. Dass sie dann verschiedene Empfindungen in uns hervorruft, hängt aber
wieder von den Eigenschaften der Nervenzellen ab, in
denen die Nervenfasern enden. Wenn wir uns vorstellen, dass der Hörnerv und der Sehnerv eines Menschen durchschnitten und das peripherische Ende des
Hörnerven mit dem centralen Ende des Sehnerven, und
umgekehrt das periphere Ende des Sehnerven mit dem
centralen Ende des Hörnerven verheilt wären, so würden die Klänge eines Orchesters in uns die Empfindung
von Licht und Farben und der Anblick eines farben-

reichen Bildes in uns die Empfindung von Schall-
eindrücken hervorrufen. Die Empfindungen, welche
wir durch äussere Eindrücke erhalten, sind also nicht
abhängig von der Natur dieser Eindrücke, sondern von
der Natur unserer Nervenzellen. Wir empfinden nicht,
was auf unsern Körper einwirkt, sondern nur, was in
unserm Gehirn vorgeht.

Unter diesen Umständen könnte es auffallen, dass
unsere Empfindungen und die äussern Vorgänge, durch
welche sie hervorgerufen werden, so durchaus untereinander übereinstimmen, dass das Licht Lichtempfindungen, der Schall Schallempfindungen hervorruft und
so fort. Aber diese Uebereinstimmung ist auch gar
nicht vorhanden, der Schein einer solchen nur durch den
Gebrauch derselben Bezeichnung für zwei Vorgänge,
die gar nichts Gemeinsames haben, entstanden. Der
Vorgang der Lichtempfindung hat mit dem physikalischen Vorgang der Aetherschwingungen, welche ihn
hervorrufen, keine Aehnlichkeit, wie schon daraus hervorgeht, dass dieselben Aetherschwingungen, wenn sie
unsere Haut treffen, in uns eine ganz andere Empfindung hervorrufen, nämlich die der Wärme. Die Schwingungen einer Stimmgabel können unsere Hautnerven
erregen und werden dann gefühlt, sie können unsere
Hörnerven erregen und werden dann gehört, sie können
unter Umständen auch gesehen werden. Die Schwingungen der Stimmgabel sind immer dieselben und haben
mit keiner der Empfindungen, die sie hervorrufen können, etwas gemein. Wenn wir den physikalischen Vorgang der Aetherschwingungen einmal Licht nennen und
ein andermal Wärme, so belehrt uns doch ein genaueres Studium der Physik, dass es derselbe Vorgang
ist. Die gewöhnliche Eintheilung der physikalischen
Vorgänge in Schall, Licht, Wärme u. s. w. ist eine
irrationelle, indem sie für diese Vorgänge ein zufälliges
Moment, nämlich die Art, wie sie auf den mit verschiedenen Empfindungen begabten Menschen wirken, hervor-
hebt, für andere Vorgänge aber, z. B. die magnetischen,

elektrischen, ganz andere Eintheilungsmerkmale zu Grunde legt. Die wissenschaftliche Erforschung der physikalischen Vorgänge einerseits und der physiologischen Vorgänge der Empfindungen andererseits deckt den Irrthum auf, der um so tiefer wurzelt, als die Sprache für die verschiedenartigen Vorgänge dieselben Worte gebraucht und so die Unterscheidung erschwert hat.

Aber die Sprache ist doch nur der Ausdruck der menschlichen Auffassung von den Dingen, und die Auffassung von der innern Zusammengehörigkeit des Lichts und der Lichtempfindung, des Schalls und der Schallempfindung u. s. w. galt bis in die neueste Zeit hinein als eine unumstössliche Wahrheit. Goethe* hat derselben Ausdruck verliehen in den Versen:

> Wär' nicht das Auge sonnenhaft,
> Die Sonne könnt' es nie erblicken;
> Läg' nicht in uns des Gottes eigne Kraft,
> Wie könnt' uns Göttliches entzücken!

In ganz ähnlicher Weise spricht sich Plato in seinem Gespräch „Timaios" aus. Dagegen hatte Aristoteles schon ganz richtige Vorstellungen über die Sache. Aber erst seit den bahnbrechenden Untersuchungen von Johannes Müller sind diese Vorstellungen wissenschaftlich begründet und mit den Thatsachen in allen Einzelheiten in Uebereinstimmung gebracht zur Grundlage unserer jetzigen Sinnesphysiologie und Psychologie geworden.

Als einen Ausdruck jener falschen Auffassung müssen wir auch die Lehre von den sogenannten adäquaten Reizen ansehen, wonach es für jeden Sinnesnerven einen solchen adäquaten, d. h. in seiner Natur der Natur des Sinnesnerven angemessenen Reiz geben sollte, der allein im Stande wäre, ihn zu erregen. Wir wissen, dass dies falsch ist. Doch können wir den Aus-

---

* Zahme Xenien (Cotta'sche Ausgabe in 30 Bänden), III, 70.

druck gelten lassen zur Bezeichnung der Reize, welche
auf die Endorgane der Nerven zu wirken vorzugsweise
im Stande sind.

Ebenso können wir die Vorstellung von den sogenannten specifischen Energien der Sinnesnerven
als beseitigt ansehen, wenn damit irgendwelche Eigenschaften der Nerven ausgedrückt werden sollen. Dagegen müssen wir den einzelnen Nervenzellen, durch
welche die Empfindungen zu Stande kommen, in der
That specifische Energien zuschreiben. Sie sind es,
die allein im Stande sind, uns verschiedene Arten von
Empfindungen zu vermitteln. Wären alle empfindenden Nervenzellen einander gleich, so könnten zwar
durch die Einwirkungen der Aussenwelt auf unsere
Sinnesorgane Empfindungen in uns hervorgerufen werden, aber immer nur von ein und derselben Art, höch-
stens in der Stärke dieser einen unbestimmten Empfindung könnten Unterschiede wahrgenommen werden. Es
mag Thiere geben, die nur einer solchen einzigen unbestimmten Empfindung fähig sind, weil ihre Nervenzellen alle untereinander gleich sind, sich noch nicht
differenzirt haben. Solche Thiere werden wol zu einer
Vorstellung von der Aussenwelt im Gegensatz zu ihrem
eigenen Körper, also zur Entwickelung eines Selbst-
bewusstseins gelangen können, nicht aber zu einer Erkenntniss der Vorgänge in der Aussenwelt. Zur Entwickelung dieser Erkenntniss wirkt nämlich bei uns in
hohem Grade die Vergleichung der durch die verschiedenen Sinnesorgane vermittelten verschiedenen Eindrücke. Ein Körper stellt sich unserm Auge mit einer
gewissen räumlichen Ausdehnung, Farbe u. s. w. dar.
Durch Betasten können wir von der erstern gleichfalls
Vorstellungen empfangen. Liegt er ausserhalb des
Bereichs unserer Hände, so können wir durch Annäherung finden, wie die scheinbare Grösse des Körpers,
so wie sie das Auge uns erscheinen lässt, mit der Annäherung zunimmt. Solche und viele tausend andere,
seit frühester Jugend gemachte Erfahrungen haben uns

allmählich dahin geführt, dass wir aus einigen wenigen
Empfindungen uns Vorstellungen über die Beschaffenheit der Körper bilden. Es laufen dabei viele, unbewusst sich vollziehende Schlussfolgerungen mit unter,
sodass, was wir als unmittelbar empfunden betrachten,
eigentlich aus mehrern Empfindungen und einer Summe
früherer Erfahrungen durch Schlussfolgerungen abgeleitet ist. Wir glauben z. B. einen Menschen in einer bestimmten Entfernung zu sehen; eigentlich aber empfinden
wir nur das Bild eines Menschen auf unserer Netzhaut
in einer bestimmten Grösse. Wir kennen die durch-
schnittliche Grösse eines Menschen, wissen, dass die
scheinbare Grösse mit der Entfernung abnimmt; auser-
dem empfinden wir den Grad von Zusammenziehung
unserer Augenmuskeln, welcher zur Richtung unserer
Augenachsen auf den Gegenstand und zur Einrichtung
unsers Auges für die betreffende Entfernung nothwendig ist. Aus alledem setzt sich unser Urtheil zusammen, welches wir fälschlich für eine unmittelbare
Empfindung halten.

10. Wir haben schon früher (Kap. IV, §. 2 und
Kap. VII, §. 3) die Methoden kennen gelernt, durch
welche Helmholtz die zeitlichen Verhältnisse der Muskelzusammenziehung und der Fortpflanzung der Erregung
in den motorischen Nerven gemessen hat. Nach denselben oder doch ganz ähnlichen Methoden haben
Helmholtz und nach ihm andere die Fortpflanzung der
Erregung in den sensiblen Nerven bestimmt und dafür
einen Werth von etwa 30 Mt. in der Secunde gefunden,
also nahezu denselben Werth, wie für die motorischen
Nerven des Menschen. Man ist aber noch weiter ge-
gangen und hat die Zeit gemessen, welche ein zum
Gehirn geleiteter Reiz braucht, um zum Bewusstsein
zu gelangen. Solche Bestimmungen haben neben ihrem
theoretischen Werth auch noch ein praktisches Interesse für den beobachtenden Astronomen. Wenn dieser
Sterndurchgänge durch den Meridian beobachtet, indem

er den im Fernrohr gesehenen Durchgang mit den
hörbaren Schlägen eines Secundenpendels vergleicht,
so begeht er stets einen kleinen Fehler, welcher von
den zum Bewusstwerden der beiden Sinneseindrücke
nöthigen Zeiten herrührt. Bei zwei verschiedenen Beobachtern hat dieser Fehler aber nicht genau denselben
Werth, und um die Beobachtungen verschiedener Astronomen untereinander vergleichbar zu machen, bedarf
es daher der Kenntniss des Unterschiedes, der sogenannten persönlichen Gleichung zwischen beiden. Um
aber die Beobachtungen jedes einzelnen auf richtige
Zeit zurückzuführen, muss man den Fehler, den jeder
allein macht, bestimmen.

Denken wir uns ein Beobachter, der in vollkom-
mener Finsterniss sitzt, sehe plötzlich einen Funken
und gebe dann ein Zeichen. Durch einen geeigneten
Apparat wird sowol die Zeit, wann der Funke wirklich
erscheint, als auch das gegebene Zeichen aufgeschrie-
ben. Der Unterschied zwischen beiden kann gemessen
werden, wir nennen ihn die physiologische Zeit
für den Gesichtssinn; ebenso können wir die physiologische Zeit für den Gehörsinn und für den Gefühls-
sinn bestimmen. So fand z. B. Professor Hirsch in
Neufchâtel

für den Gesichtssinn	0,1974 — 0,2083	Secunde,
„ „ Gehörsinn	0,194	„
„ „ Gefühlssinn	0,1733	„

War der Eindruck, welcher angezeigt werden sollte,
kein unerwarteter, sondern konnte er vorausgesehen
werden, so fiel die physiologische Zeit viel kürzer aus,
nämlich für den Gesichtssinn nur 0,07 bis 0,11 Secunde.
Daraus folgt also, dass bei Ereignissen, deren Ein-
treffen wir voraussehen können, das Gehirn viel schneller mit seiner Arbeit fertig wird.

Noch interessanter sind die Versuche von Donders.
Eine Person erhielt den Auftrag, bald mit der rechten,

bald mit der linken Hand ein Zeichen zu geben, je
nachdem ein auf ihre Haut angebrachter leichter Reiz
an diesem oder an jenem Orte gefühlt worden war.
War ihr nun dieser Ort bekannt, so erfolgte das Zeichen 0,205 Secunden später als der Reiz; war ihr aber
der Ort nicht bekannt, so erfolgte das Zeichen erst
nach 0,272 Secunden. Es erforderte also der psychi-
sche Act der Ueberlegung, wo der Reiz gewesen, und
die dem entsprechende Wahl der Hand eine Zeit von
0,067 Secunden.

Die physiologische Zeit für den Gesichtssinn war etwas abhängig von der Farbe; weisses Licht wurde
immer ein wenig früher markirt als rothes. War dem
Beobachter die Farbe, welche er sehen sollte, vorher
bekannt, so gab er das Zeichen früher, als wenn dies
nicht der Fall war und er erst überlegen musste, was
er gesehen habe, um danach sein Zeichen zu geben.
Der Beobachter bildet sich bei solchen Versuchen immer eine Vorstellung von der Farbe, die er zu sehen
erwartet. Stimmt dann die zur Beobachtung kommende
Farbe zufällig mit seiner Erwartung, so reagirt er
schneller, als wenn dies nicht der Fall ist.

Aehnliches ergab sich für den Gehörsinn. Die Wie-
derholung eines gehörten Klanges erfolgt schneller,
wenn man vorher gewusst hat, welchen Klang man
zu hören bekommen wird, als wenn dies nicht der
Fall ist.

In anderer Weise zeigt sich diese, wenn wir so sagen wollen, Trägheit des Bewusstseins in Versuchen,
welche Helmholtz anstellen liess. Das Auge erblickt
eine Figur und unmittelbar darauf ein helles Licht.
Je stärker das letztere ist, desto länger muss man die
erstere gesehen haben, um sie überhaupt zu erkennen;
complicirte Figuren erfordern überdies mehr Zeit als
einfachere. Sieht man Buchstaben auf hellem Grunde
nur ganz kurze Zeit beleuchtet, ohne dass ein anderes
Licht folgt, so genügt eine um so kürzere Zeit zum

Erkennen, je grösser die Buchstaben sind und je heller
die Beleuchtung war.

Es sind freilich sehr einfache Gehirnthätigkeiten,
über deren Entstehung derartige Versuche uns in etwas Aufklärung verschaffen; aber es sind doch die
Grundelemente aller geistigen Thätigkeit: Empfindung,
Vorstellung, Ueberlegung, Wille; und selbst die ver-
wickeltste Deduction eines speculativen Philosophen
kann nicht mehr sein als eine Kette solcher einfachen
Vorgänge, wie wir sie hier betrachtet haben. Wir haben daher in jenen Messungen die ersten Anfänge einer
experimentellen physiologischen Psychologie vor uns,
deren Entwickelung wir von der Zukunft erwarten.
Doch scheint mir, dass eine fruchtbringende Erforschung der Vorgänge in den Nervenzellen an die aller-
einfachsten Erscheinungen anknüpfen muss. Und in
dieser Beziehung ist daher am ehesten aus der Erforschung der Reflexvorgänge etwas zu erhoffen. Vielleicht
dass sie den Boden ebnen, auf welchem dereinst das
Gebäude einer Mechanik der Nervenvorgänge wird errichtet werden können. „In der That", sagt D. F.
Strauss („Der alte und der neue Glaube", S. 208), „wer
das Greifen des Polypen nach der wahrgenommenen
Beute, das Zucken der gestochenen Insektenlarve erklärt hätte, der hätte zwar damit noch lange nicht das
menschliche Denken begriffen, aber er wäre doch auf
dem Wege dazu und könnte es erreichen, ohne ein
neues Princip zu Hülfe zu nehmen." Ob wir dieses
Ziel jemals erreichen werden, das steht dahin. Aber
die immer vollständigere Erkenntniss der Bedingungen
ihres Zustandekommens und der mechanischen Vorgänge,
welche ihnen zu Grunde liegen, können wir erreichen.
Und dies ist das hohe Ziel, nach welchem die Wissenschaft der allgemeinen Muskel- und Nervenphysiologie
strebt, ein Ziel „des Schweisses der Edeln werth".

Anmerkungen und Zusätze.

1. Graphische Darstellung. Begriff der mathematischen Function.

(Zu Seite 48.)

Das in Fig. 16 benutzte Verfahren, die Grössenverhältnisse der Dehnungen in ihrer Abhängigkeit von der Grösse der dehnenden Gewichte durch eine Zeichnung darzustellen, ist einer so mannichfaltigen Anwendung fähig und wird noch so oft in Anwendung gezogen werden, dass eine kurze Erörterung desselben hier wol am Platze sein dürfte.

Wenn zwei Reihen von Grössen in einer solchen Beziehung zueinander stehen, dass zu jeder Grösse der einen Reihe eine bestimmte Grösse der andern Reihe gehört, so sagen die Mathematiker, die eine Grösse sei eine Function der andern. Eine solche Beziehung kann immer in einer Tabelle dargestellt werden, wie z. B. in der folgenden:

1	2	3	4	5	6	7	8	9	10
2	4	6	8	10	12	14	16	18	20

Die Beziehung, welche hier obwaltet, ist eine sehr einfache. Zu jeder Zahl der obern Reihe gehört eine Zahl der untern Reihe und zugleich ist die letztere immer doppelt so gross als die erstere. Bezeichnen wir nun die Zahlen der obern Reihe mit x, die der untern Reihe mit y, so können wir die Beziehung zwischen diesen beiden Zahlenreihen durch eine Formel ausdrücken:

$$y = 2\,x.$$

Diese Formel sagt uns dasselbe, was die Tabelle sagt,
ja noch mehr. Setzen wir nämlich für das unbestimmte x,
welches ja jede beliebige Zahl sein kann, die Zahl 4, so
sagt uns die Tabelle, dass das zugehörige y den Werth 8 hat.
Für $x = 5$ ergibt die Tabelle den Werth $y = 10$. Aber
für einen zwischen 4 und 5 liegenden Werth des x, z. B.
für 4,2371 lässt uns die Tabelle in Stich; nach der Formel
aber können wir den Werth für das zugehörige y leicht aus-
rechnen, er ist $= 8,4742$.

Wir können die Formel auch umkehren und so schreiben:

$$x = \tfrac{1}{2} \, y,$$

das heisst wir können für jeden gegebenen Werth von y den
zugehörigen Werth von x berechnen. Ganz ebenso ist es
bei der ähnlichen Formel

$$y = 3 \, x,$$

die wir auch so schreiben können:

$$x = \tfrac{1}{3} \, y.$$

Hier gehört also zu jedem bestimmten x ein bestimmtes
y, das gerade dreimal so gross ist. In den beiden zusammengehörigen Formeln

$$y = a \, x \quad \text{und} \quad x = \frac{1}{a} \, y,$$

haben wir dieser Art von Beziehung noch einen etwas all-
gemeinern Ausdruck gegeben; x und y sind hier wieder die
Bezeichnung für die beiden zusammengehörigen Zahlenreihen,
a ist der Ausdruck für eine bestimmte Zahl, die in jedem
einzelnen Falle als unveränderlich zu denken ist. In unserm
ersten Beispiel ist $a = 2$, in unserm zweiten Beispiel ist
$a = 3$ angenommen worden und so kann in irgendeinem
andern Fall a irgendeinen andern Werth haben.

Betrachten wir jetzt die folgende Tabelle:

$$1 \quad 2 \quad 3 \quad 4 \quad 5 \quad 6 \text{ u. s. w.}$$
$$1 \quad 4 \quad 9 \quad 16 \quad 25 \quad 36 \text{ u. s. w.}$$

so sehen wir, dass jede Zahl der untern Reihe gefunden
wird, wenn man die zugehörige Zahl der obern Reihe mit
sich selbst multiplicirt, was man durch die Formel

$$y = x \, x \text{ oder } y = x^2$$

ausdrücken kann. Die entsprechende Umkehr der Formel
lautet hier

$$x = \sqrt{y}.$$

Kennt man nun eine derartige Formel, welche die gegenseitige Beziehung der zwei zueinander gehörigen Grössen-
reihen ausdrückt, so kann man jedesmal eine Tabelle entwerfen, aber umgekehrt kann man die in der Tabelle nieder-
gelegte Beziehung nicht immer in einer Formel ausdrücken,
denn nicht immer sind diese Beziehungen so einfacher Art
wie in unsern Beispielen. Meistens handelt es sich in den
Tabellen um Grössenwerthe, welche durch Beobachtungen
festgestellt worden sind, wie in unserm Falle um die Dehnungen, welche der Muskel bei verschiedenen Belastungen
erfährt. Zu jeder Belastung gehört eine entsprechende Dehnung, das finden wir durch den Versuch und können es in
Tabellenform ausdrücken, etwa so:

Belastung: 50 100 150 200 250 300 grm.
Dehnung: 3,2 6 8 9,5 10 10,5 mmt.

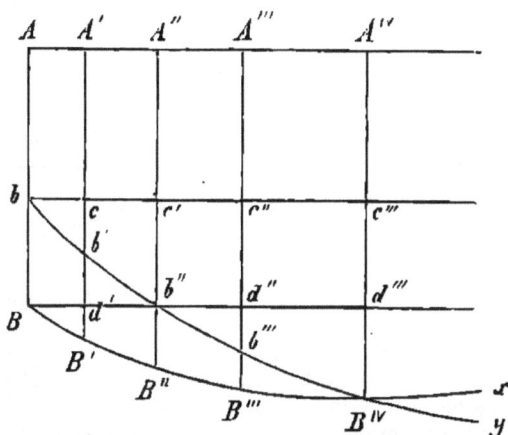

Fig. 69. Graphische Darstellung der Muskeldehnung.

Alles, was wir aus der Tabelle entnehmen können, ist
nur, dass die Dehnungen n i c h t den Belastungen proportional wachsen (wie es bei einem unorganischen Körper sein
würde), sondern in einem langsamern Verhältniss. Wir können aber jedes beliebige Functionsverhältniss, gleichgültig
ob es durch eine Gleichung ausgedrückt oder in einer auf
Grund von Beobachtungen entworfenen Tabelle niedergelegt
ist, dem Auge sehr anschaulich darstellen durch ein von
Descartes erfundenes Verfahren, das eben den Gegenstand
unserer Erörterung bilden soll.

Die Grössen, um welche es sich handelt, können von der verschiedensten Art sein: Zahlen, Gewichte, Wärmegrade, Häufigkeit von Geburten oder Todesfällen u. s. w. Immer können wir jede Grösse bildlich darstellen durch die Länge einer Linie. Eine Linie von einer bestimmten Länge soll irgendeine Grösse bedeuten, dann wird die doppelte Grösse durch eine Linie dargestellt, die zweimal so lang ist als die erstere. Der gewählte Maassstab ist ganz gleichgültig, aber einmal gewählt darf er in derselben Darstellung nicht verändert werden. Wir zeichnen nun zwei sich senkrecht durchschneidende Linien; von dem Durchschnittspunkte B (Fig. 69) aus messen wir auf der horizontalen Linie die Längen ab, welche die Werthe der einen Reihe darstellen sollen (in unserm Fall die an den Muskel gehängten Belastungen). An jedem der so gewonnenen Punkte d', b'', d'', d''' ziehen wir Linien senkrecht auf die erstere und geben ihnen Längen, welche die zu den betreffenden Belastungen gehörigen Dehnungen ausdrücken.

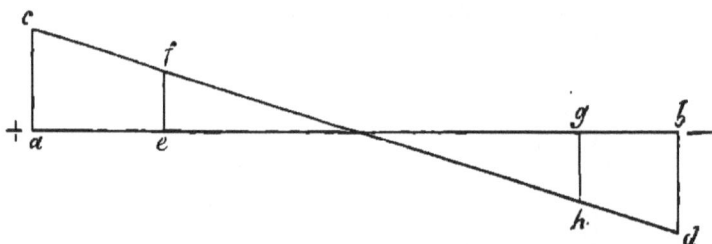

Fig. 70. Darstellung positiver und negativer Grössen.

Wir gewinnen so die Linien d' B', b'' B'', d'' B''', d''' B^{IV}. Durch Verbindung dieser Punkte erlangen wir die Curve B B' B'' B''' $B^{IV}x''$, welche uns von der Beziehung zwischen Belastung und Dehnung anf einen Blick sofort ein anschauliches Bild gibt. Ganz auf dieselbe Weise ist die Curve b b' b'' b''' $B^{IV}y$ entworfen, welche die Dehnungen des thätigen Muskels durch die entsprechenden Gewichte darstellt.

In manchen Fällen handelt es sich darum, Grössen entgegengesetzter Art darzustellen. Wenn z. B. (Fig. 70) der Draht a b von einem elektrischen Strom durchflossen wird, so nimmt die eine Hälfte desselben positive, die andere Hälfte negative Spannung an. Um dies auszudrücken, ziehen wir die Linien, welche positive Spannung bedeuten sollen, oberhalb, diejenigen, welche negative Spannung bedeuten sollen, unterhalb der Grundlinie. Die Figur lehrt uns so, dass die Spannung in der Mitte des Drahtes 0 ist, dass nach links hin die positiven, nach rechts hin die negativen Span-

nungen zunehmen und zwar in ganz gleichmässiger Weise.
Um die an einem bestimmten Punkte herrschende Spannung
ihrer Grösse nach zu kennen, errichten wir in diesem Punkte,
z. B. *e*, ein Loth; die Länge desselben, *ef*, stellt die dort
herrschende Spannung genau dar.

2. Richtung der Muskelfasern, Hubhöhe und Arbeits-
leistung.

(Zu Seite 90.)

Bei der ausserordentlichen Seltenheit der langen parallelfaserigen Muskeln ist es nicht ohne Interesse, den Einfluss,
welchen die schräge Anordnung der Fasern auf ihre Kraft,
Hubhöhe und Arbeitsleistung hat, noch etwas genauer zu betrachten. Wenn eine Muskelfaser infolge
ihrer Anordnung nicht im Stande ist, eine
Bewegung in der Richtung ihrer eigenen
Verkürzung zu bewirken, so kommt sie nur
mit einem Theil der bei ihrer Verkürzung
entstehenden Zugkraft zur Geltung, welcher
sich einfach nach dem Gesetz vom Parallelogramm der Kräfte berechnet. Dieser Fall
liegt bei allen einfach und doppelt gefiederten Muskeln vor. Stellen wir uns vor, die
Muskelfaser AB (Fig. 71) verkürze sich um
das Stück Bb, die Bewegung des Punktes
B könne aber vermöge der Befestigung des
Muskels an den Knochen und der Gelenkverbindungen der letztern nur in der Richtung BC erfolgen. Die Muskelfaser wird
dann, indem sie sich verkürzt, zugleich eine
Drehung, um ihren festen Ursprung A erleiden und in die Lage Ab' kommen; der
wirklich entstandene Hub wird dann Bb'
sein. Das kleine Dreieck Bbb' können wir
als ein rechtwinkeliges Dreieck ansehen.
Es ist dann

Fig. 71.
Wirkung schräger
Muskelfasern.

$$Bb' = \frac{Bb}{\sin \beta}$$

Nennen wir die Kraft, mit welcher die Muskelfaser sich
in der Richtung AB zusammenzuziehen strebt, k, so kommt
von dieser Kraft nur ein Theil zur Geltung nämlich eine

19*

Componente k', welche in der Richtung BC liegt. Diese Componente ist nach dem Gesetz vom Parallelogramm der Kräfte

$$k' = k \sin \beta.$$

Dieser Kraft können wir das Gewicht proportional setzen, welche die Muskelfaser auf die bestimmte Hubhöhe zu heben vermag. Berechnen wir nun danach die Arbeit, welche die Muskelfaser leisten kann, so erhalten wir, wenn die Bewegung in der Richtung AB vorgehen könnte,

$$A = Bb \, k$$

wenn aber die Bewegung in der Richtung BC vorgehen muss

$$A = Bb' \, k' = \frac{Bb.}{\sin \beta} \, k \, \sin \beta = Bb \, k.$$

Wir erhalten also in beiden Fällen genau denselben Werth, das heisst also, die Arbeitsleistung der Muskelfaser ist ganz unabhängig von der Richtung, in welcher ihre Wirkung zu Stande kommt. Dies gilt natürlich ebenso von jeder andern Muskelfaser und also vom ganzen Muskel. Die von uns für parallelfaserige Muskeln entwickelten Sätze gelten also auch für alle unregelmässig gefaserten. Immer ist die mögliche Hubhöhe um so grösser, je länger die Fasern sind, und die Kraft proportional dem Querschnitt oder der Zahl der Fasern. Bei den schräggefaserten Muskeln ist die Länge der Fasern meistens sehr klein, die Zahl der Fasern sehr gross, sie sind also, welches auch ihre zufällige Gestalt sein mag, als kurze und dicke Muskeln anzusehen, welche einen kleinen Hub und eine grosse Kraft haben.

3. Erregbarkeit und Reizstärke. Summation von Reizen.

(Zu Seite 116.)

Wenn man die Rollen eines Schlitteninductoriums einander nähert, so wächst die Stärke der Inductionsströme nicht im geraden Verhältniss der Annäherung, sondern in verwickelter Weise, welche für jeden Apparat besonders ermittelt werden muss. Fick, Kronecker u. a. haben Methoden angegeben, diese Calibrirung der Apparate auszuführen. Vergleicht man nun die wirkliche Stärke des reizenden Stromes mit der Höhe der durch sie hervorgerufenen Zuckung, so zeigt sich folgendes: Bei ganz schwachen Strömen ist gar

keine Wirkung zu bemerken; diese erscheint erst bei einer
gewissen Stromstärke, welche je nach dem Erregbarkeits-
zustande des Nerven mehr oder minder gross ist, als schwache,
eben sichtbare Zuckung. Bei weiterer Verstärkung der Ströme
wachsen die Hubhöhen in geradem Verhältniss zu den Stromstärken, bis ein gewisses Maximum erreicht ist. Bei weiterer
Verstärkung des Stromes bleiben die Zuckungen constant,
dann aber wachsen sie von neuem und erreichen ein zweites
Maximum, über welches sie nicht hinausgehen.

Diese letztern sogenannten „übermaximalen" Zuckungen
beruhen auf einer Summation zweier Reize. Ein Inductionsschlag ist, wie wir gesehen haben, ein sehr kurzdauernder
Strom, bei welchem Beginn (Schliessung) und Ende (Oeffnung)
sehr schnell aufeinander folgen. Aus Gründen, welche in
Anmerk. 7 näher erläutert werden sollen, ist der Beginn
des Inductionsstromes ein wirksamerer Reiz als sein Ende.
Solange also der Strom eine gewisse Stärke nicht überschrit-
ten, wirkt nur der Beginn des Stromes reizend, bei sehr
starken Strömen aber kann auch sein Ende hinreichend wirksam werden; dann haben wir also zwei schnell aufeinanderfolgende Reize, welche zusammen eine grössere Zuckung
bewirken als ein einzelner Reiz.

Folgen mehr als zwei Reize schnell aufeinander, so entsteht, wie wir schon wissen, Tetanus. Auch bei diesem ist
die Hubhöhe stets grösser, als sie je durch einen einzelnen
Reiz erzielt werden kann. Der Muskel hat eben die Fähigkeit, dass er selbst dann, wenn er schon in der Zusammenziehung begriffen ist, nochmals gereizt und dadurch zu einer
stärkern Zusammenziehung veranlasst werden kann. Für den
Nerven aber folgt aus diesen Thatsachen, dass die einzelnen
Erregungen, welche diese schnell aufeinanderfolgenden Reize
in ihm bewirken, ohne sich gegenseitig zu stören, eine nach
der andern fortgeleitet werden und in der Reihenfolge, in
der sie entstanden sind, zum Muskel gelangen, um auf diesen zu wirken. Wenn aber die Zahl der Reize allzu gross
wird, dann können die Nervenmoleküle den schnell aufeinanderfolgenden Anstössen nicht mehr folgen und der Nerv
bleibt unerregt. Es ist jedoch bisher noch nicht gelungen,
die Grenze, bei der dies eintritt, mit aller Sicherheit zu bestimmen. Sie scheint bei etwa 800 bis 1000 Reizen in der
Secunde zu liegen.

4. Curve der Erregbarkeit. Widerstand der Leitung.

(Zu Seite 119.)

Die im Text auf Grund früherer eigener Versuche behauptete höhere Erregbarkeit an den obern Stellen des unversehrten, nicht abgeschnittenen Hüftnerven ist neuerdings
von Tiegel gegen verschiedene Einwände wieder vertheidigt
worden. Aus dieser höhern Erregbarkeit der obern Stellen
ohne weiteres auf ein lavinenartiges Anschwellen der Reizung zu schliessen, ist aber aus den im Text erörterten Gründen nicht statthaft. Ausser dem S. 113 erwähnten Versuche
von Munk kann nämlich auch aus andern Versuchen auf
einen Widerstand der Leitung im Nerven geschlossen werden. Ein solcher Widerstand aber, welcher den Reiz während seiner Fortpflanzung abschwächt, und ein lavinenartiges Anschwellen des Reizes sind unversöhnbare Gegensätze, die sich gegenseitig ausschliessen. Wenn ein Widerstand der Leitung nachweisbar ist, kann die Reizung während
der Fortpflanzung im Nerven nicht an Stärke zunehmen.
Ich will daher hier die Gründe kurz erörtern, warum ich
mich für die eine und gegen die andere Annahme entschie-
den habe.

Wie S. 138 erwähnt ist, wird die Leitung im Nerven im
anelektrotonischen Zustande bedeutend erschwert, ja, durch
starken Anelektrotonus sogar vollkommen aufgehoben. Es
liegt nahe, eine solche Erschwerung als Vermehrung eines
schon vorhandenen Widerstandes aufzufassen. Ein triftigerer
Grund aber liegt in den Erscheinungen, welche bei Reflexen
auftreten. Wenn man einen Gefühlsnerven reizt, so kann die
Erregung zum Rückenmark und Gehirn fortgeleitet und in
diesen auf einen Bewegungsnerven übertragen werden (vgl.
das Weitere hierüber S. 270). Diese Uebertragung erfordert
immer eine beträchtliche Zeit, welche ich Reflexzeit genannt
habe. Wenn man nun einen Gefühlsnerven mit einem so
starken Reiz reizt, als nöthig ist, um einen kräftigen Reflex
zu erhalten (sogenannte „ausreichende Reize"), und die Reflexzeit bestimmt, wenn man dann immer stärkere und stärkere Reize auf dieselbe Nervenstelle einwirken lässt, so wird
de Reflexzeit immer kleiner. Wenn wir aber eine Nervenstelle reizen, die dem Rückenmark sehr nahe liegt, dann
geben schon die ausreichenden Reize die kurzen Reflexzeiten.
Offenbar hängt die Länge der Reflexzeit von der Stärke ab,
mit welcher der Reiz im Rückenmark anlangt. Der Reiz,
welcher von der dem Rückenmark nahe gelegenen Nerven-

stelle kommt, wird nun wenig geändert, der von einer entferntern Stelle kommende aber wird geschwächt, sodass wir eben an diesen Stellen, um eine ebenso kurze Reflexzeit zu erzielen, einen viel stärkern Reiz anwenden müssen.

Nun sind diese Beobachtungen freilich an Gefühlsnerven gemacht worden. Bei dem ganz gleichen Verhalten aber, welches alle Arten von Nervenfasern in allen Stücken zeigen, wo eine Vergleichung möglich ist, sind wir berechtigt, die hier gewonnenen Anschauungen auch auf die Bewegungsnerven zu übertragen. Es ist jedenfalls nicht wahrscheinlich, dass in der einen Nervenfaser ein Widerstand der Leitung besteht, in der andern ein lavinenartiges Anschwellen. Leichter und einfacher erklären sich alle Thatsachen, wenn man für alle Nerven den Widerstand der Leitung annimmt, daneben aber die verschiedene Erregbarkeit verschiedener Nervenstellen zugibt.

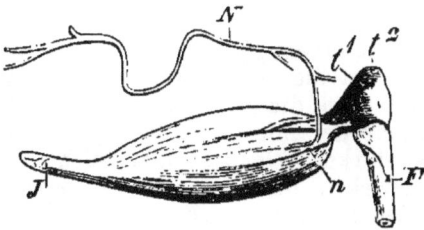

Fig. 72. Der Hüftnerv mit dem Wadenmuskel des Frosches.

Uebrigens ist die Curve der Erregbarkeit am Hüftnerven keine einfach vom Muskel nach dem Rückenmark hin aufsteigende Linie. Dieser Nerv setzt sich, wie Fig. 72 zeigt, aus einzelnen Wurzeln zusammen; er gibt dann an verschiedenen Stellen Zweige ab, welche in die Oberschenkelmuskeln hineingehen, und theilt sich zuletzt in zwei Zweige, von denen einer den Wadenmuskel (*Gastroknemius*) versorgt, der andere die Beugemuskeln des Unterschenkels. Reizt man den Nerven an verschiedenen Stellen seines Verlaufs am lebenden Thier, wo der Nerv nur blossgelegt und von den umgebenden Theilen isolirt, aber nicht vom Rückenmark abgetrennt ist, so sieht man wol, dass die Erregbarkeit an den obern Stellen im allgemeinen grösser ist als an den untern, aber man findet im Verlauf des Nerven auch Stellen, welche eine grössere Erregbarkeit haben als die ober- und unterhalb gelegenen, oder auch umgekehrt eine geringere als die angrenzenden. Solche Unregelmässigkeiten zeigen sich am häufigsten an den Stellen, wo Nervenzweige von dem Hauptstamm abgehen, besonders wenn diese Zweige abgeschnitten sind. Dies rührt zum Theil von elektrotonischen Einwirkungen her (vgl. S. 122 fg., S. 211 fg. und Anm. 13). Die abgeschnittenen Nervenfasern entwickeln einen Strom, welcher durch die nicht abgeschnittenen, deren Erregbarkeit untersucht wird, geht und deren Erregbarkeit verändert. In dem Maasse, als die abgeschnittenen Nervenfasern absterben, ändert sich diese Einwirkung und so kommen Unregelmässigkeiten zu Stande, welche weiter zu verfolgen wenig Interesse bietet.

5. Einfluss der Länge der erregten Nervenstrecke.

(Zu Seite 135.)

Wenn man mit einem gleichen Reiz eine längere Nervenstrecke reizt, so ist die Wirkung auf den Muskel eine stärkere. Bestimmt man die Erregbarkeit einer Nervenstrecke nach der Methode der minimalen Reize, d. h. sucht man die schwächste Reizstärke, welche eben ausreicht, eine merkliche Zuckung zu bewirken, und herrschen in der gleichzeitig dem Reiz ausgesetzten Strecke verschiedene Grade von Erregbarkeit, so wird eine Wirkung eintreten können, wenn auch nur ein Theil der Strecke wirklich erregt wird; man bestimmt also in Wahrheit nur die Erregbarkeit des erregbarsten Theils der ganzen Strecke. Dies wird bei einem frischen Nerven wol meist der oberste Abschnitt der Strecke sein. Wenn aber die Unterschiede der Erregbarkeit innerhalb der Strecke nur gering sind, so wird jeder Theil der Strecke bei einer gewissen Reizstärke ziemlich auf gleiche Weise erregt werden, die am Muskel beobachtete Wirkung wird also die Summe der Erregung der einzelnen Theilchen der Strecke sein. Wenn nun, wie wir vorausgesetzt haben, der Verlust der Erregbarkeit in jedem Theilchen sehr plötzlich unmittelbar auf die höchste Erregbarkeit folgt, so muss dies die Folge haben, dass die wirklich gereizte Strecke immer kürzer wird; die Theilchen, welche gereizt werden, befinden sich dann aber in Wahrheit doch auf der höchsten Erregbarkeitsstufe und zeigen daher die dritte Stufe des Zuckungsgesetzes (wenn der prüfende Strom so gewählt war, dass er ursprünglich am frischen Nerven die erste Stufe gab). Die Erscheinungsform der dritten Stufe, Zuckung bei Schliessung

des absteigenden und bei Oeffnung des aufsteigenden Stromes, muss also ungeändert bleiben, die Stärke der Zuckungen
muss aber allmählich abnehmen und zuletzt muss jede Wirkung ausbleiben, wenn das Maximum der Erregbarkeit und
das ihm nachfolgende Absterben eben die untere Grenze der
erregten Strecke überschreitet.

6. Unterschied der Schliessungs- und Oeffnungsinductions-
ströme. Helmholtz'sche Einrichtung.

(Zu Seite 147.)

Wenn in einer Spirale ein elektrischer Strom plötzlich
hergestellt (geschlossen) wird, so wirkt dieser nicht blos inducirend auf eine benachbarte Spirale, sondern die einzelnen
Windungen der primären Spirale wirken auch aufeinander
inducirend; etwas Aehnliches müsste auch bei der Oeffnung
stattfinden, die plötzliche Unterbrechung der Leitung aber
macht die Ausbildung dieses Oeffnungsinductionsstromes in
der primären Spirale unmöglich. Da nun der bei der Schliessung des Stromes entstehende Inductionsstrom dem geschlossenen Strom selbst entgegengesetzt gerichtet ist, so muss er
diesen schwächen; der Strom kann daher nicht sofort seine
volle Stärke erlangen, sondern nur allmählich; bei der Oeffnung aber hört der Strom plötzlich auf. Dieser Verschiedenheit in dem zeitlichen Verhalten der Schliessung und der
Oeffnung des primären Stromes entsprechen nun Verschiedenheiten in den von ihnen inducirten Strömen in der secundären Spirale, welche zur Reizung des Nerven benutzt werden. Fig. 73 erläutert diese Verhältnisse. Der obere Theil
der Figur stellt den zeitlichen Verlauf des Hauptstromes in
der primären Spirale eines Inductoriums, der untere Theil
den zeitlichen Verlauf der inducirten Ströme in der secundären Spirale vor. Die Linie $o \ldots o \ldots t$ soll die Zeiten
vorstellen. Im Moment o wird der primäre Strom geschlossen. Wäre die erwähnte verzögernde Wirkung in der primären Spirale nicht vorhanden, so würde der Strom sofort
seine volle Stärke OJ erreichen; wegen jener Wirkung aber
steigt er nur allmählich zu dieser Stärke an, etwa in der
Weise, wie es die krumme Linie 3 zeigt. Diesem allmählich
entstehenden Strom entspricht nun in der secundären Spirale ein Schliessungsinductionsstrom, wie ihn die Curve 4
darstellt; die Curve ist nach abwärts von der Zeitlinie

$o \ldots o \ldots t$ gezeichnet, um anzudeuten, dass die Richtung dieses inducirten Stromes der Richtung des primären entgegengesetzt ist. Wird nun der primäre Strom unterbrochen, so fällt er von der Stärke J plötzlich ab, was die gerade

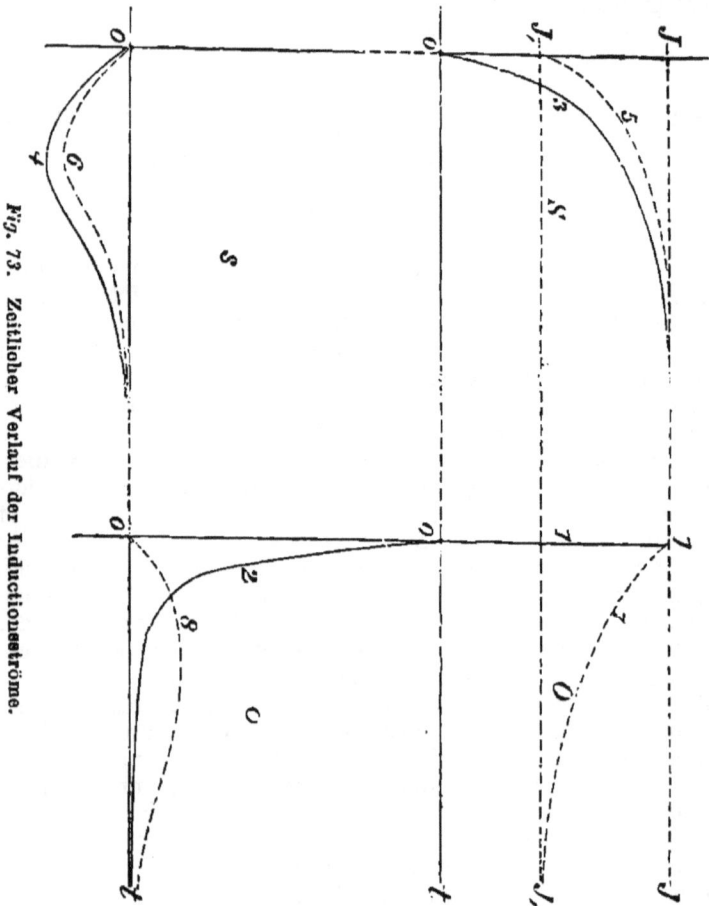

Fig. 73. Zeitlicher Verlauf der Inductionsströme.

Linie *1* andeuten soll. Diesem Abfall entspricht ein Inductionsstrom, welcher plötzlich sehr steil ansteigt und wieder, wenn auch etwas weniger steil abfällt, wie es die Curve *2* darstellt. Hieraus ist klar, dass der letztere physiologisch sehr viel wirksamer sein muss als der erstere.

Zuweilen kommt es uns darauf an, diesen auffallenden

Unterschied zu beseitigen und zwei Inductionsströme zu haben, welche nahezu gleich verlaufen und wirken. Wir können dies erreichen, wenn wir den Strom der primären Rolle nicht schliessen und unterbrechen, sondern statt dessen eine Nebenschliessung von geringem Widerstande anbringen und an dieser die Unterbrechung vornehmen. Ist die Nebenschliessung vorhanden, so geht nur ein sehr geringer Theil des Stromes durch die primäre Rolle; seine Stärke sei durch die Linie $J_{\prime}J_{\prime}$ ausgedrückt. Wird die Nebenschliessung unter-

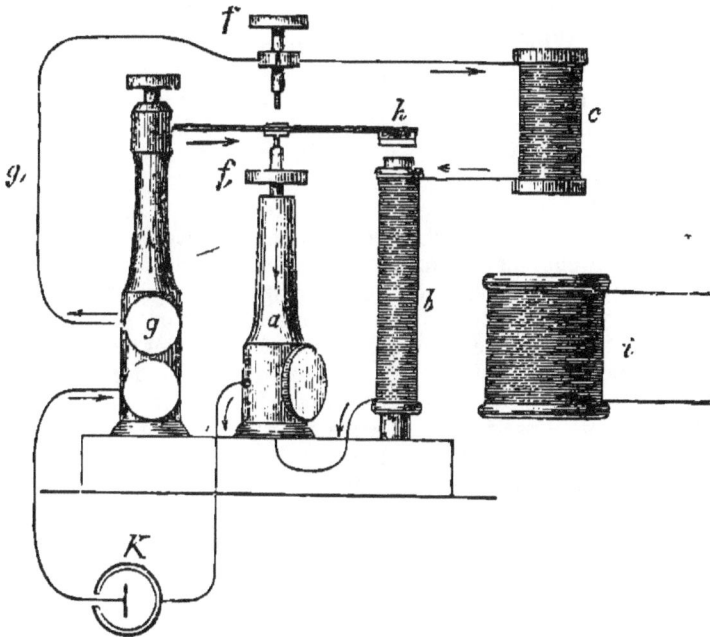

Fig. 74. Helmholtz'sche Einrichtung am Schlitteninductorium.

brochen, so wächst der primäre Strom langsam von der Stärke $J_{\prime}$ zur Stärke J an, wie es die punktirte Curve 5 andeutet; diesem Anwachsen entspricht in der secundären Rolle ein Inductionsstrom, wie ihn Curve 6 darstellt. Wird jetzt die Nebenschliessung wieder hergestellt, so sinkt der Strom in der primären Rolle von der Stärke J zur Stärke $J_{\prime}$ herab; aber der durch das Sinken in der primären Spirale selbst entstehende sogenannte Extrastrom kann jetzt, da die Rolle geschlossen ist, wirklich zu Stande kommen, und da er dieselbe Richtung hat, wie der Hauptstrom, verzögert er dessen Absinken, welches nun in der Weise geschieht, wie es Curve 7 darstellt, und diesem langsamen Absinken des Hauptstromes entspricht in der secundären Rolle ein Inductionsstrom von der Art, wie sie Curve 8 darstellt.

Helmholtz hat an dem Schlitteninductorium von du Bois-Reymond eine Vorrichtung anbringen lassen, welche diese Anbringung und Beseitigung der Nebenschliessung selbstthätig besorgt. Dieselbe ist, wie Fig. 74 zeigt, eine Abänderung des Wagner'schen Hammers für den vorliegenden Zweck. Der Strom der Kette K geht durch den zwischen g und f angebrachten Draht zur primären Rolle c, von dieser zu den Windungen des kleinen Elektromagneten b und von da durch die Säule a und zur Kette zurück. Der Elektromagnet zieht den Hammer h an, dadurch kommt ein an der untern Seite der Neusilberfeder angebrachtes Platinplättchen in Berührung mit der Platinspitze der Schraube f, und es entsteht eine kurze gut leitende Nebenschliessung $g f' a$. Dadurch wird der Strom in der Rolle c und zugleich im Elektromagneten sehr geschwächt; letzterer kann den Hammer nicht mehr anziehen, derselbe federt nach oben, das Plättchen entfernt sich von der Spitze f' und die Nebenschliessung ist wieder unterbrochen. Der Strom geht wieder in voller Stärke durch die Rolle c und den Elektromagneten b, der Hammer wird wieder angezogen und so fort, solange die Kette wirkt. In der secundären Rolle i entstehen dann solche Inductionsströme, wie sie in Fig. 71, Curve 6 und 8 dargestellt sind. Will man die gewöhnliche Anordnung wieder herstellen, so hat man nur den Draht g' zu entfernen und die Spitze f zu senken, bis sie das obere Platinplättchen des Hammers berührt.

7. Wirkung kurzdauernder Ströme.

(Zu Seite 148.)

Zur Erregung des Nerven bedienen wir uns entweder der Schliessung oder der Oeffnung eines constanten Stromes oder eines Inductionsstromes. Bei dem letztern haben wir es aber, wie schon in Anm. 3 erwähnt wurde, eigentlich mit einer Schliessung und einer unmittelbar darauffolgenden Oeffnung zu thun, denn der Inductionsstrom entsteht und verschwindet wieder, wenn er eine gewisse Stärke erreicht hat. Wir können dies nachahmen, wenn wir durch irgendeine passende Vorrichtung einen constanten Strom nur auf ganz kurze Zeit schliessen. Ein solcher „Stromstoss" kann dann ganz dieselben Erscheinungen zeigen wie ein Inductionsstrom. Wenn wir die Zeitdauer desselben unverändert lassen, aber die Stärke des Stromes allmählich steigern, so wachsen die Hubhöhen zuerst, bleiben eine Zeit lang auf dem ersten Maximum, wachsen dann abermals und erreichen ein zweites Maximum. Die Erklärung ist dieselbe, wie die in Anm. 3 für die Inductionsströme gegebene. Zuerst wirkt nur der Beginn des Stromes (die Schliessung) erregend, wenn aber der Strom stärker ist, kann auch das Aufhören des Stromes (die Oeffnung) erregend wirken, und es kann zu einer Summation der beiden Reize kommen.

Ist die Dauer eines solchen Stromstosses eine sehr geringe, so muss der Strom stärker sein, um überhaupt erregend wirken zu können, als bei etwas längerer Dauer. Offenbar kann ein Strom, wenn er gar zu kurze Zeit dauert, keine hinreichende Aenderung im Molekularzustand des Nerven bewirken, und schwächere Ströme bedürfen dazu längerer Zeit als stärkere.

Betrachtet man die Curven der Fig. 73, welche den zeitlichen Verlauf der Inductionsströme darstellen, so ergibt sich, dass ausnahmslos der Beginn des Stromes steiler erfolgt als sein Verschwinden. Es muss daher der Beginn jedes Inductionsstromes viel leichter erregend wirken als sein Ende, um so mehr als dies schon bei der gewöhnlichen Schliessung und Oeffnung eines jeden constanten Stromes, wo nicht so erhebliche Unterschiede in dem zeitlichen Verlauf vorkommen, stets der Fall ist. Es ist nun auch nachgewiesenermaassen bei schwächern Inductionsströmen stets nur der Anfang wirksam, mit andern Worten: Inductionsströme wirken wie Schliessungen constanter Ströme. Denken wir uns nun, ein Inductionsstrom werde in aufsteigender Richtung durch einen Nerven geleitet. Solange der Strom eine gewisse Stärke nicht überschreitet, kann er erregend wirken; wenn er aber stark ist, wirkt er nicht, weil Schliessung starker aufsteigender Ströme überhaupt unwirksam ist. Wird der Strom aber noch stärker genommen, so kann er wieder wirksam werden, weil jetzt der Oeffnungstheil des Stromes trotz seines langsamern Verlaufs eine Reizung veranlassen kann. Es ist dieses Aussetzen der Wirkung von Fick und später von Tiegel beobachtet worden und mit dem Namen „Lücke" bezeichnet worden. Inwieweit aber ausser der hier auseinandergesetzten Ursache auch noch andere zur Erzeugung dieser eigenthümlichen Erscheinung mitwirken, können wir an dieser Stelle nicht weiter anseinander setzen.

8. Quere Durchströmung.   Unipolare Reizung.

(Zu Seite 148.)

Wird ein Strom quer durch einen Nerven geleitet, das heisst ist seine Richtung senkrecht auf die Längsachse der Nervenfasern, so ist er ganz unwirksam. Zu der Aenderung in der Lagerung der Nervenmoleküle, die wir uns als die Ursache des Erregungsvorgangs denken, ist also nöthig, dass der Strom in der Längsrichtung des Nerven fliesst. Es rührt dies wahrscheinlich von den eigenthümlichen elektrischen Kräften der Nerventheilchen her, von welchen S. 211 fg. ausführlich die Rede ist. Gerade so wie ein elektrischer Strom, der parallel zu einer Magnetnadel fliesst, dieselbe ablenkt, dagegen gar keine Wirkung ausübt, wenn er senkrecht gegen ihre Richtung fliesst, so können auch die Nerventheilchen nur von Strömen, welche der Nervenachse parallel laufen, aus ihrer Ruhelage gebracht werden. Hat der Strom eine schiefe Richtung zur Nervenfaser, so wirkt er, aber schwächer als bei paralleler, und der Grad der Wirkung nimmt in dem Maasse ab, als der Winkel sich einem rechten nähert.

Der Zusammenhang zwischen den Erscheinungen des Elektrotonus und der Erregung des Nerven hat uns zu der Vorstellung geführt, dass nicht auf der ganzen von einem Strom durchflossenen Strecke, sondern nur auf einem Theil, welcher bei der Schliessung der Kathode, bei der Oeffnung der Anode benachbart ist, die Erregung stattfindet. Es entsteht dadurch die Frage, ob es möglich ist, den Nerven der Einwirkung einer Elektrode allein auszusetzen. Dies kann man nun in der That beim Menschen und bei Thieren, wenn man die eine Elektrode auf den Nerven, die andere auf eine entfernte Stelle des Körpers aufsetzt. Sitzt die Kathode auf dem Nerven, so erhält man nur Schliessungszuckungen, sitzt die Anode auf dem Nerven, so sieht man nur Oeffnungszuckungen. Sind die Ströme sehr stark, so können freilich da, wo der Uebergang zwischen Nerv und angrenzenden Geweben stattfindet, auch Erregungen stattfinden. Man kann diese Art von Nervenreizung als unipolare bezeichnen, freilich in einem andern Sinne, als dieser Name gewöhnlich gebraucht wird, wo es sich um Fälle handelt, in denen nur ein Draht an den Nerven gelegt wird, aber doch Ströme durch den Nerven fliessen können. Diese Fälle bieten aber physiologisch nichts besonderes dar.

9. Tangentenbussole.

(Zu Seite 158.)

Bei der gewöhnlich sogenannten Tangentenbussole wird
eine kleine Magnetnadel in das Centrum eines verhältnissmässig sehr grossen Kreises gestellt, durch dessen Peripherie der Strom geleitet wird. Wenn die Nadel abgelenkt
wird, so ändert sich die Lage ihrer Pole nicht wesentlich
gegen den Strom, dessen Wirkung kann daher einfach als
direct proportional seiner Stärke angesehen werden, und aus
dem Gegeneinanderwirken des Stromes und der gleichfalls
als constant angesehenen Richtkraft, welche die Erde auf
die Magnetnadel ausübt, ergibt sich, dass beide Kräfte im
Gleichgewicht sein müssen, wenn die trigonometrische Tangente des Ablenkungswinkels der Stromstärke proportional ist.

Solche Tangentenbussolen sind aber nur zur Messung
starker Ströme geeignet. Bei der von uns beschriebenen,
für sehr schwache Ströme bestimmten Bussole treffen die
obigen Bedingungen nicht zu. Wenn aber, wie vorausgesetzt
wird, alle Ablenkungen, die wir messen wollen, nur sehr
klein sein sollen, so können wir trotzdem annehmen, dass
durch die Ablenkung die Art der Einwirkung des Stromes
auf den Magneten sich nicht geändert hat. Dann kann also
auch bei diesem Apparat die Stromstärke als proportional
der Tangente des Ablenkungswinkels angesehen werden. Aus
der Betrachtung der Fig. 19 auf S. 56 ergibt sich, dass die
scheinbare Verschiebung der Scala gleich ist der Tangente
des doppelten Ablenkungswinkels. Für so kleine Winkel
können wir aber setzen

$$tg\,(2\,\alpha) = 2\,tg\,\alpha,$$

d. h. die Tangente des doppelten Winkels ist gleich der
doppelten Tangente des einfachen Winkels. Und daraus
folgt, dass die Stromstärken proportional sind den unmittelbar beobachteten scheinbaren Verschiebungen der Scala.

10. Spannungen an Leitern.

(Zu Seite 179.)

Um die absolute Grösse der Spannung an irgendeinem
Punkte eines Leiters zu bestimmen, müsste man den Leiter

elektrisch isoliren und den betreffenden Punkt mit einem empfindlichen Elektrometer verbinden. Wenn wir aber irgendeinen Punkt des isolirten Leiters mit dem Erdboden in leitende Verbindung bringen, so würde dieser Punkt die Spannung Null annehmen, ohne dass in den Unterschieden der Spannungen der verschiedenen Punkte dadurch etwas geändert würde. Nun können wir der Reihe nach immer andere Punkte des Leiters mit der Erde verbinden, also die absoluten Werthe der Spannungen der einzelnen Punkte ändern, während die Differenzen der Spannungen der verschiedenen Punkte immer dieselben bleiben. Daraus folgt, dass für uns diese Differenzen allein von Bedeutung sind. In unsern spätern Auseinandersetzungen haben wir die Sache daher so dargestellt, als wenn gewisse Punkte (die Grenze zwischen Längsschnitt und Querschnitt) die Spannung Null hätten, wir haben sie also stets als mit der Erde verbunden gedacht. Wir nennen dann alle Spannungen, die grösser sind als diese, positiv, alle kleinern negativ.

11. Doppelsinnige Leitung. Degeneration, Regeneration und Verheilung durchschnittener Nerven.

(Zu Seite 214.)

Auch auf andere Weise ist die doppelsinnige Leitung im Nerven nachgewiesen worden, doch ist dieser Nachweis nicht so zuverlässig und eindeutig wie der mit Hülfe der negativen Schwankung geführte. Werden Nerven am lebenden Thier durchschnitten, so tritt schon innerhalb kurzer Zeit eine auffallende Veränderung an den unterhalb des Schnitts gelegenen Theilen der Nervenfaser ein. Die Markscheide wird krümelig und die Erregbarkeit geht verloren. Wenn aber die Schnittenden nicht zu weit voneinander entfernt sind, können die Nervenfasern verheilen, die untern Enden werden wieder erregbar und die Erregung kann durch die entstandene Nervennarbe hindurch fortgeleitet werden. Auf diese Thatsachen gründete Bidder den Versuch, einen Empfindungsnerven mit einem motorischen Nerven zu verheilen. Der Empfindungsnerv der Zunge (*N. lingualis*), ein Ast des fünften Hirnnerven, und der Bewegungsnerv der Zunge (*N. hypoglossus*) kreuzen sich unterhalb der Zunge, ehe sie in dieselbe hineintreten. Durchschneidet man nun beide Nerven an der Kreuzungsstelle und vernäht das obere, vom

Hirn herkommende Ende des Gefühlsnerven mit dem untern, in die Zunge gehenden Ende des Bewegungsnerven, während man die zwei andern Nervenenden auf möglichst lange Strecken hin ausschneidet, so verwachsen die beiden verschiedenen Nerven und nach einiger Zeit kann man durch Reizung oberhalb der Narbe Zuckungen in den Zungenmuskeln, durch Reizung unterhalb der Narbe Schmerzenszeichen hervorrufen. Der Beweis, dass hierbei die Erregung in den obern, sensiblen Nerven nach abwärts, in den untern motorischen Nerven nach aufwärts geleitet wird, wäre gegen jeden Einwand geschützt, wenn nachgewiesen werden könnte, dass nicht ein Auswachsen von Nervenfasern aus dem einen Nerven durch die Narbe hindurch in den andern hinein stattgefunden hat. Diese Annahme, so unwahrscheinlich sie auch erscheinen mag, kann jedoch nicht widerlegt werden.

Auf einer ähnlichen Betrachtung beruht ein neuerdings von Paul Bert veröffentlichter Versuch. Bert macht bei einer Ratte eine Wunde am Rücken, schneidet ein Stückchen von der Schwanzspitze fort und näht den Schwanz in der Rückenwunde fest. Dieser heilt dort ein, und die Ratte hat jetzt einen Schwanz, der, wie der Henkel an einem Topf, an zwei Stellen am Thier festsitzt. Nun schneidet er den Schwanz an seiner ursprünglichen Wurzel ab, sodass er nur am Rücken haften bleibt. Wenn man eine solche Ratte an ihrem jetzt freien Schwanzende, welches ursprünglich die Schwanzwurzel war, kneipt, so fühlt sie es, der Reiz muss also in den Gefühlsnerven des Schwanzes offenbar in entgegengesetzter Richtung fortgeleitet worden sein, als dies bei gewöhnlichen Rattenschwänzen der Fall zu sein pflegt, und die Gefühlsnerven des Schwanzes müssen offenbar die Fähigkeit haben, die Erregung nach beiden Richtungen hin zu leiten.

12. Negative Schwankung und Erregung.

(Zu Seite 216.)

Dass die negative Schwankung ein steter, untrennbarer Begleiter jeder Nervenerregung ist, hat du Bois-Reymond durch eine grosse Reihe sorgfältiger und mannichfaltiger Versuche bewiesen, welche von den verschiedensten Forschern bestätigt und auch noch nach mancher Richtung ergänzt worden sind. Es ist ganz gleichgültig, durch welche Reize der Nerv erregt wird; auch motorische und sensible Nerven verhalten sich in dieser Beziehung ganz gleich. Um aus der grossen Zahl von Versuchen nur einen herauszuheben, welcher ein besonderes Interesse bietet, erwähne ich jedoch hier nur die in neuerer Zeit am Sehnerven angestellten Versuche. Wenn man das Auge mit einem Stück des Sehnerven herauspräparirt, den letztern auf passende Weise ableitet, um seinen Nervenstrom zu beobachten, und dann Licht in das bis dahin beschattete Auge einfallen lässt, so zeigt der Nervenstrom des Sehnerven die negative Schwankung.

Unterbindet man einen Nerven, sodass die Erregnng sich nicht mehr von der einen Seite zur andern fortpflanzen kann, so hat die Reizung der einen Seite auch keine negative Schwankung in der andern Seite mehr zur Folge. Dieser Versuch ist darum von Bedeutung, weil man sich durch ihn überzeugen kann, ob eine hinreichende Sicherung vor dem Eindringen von Stromzweigen der zur Reizung benutzten elektrischen Ströme in den Multiplicator vorhanden ist, was sonst leicht zu Täuschungen Veranlassung geben kann.

13. Elektrotonus.   Secundäre Zuckung vom Nerven aus.   Paradoxe Zuckung.

(Zu Seite 217.)

Der Grund, warum man den Elektrotonus der intrapolaren Strecke nicht untersuchen kann, ist ein rein physikalischer. Wenn man den constanten Strom durch die Strecke $a\,k$ (Fig. 60, S. 217) leitet und zwei Punkte dieser Strecke mit dem Multiplicator verbindet, dann geht ein Theil dieses Stromes selbst durch den Multiplicator und die zwischen diesen Punkten enthaltene Nervenstrecke ist von einem schwächern Strom durchflossen als die benachbarten. Die Verhältnisse werden dadurch so verwickelt, dass eine Deutung des Beobachteten ungemein erschwert wird. Andere Versuche, das Verhalten der intrapolaren Strecke zu erforschen, haben bisjetzt auch noch keine klaren Ergebnisse geliefert.

Legt man einen Nerven a so an einen Nerven b an, wie es in Fig. 75, A, B, C, dargestellt ist, dass der Nerv b einen ableitenden Bogen für einen Theil des Nerven a bildet, und erzeugt in letzterm Elektrotonus durch einen constanten Strom, so geht der elektrotonische Strom durch den Nerven b und kann bei seinem Beginn und bei seinem Aufhören (Schliessung und Oeffnung der Kette) den Nerven b erregen

und in dessen Muskel Zuckung bewirken. Man nennt dies
secundäre Zuckung vom Nerven aus. Durch schnell
aufeinanderfolgende Schliessungen und Oeffnungen der Kette
kann man auch Tetanus hervorrufen. Aber diese secundäre
Zuckung ist nur durch Elektrotonus, nicht durch negative
Schwankung des Nerven verursacht, kann daher auch besser
durch constante Ströme als durch Inductionsströme hervorgebracht werden. Sie unterscheidet sich dadurch von der

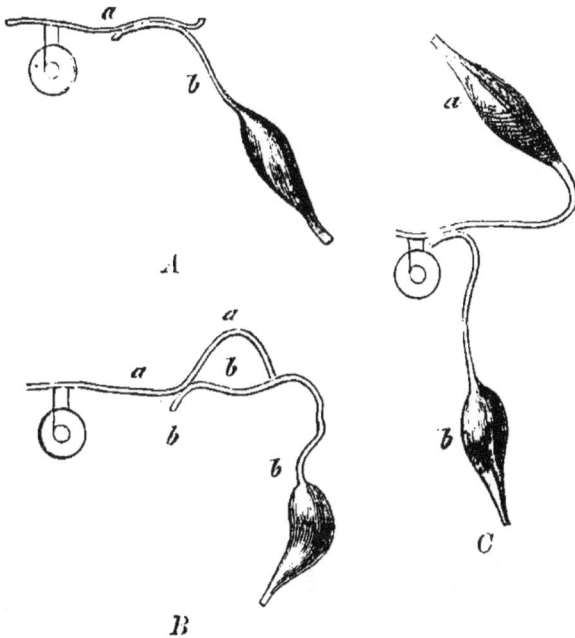

Fig. 75. A, B, C. Secundäre Zuckung vom Nerven aus.

S. 205 beschriebenen secundären Zuckung vom Muskel aus. Die negative Schwankung des Nervenstromes ist
zu schwach, um in einem zweiten Nerven eine merkliche
Wirkung hervorzubringen.

Eine besondere Form der secundären Zuckung vom Nerven aus hat du Bois-Reymond als paradoxe Zuckung beschrieben. Wenn man durch den in Anm. 4 erwähnten Ast
des Hüftnerven, welcher in die Beugemuskeln des Unter-

schenkels geht, einen constanten Strom leitet, so kann beim
Schliessen und Oeffnen des Stromes auch der Wadeumuskel
zucken. Scheinbar ist also hier eine Ausnahme von dem Gesetz der isolirten Leitung der Erregung (vgl. S. 113) vorhanden;
in Wahrheit ist aber nicht die Erregung von den gereizten
Fasern auf die benachbarten Fasern übergegangen, sondern
der elektrotonische Strom der einen Fasern ist durch die
anliegenden Fasern geflossen und hat diese selbstständig
gereizt.

14. Parelektronomie.

(Zu Seite 232.)

Die eigentlichen Ursachen der Parelektronomie, die Bedingungen ihrer stärkern oder schwächern Ausbildung sind
bisher durchaus noch nicht vollkommen erkannt. Keinenfalls
aber kann man die Sachlage so auffassen, als wäre der strom-
lose Zustand der Muskeln, das heisst gleiche Spannung am
Längs- und Querschnitt, der normale, und jede Negativität
am Querschnitt immer als Folge einer Verletzung anzusehen.
Denn man findet alle möglichen Grade von Parelektronomie,
selbst bis zu verkehrter Wirkung, wo der Querschnitt positiver ist als der Längsschnitt, an unversehrten Muskeln, während man in andern Fällen mit Bestimmtheit schon an den
ganz unversehrten Muskeln den gewöhnlichen Muskelstrom
kräftig entwickelt vorfindet. Auch haben wir schon im Text
darauf hingewiesen, dass die Frage, ob an dem unversehrten
Muskel elektrische Spannungsunterschiede vorkommen oder
nicht, durchaus gleichgültig ist, wenn es sich darum handelt,
zu entscheiden, ob im Innern des Muskels elektromotorische
Kräfte vorhanden sind. Wir bekennen uns zu dieser Hypothese, weil mit ihr alle Erscheinungen am einfachsten und
ungezwungensten erklärt werden können. Wir nehmen sie
auch für solche Gebilde an, an deren Oberfläche nachweislich
und ganz unbestritten keine Spannungsdifferenzen vorhanden
sind, wie an den elektrischen Platten der Fische. Wir haben für diese Annahme dieselben Gründe, welche die Physiker bewogen haben, in jedem ganz unmagnetischen Stückchen Eisen dennoch das Vorhandensein molekularer Magnete
vorauszusetzen. Welches daher auch die wahre Bedeutung der
Parelektronomie sein mag, auf unsere wohlbegründete Auffassung von den elektrischen Kräften der Muskeln kann sie keinen wesentlichen Einfluss ausüben. Wenn übrigens du Bois-
Reymond's Vermuthung sich bestätigt, dass die während des

Lebens auftretenden Zuckungen an den Muskelenden eine Nachwirkung zurücklassen, welche dieselben weniger negativ macht, so wäre die Erscheinung ihrer Erklärung näher gerückt.

15. Entladungshypothese und isolirte Leitung in der Nervenfaser.

(Zu Seite 245.)

Die Frage, wie die Erregungsvorgänge in einer Nervenfaser isolirt bleiben können, ohne auf benachbarte Nervenfasern überzugehen, erscheint um so schwieriger, wenn wir diese Vorgänge als elektrische ansehen, da doch die einzelnen Fasern nicht elektrisch voneinander isolirt sind. Die Erklärung aber, welche wir für die isolirte Erregung nur einer Muskelfaser durch eine in dem zugehörigen Nerven entstehende elektrische Stromesschwankung gegeben haben, erklärt auch zugleich die isolirte Leitung in den Nervenfasern. Wenn nämlich die elektrisch wirksamen Theile sehr klein sind, so können in ihnen verhältnissmässig starke elektrische Wirkungen vorgehen, und doch kann die Stromdichte in einiger Entfernung ganz unmerklich werden. Es ist dies eine Folge der in Kap. X, § 2 auseinandergesetzten Gesetze der Ausbreitung der Ströme in unregelmässigen Leitern. Wir müssen also annehmen, dass die in der Achse einer Nervenfaser gelegenen elektrisch wirksamen Theilchen klein im Verhältniss zur Dicke der Faser sind und dass daher die Wirkungen an der Oberfläche der Faser schon zu schwach sind, um noch in einer benachbarten Faser reizend wirken zu können. Wir haben ja auch in Anm. 13 gesehen, dass eine Wirkung durch die negative Schwankung von einer Faser auf eine benachbarte nicht vorkommt. Unsere Multiplicatoren sind eben viel empfindlicher als Nervenfasern, zumal die einzelnen negativen Schwankungen beim Tetanisiren des Nerven sich in ihrer Wirkung auf den Multiplicator summiren können, während dies für die Erregung der Nervenfasern nicht möglich ist.

Register.

Druck von F. A. Brockhaus in Leipzig.